软件测试技术任务驱动式教程
（第2版）

主　编　吴伶琳　　王明珠

副主编　庾　佳　　周玲余

参　编　钟惠民　　周丽君

主　审　杨正校

U0235079

北京理工大学出版社
BEIJING INSTITUTE OF TECHNOLOGY PRESS

内 容 提 要

本书分四个篇章，介绍了软件测试的基本知识、方法、工具及流程。软件测试的基本理论阐述了软件测试的概念、模型和分类，软件质量管理与软件测试的关系等，力图让学习者对软件测试有初步的了解；测试用例设计主要介绍如何运用黑盒和白盒的常用方法设计用例、测试用例编写的规范等；测试工具主要介绍了单元测试工具 JUnit、功能测试工具 QTP 及性能测试工具 Load Runner 的基本使用方法，让学习者初步掌握工具对测试的作用；测试管理则重点阐述了开展测试工作的基本流程，以工程案例的方式重点说明了测试计划、测试用例、缺陷报告和测试总结报告的撰写方法。

本书内容丰富、层次清晰、阐述简明扼要，以工作任务、案例的方式展开，还融入了国家软件考试大纲中的要求。本书可作为高职院校软件技术及相关计算机专业培养软件测试技能型人才的教材，也可供从事软件测试的相关人员学习与参考使用。

图书在版编目（CIP）数据

软件测试技术任务驱动式教程/吴伶琳，王明珠主编. —2 版. --北京：北京理工大学出版社，2022.1
　　ISBN 978-7-5763-1006-1

Ⅰ.①软…　Ⅱ.①吴…②王…　Ⅲ.①软件-测试-教材　Ⅳ.①TP311.55

中国版本图书馆 CIP 数据核字（2022）第 028819 号

出版发行／北京理工大学出版社有限责任公司
社　　址／北京市海淀区中关村南大街 5 号
邮　　编／100081
电　　话／（010）68914775（总编室）
　　　　　（010）82562903（教材售后服务热线）
　　　　　（010）68944723（其他图书服务热线）
网　　址／http：//www.bitpress.com.cn
经　　销／全国各地新华书店
印　　刷／北京侨友印刷有限公司
开　　本／787 毫米×1092 毫米　1/16
印　　张／20　　　　　　　　　　　　　　　　　　　责任编辑／王玲玲
字　　数／458 千字　　　　　　　　　　　　　　　　文案编辑／王玲玲
版　　次／2022 年 1 月第 2 版　2022 年 1 月第 1 次印刷　　责任校对／刘亚男
定　　价／85.00 元　　　　　　　　　　　　　　　　责任印制／施胜娟

前　　言

随着软件技术在社会各个领域的广泛应用，人们越来越关注软件产品的质量，软件测试作为软件质量保证的重要途径，也因此发展迅猛。软件测试工作越来越受到行业领域的关注与重视，软件测试岗位的就业前景也变得越来越好。然而，目前软件测试课程在高等院校开设得不是非常广泛，即使开设，也比较偏重于理论知识的介绍，与工程实践有所脱节。苏州健雄职业技术学院于 2008 年起开设该课程，近些年来与上海博为峰软件技术股份有限公司、上海泽众软件科技有限公司等从事软件测试领域的 IT 企业建立了非常紧密的合作关系，对课程进行了持续而深入的改革，并共同开展了师资培养、实训资源的开发，共建软件测试实训室等，培养了一大批软件测试方面的毕业生。

一、教材特色

本书以任务引领，打破传统的章节式编排方式，着重于实际问题的解决和技能的训练。按照测试工程师的职业发展过程将全书分为 4 个部分，共 12 个工作任务。每个任务包括学习导航、任务情境、预备知识、任务实施、拓展知识、练习与实训。附录中还提供了通用的测试用例、缺陷报告的模板、测试的术语及测试英文等。其中，学习导航主要呈现学生学完任务后要掌握的学习目标，任务情境描述了任务的背景和缘由，预备知识主要介绍完成该任务必须掌握的知识，任务实施以案例的方式描述任务的具体完成过程，拓展知识介绍任务相关的其他知识，练习与实训中将与任务相关的习题进行整理并辅以提高实践动手能力的实训内容，从而让学生对相关内容进行加深与巩固。

本书内容丰富、层次清晰、阐述简明扼要，使读者能够较好地把握软件测试行业的发展脉络。全书遵循理论知识"必需，够用"的原则，并且在关键知识点、技能点上配备微课的资源，便于学生课外学习。本书是江苏省在线课程和国家资源库课程的配套教材，在中国大学 MOOC（https://www.icourse163.org/）和国家资源库（https://jsjzyk.36ve.com/）平台上建有在线课程和素材资源，包含课程标准、微课、课件、图片、动画、案例库、代码库、在线测试、被测系统等丰富的学习资源。

本书涵盖了"1+X"Web 应用软件测试职业技能等级证书、工业和信息化部水平考试软件测试工程师中级、国家软考软件评测师考试大纲所规定的许多内容，并且部分案例及习题的设计也选自考试的真题，因此可以作为准备参加此类专业认证的参考学习资料。另外，本书还融合了国家技能大赛软件测试赛项的比赛要求，并且将相关的系统融入其中，从而和企业的需求零距离对接，提高学习者的实践技能。

本书配套在线开放课程网址为：http://www.icourse163.org/course/WJXVTC-1461021173。

二、教材内容

教材通过对软件测试的基础理论、设计方法、测试工具及流程的阐述，使学习者了解软件测试的基本工作过程，能够针对实际的测试项目开展测试工作。主要内容分为四个部分：软件测试的基本理论、测试用例设计、测试工具、测试管理。

第一部分，软件测试基本理论中包含 5 个工作任务。任务 1 认识缺陷，通过对缺陷的介绍，可以初步掌握判断缺陷的类型的方法，并且明确测试员的基本工作是正确地对缺陷进行描述。任务 2 理解软件测试模型，介绍了 V 模型、W 模型、H 模型、X 模型等软件测试的基本模型，结合模型的学习，掌握软件测试的基本原则。任务 3 分析软件质量，介绍了软件质量的基本模型，即外部质量模型、内部质量模型和使用质量模型，并能够灵活运用该质量模型评判软件产品的质量。任务 4 介绍了软件测试的分类，可以从不同角度将软件测试分为不同的种类。任务 5 通过解读软件测试岗位的招聘信息及面试过程的实录分析，让学习者对从事软件测试工作有明确的认识，并能够提前进行规划。

第二部分，测试用例设计中从白盒测试、黑盒测试两种不同测试方法的角度进行任务的划分。工作任务 6 重点介绍了如何用逻辑覆盖法和基本路径法设计白盒测试的用例，而任务 7 中则介绍了黑盒测试的常用方法，包括等价类划分、边界值、判定表、因果图和场景法。通过该部分的学习，学习者可以熟练运用上述方法进行测试用例的设计与编写。

第三部分，测试工具中主要介绍了单元测试工具、功能测试工具和性能测试工具，通过学习这部分内容，学习者对手工测试和自动化测试会有较为清晰的认识。工作任务 8 使用单元测试工具，主要学习如何搭建单元测试环境及如何使用单元测试工具 JUnit 开展测试工作。任务 9 主要介绍了功能测试工具的基本使用方法和工作流程，而任务 10 则重点介绍了性能测试工具的基本使用方法和工作流程。

第四部分，测试管理中主要介绍了测试管理的基本流程，重点介绍了有关缺陷的管理。任务 11 中介绍了测试计划的制订、测试用例的编写、测试的执行到测试总结的撰写，任务 12 中则重点介绍了缺陷的记录和缺陷的管理流程。

三、编写团队

本教材由苏州健雄职业技术学院吴伶琳、王明珠主编，由庾佳、周玲余担任副主编，上海泽众软件科技有限公司钟惠民、创钛中科智能科技（苏州）有限公司周丽君参编，全书由苏州健雄职业技术学院杨正校主审。其中，吴伶琳负责编写工作任务 1~3、工作任务 7、工作任务 12 和附录，并负责全书的统稿工作；周玲余、钟惠民负责工作任务 4 和工作任务 5 的编写工作；庾佳负责工作任务 6 和工作任务 8 的编写工作；王明珠负责工作任务 9~11 的编写工作；周丽君女士为本书的资源制作工作提供了许多有益的帮助。

因作者水平有限，书中不妥之处在所难免，恳请读者批评指正和提出改进建议。如果有任何问题，欢迎发邮件至邮箱 wulinglin@foxmail.com，作者将尽力为您答疑解惑。

编　者

目　　录

第一篇　软件测试的基本理论

工作任务 1　认识缺陷 ……………………………………………………………… 3
　　学习导航 …………………………………………………………………………… 3
　　任务情境 …………………………………………………………………………… 3
　　案例 1　编写测试用例 …………………………………………………………… 3
　　案例 2　正确认识软件缺陷 ……………………………………………………… 8
　　练习与实训 ……………………………………………………………………… 11
工作任务 2　理解软件测试模型 ………………………………………………… 14
　　学习导航 ………………………………………………………………………… 14
　　任务情境 ………………………………………………………………………… 14
　　案例 1　掌握软件测试的基本原则 …………………………………………… 14
　　案例 2　绘制 V 模型图 ………………………………………………………… 17
　　练习与实训 ……………………………………………………………………… 24
工作任务 3　分析软件质量 ……………………………………………………… 27
　　学习导航 ………………………………………………………………………… 27
　　任务情境 ………………………………………………………………………… 27
　　案例　分析微信的质量 ………………………………………………………… 27
　　练习与实训 ……………………………………………………………………… 35
工作任务 4　了解软件测试的分类 ……………………………………………… 38
　　学习导航 ………………………………………………………………………… 38
　　任务情境 ………………………………………………………………………… 38
　　案例 1　对"求两个数中较大值"程序进行静态和动态测试 ……………… 38
　　案例 2　分析办公自动化系统建设项目的测试阶段 ………………………… 42
　　案例 3　对三角形程序进行黑盒和白盒测试 ………………………………… 46
　　练习与实训 ……………………………………………………………………… 50
工作任务 5　规划软件测试职业生涯 …………………………………………… 53
　　学习导航 ………………………………………………………………………… 53
　　任务情境 ………………………………………………………………………… 53
　　案例 1　解读软件测试岗位的招聘信息 ……………………………………… 53
　　案例 2　某企业面试软件测试工程师岗位实录分析 ………………………… 59
　　练习与实训 ……………………………………………………………………… 63

第二篇　测试用例设计

工作任务 6　白盒测试 ··· 67

　学习导航 ··· 67

　任务情境 ··· 67

　案例 1　使用逻辑覆盖方法设计测试用例 ······················· 67

　案例 2　使用基本路径法设计测试用例 ·························· 77

　练习与实训 ··· 85

工作任务 7　黑盒测试 ··· 90

　学习导航 ··· 90

　任务情境 ··· 90

　案例 1　使用等价类方法设计某管理系统注册界面的测试用例 ······· 90

　案例 2　使用边界值方法设计网上银行系统的测试用例 ········· 96

　案例 3　使用判定表法设计文件修改问题的测试用例 ·········· 98

　案例 4　使用因果图法设计自动售货机软件的测试用例 ········ 103

　案例 5　使用场景法设计网上银行支付交易系统的测试用例 ····· 110

　练习与实训 ··· 116

第三篇　测试工具

工作任务 8　使用单元测试工具 ··· 125

　学习导航 ··· 125

　任务情境 ··· 125

　案例 1　认识单元测试 ·· 125

　案例 2　使用测试工具 JUnit 进行单元测试 ····················· 131

　练习与实训 ··· 139

工作任务 9　使用功能测试工具 ··· 141

　学习导航 ··· 141

　任务情境 ··· 141

　案例 1　手工测试与自动化测试的对比 ·························· 141

　案例 2　使用 QTP 录制及回放测试脚本 ·························· 143

　案例 3　认识对象库 ··· 149

　案例 4　插入检查点 ··· 153

　案例 5　参数化脚本 ··· 157

　练习与实训 ··· 165

工作任务 10　使用性能测试工具 ··· 168

　学习导航 ··· 168

任务情境 ·· 168

案例 1　理解性能测试的意义 ·············· 168

案例 2　录制及回放测试脚本 ·············· 175

案例 3　增强脚本 ································ 190

案例 4　设置场景 ································ 204

案例 5　生成结果报告 ························· 212

练习与实训 ·· 218

第四篇　测试管理

工作任务 11　熟悉测试的流程 ························· 225

学习导航 ·· 225

任务情境 ·· 225

案例 1　编写测试计划 ························· 225

案例 2　用例设计与评审 ····················· 235

案例 3　执行测试 ······························ 243

案例 4　测试总结 ······························ 248

练习与实训 ·· 262

工作任务 12　进行缺陷管理 ··························· 265

学习导航 ·· 265

任务情境 ·· 265

案例 1　记录缺陷 ······························ 265

案例 2　缺陷管理的流程 ····················· 272

练习与实训 ·· 279

附录

附录 1　测试模板 ······································ 285

附录 2　软件测试人员的简历 ····················· 287

附录 3　专业术语 ······································ 289

附录 4　测试英语阅读 ································ 291

练习参考答案 ·· 294

参考文献 ·· 309

第一篇
软件测试的基本理论

工作任务 1

认 识 缺 陷

【学习导航】

1. 知识目标

- 掌握软件测试的目的
- 了解软件测试的发展
- 掌握测试用例、缺陷的基本概念

2. 技能目标

- 能够初步编制测试用例
- 能够辨别不同的缺陷

【任务情境】

小李学习了软件编程的语言，也在专业老师的指导下参加了学院的创新大赛，并和同学们组队开发了一个小型网站，可是在答辩的时候，企业评委的一些问题却将他难倒了。企业评委问道："你写的软件进行测试了吗？发现了哪些缺陷呢？"

为什么要进行软件测试呢？软件测试要做些什么？缺陷又是什么意思？要弄清这些问题，就请跟随小李一起开启本书的学习之旅吧！

【任务实施】

案例 1　编写测试用例

【预备知识】

一、典型的案例

缺陷的典型案例

1. "火星极地着陆者号"（Mars Polar Lander）

"火星极地着陆者号"是美国国家航空航天局的火星探测卫星，也是"火星探测 98 计划"（Mars Surveyor '98 Mission）的一部分，于 1999 年发射。"火星极地着陆者号"搭载"深太空二号"（Deep Space 2）探测器升空，预计登陆火星南极，但后来在登陆火星的过程中失去联络，任务失败。科学家分析失败的主要原因很可能是程序发生错误，所以逆喷射引擎在距离地表 40 m 的地方关闭，导致"火星极地着陆者号"直接坠毁在火星表面。

2. 一触即发的第三次世界大战

1980 年，北美防空联合司令部曾报告称美国遭受导弹袭击。后来证实，这是反馈系统的电路故障问题，由于反馈系统软件没有考虑故障问题而引发了误报。

1983年，苏联卫星报告有美国导弹入侵，但主管官员的直觉告诉他这是误报。后来事实证明的确是误报。幸亏这些误报没有激活"核按钮"。在上述事件中，如果对方真的发起反击，核战争将全面爆发，后果不堪设想。

3. 千年虫问题

计算机2000年问题，又叫作"千年虫""电脑千禧年千年虫问题"或"千年危机"，缩写为"Y2K"。"千年虫"是指在某些使用了计算机程序的智能系统（包括计算机系统、自动控制芯片等）中，由于其中的年份只使用两位十进制数来表示，因此，当系统进行（或涉及）跨世纪的日期处理运算时，就会出现错误的结果，进而引发各种各样的系统功能紊乱甚至崩溃。因此，从根本上说，"千年虫"是一种程序处理日期上的bug（计算机程序故障），而非病毒。

4. "7·23"甬温线特别重大铁路交通事故

2011年7月23日20时30分05秒，甬温线浙江省温州市境内，由北京南站开往福州站的D301次列车与杭州站开往福州南站的D3115次列车发生动车组列车追尾事故。此次事故已确认共有六节车厢脱轨，即D301次列车第1~4节，D3115次列车第15、16节。造成40人死亡、172人受伤，中断行车32小时35分，直接经济损失19 371.65万元。

"7·23"甬温线特别重大铁路交通事故是一起因列控中心设备存在严重设计缺陷、上道使用审查把关不严、雷击导致设备故障后应急处置不力等因素造成的责任事故。

5. 毫秒的误差——宰赫兰导弹事件

在1991年2月的第一次海湾战争中，一枚伊拉克发射的飞毛腿导弹准确击中美国在沙特阿拉伯的宰赫兰基地，当场炸死28个美国士兵，炸伤100多人，造成美军在海湾战争中唯一一次伤亡超过百人的损失。

在后来的调查中发现，由于一个简单的计算机bug，使基地的"爱国者"反导弹系统失效，未能在空中拦截飞毛腿导弹。当时，负责防卫该基地的"爱国者"反导弹系统已经连续工作了100 h，每工作1 h，系统内的时钟都会有一个微小的毫秒级延迟，这就是这个失效悲剧的根源。"爱国者"反导弹系统的时钟寄存器设计为24位，因而时间的精度也只限于24位的精度。在长时间工作后，这个微小的精度误差被渐渐放大。在工作了100 h后，系统时间的延迟是1/3 s。这个"微不足道"的0.33 s相当于大约600 m的误差。在宰赫兰导弹事件中，雷达在空中发现了导弹，但是由于时钟误差没有能够准确地跟踪它，因此基地的反导弹并没有发射。

二、软件测试的发展

软件测试是伴随着软件的产生而产生的。在早期的软件开发过程中，由于软件规模小、复杂程度低，软件开发的过程本身不太规范，测

软件测试的发展历程

试的含义比较狭窄，开发人员将测试等同于"调试"，目的是纠正软件中已经知道的故障，常常由开发人员自己完成这部分的工作。测试的投入极少，介入也晚，常常是等到代码完成、产品已经基本完成时才进行测试。

1972年，在北卡罗来纳大学举行了首届软件测试正式会议。1975年，John Good Enough和Susan Gerhart在IEEE上发表了《测试数据选择的原理》，软件测试被确定为一种研究方向。1979年，Glenford Myers的《软件测试艺术》对测试做了定义："测试是为发现错误而

执行的一个程序或者系统的过程。"

到了 20 世纪 80 年代初期，软件和 IT 行业进入了大发展阶段，软件趋向于大型化、高复杂度，开始追求质量的提升。软件测试定义发生了改变，测试不单纯是一个发现错误的过程，还包含软件质量评价的内容，并制定了各类标准。一些软件测试的基础理论和实用技术开始形成，并且人们开始为软件开发设计了各种流程和管理方法，软件开发的方式也逐渐由混乱无序的开发过程过渡到结构化的开发过程，以结构化分析与设计、结构化评审、结构化程序设计及结构化测试为特征。1983 年，Bill Hetzel 在《软件测试完全指南》中指出："测试是以评价一个程序或者系统属性为目标的任何一种活动，测试是对软件质量的度量。"这个定义至今仍被引用。软件开发人员和测试人员开始坐在一起探讨软件工程和测试问题。软件测试已有了行业标准（IEEE/ANSI），1983 年，IEEE 提出的软件工程术语中给软件测试下的定义是："使用人工或自动的手段来运行或测定某个软件系统的过程，其目的在于检验它是否满足规定的需求，或弄清预期结果与实际结果之间的差别。"这个定义明确指出：软件测试的目的是检验软件系统是否满足需求。它再也不是一个一次性的活动，也不只是开发后期的活动，而是与整个开发流程融合成一体。软件测试已成为一个专业，需要运用专门的方法和手段，需要专门人才和专家来承担。

进入 20 世纪 90 年代，软件行业开始迅猛发展，软件的规模变得非常大，在一些大型软件开发过程中，测试活动需要花费大量的时间和成本，而当时测试的手段几乎完全都是手工测试，效率非常低。于是，很多测试实践者开始尝试开发商业的测试工具来支持测试，辅助测试人员完成某一类型或某一领域内的测试工作，因而测试工具逐渐盛行起来。测试工具的发展，大大提高了软件测试的自动化程度，让测试人员从烦琐和重复的测试活动中解脱出来，专心从事有意义的测试设计等活动。采用自动比较技术，还可以自动完成测试用例执行结果的判断，从而避免人工比对存在的疏漏问题。此外，1996 年还提出了测试能力成熟度模型（Testing Capability Maturity Model，TCMM）、测试支持度模型（Testability Support Model，TSM）和测试成熟度模型（Testing Maturity Model，TMM）。

到了 2002 年，Rick 和 Stefan 在《系统的软件测试》一书中对软件测试做了进一步定义："测试是为了度量和提高被测软件的质量，对测试软件进行工程设计、实施和维护的整个生命周期过程。"

在 G. J. Myers 的经典著作《软件测试之艺术》（The Art of Software Testing）中，给出了测试的定义："程序测试是为了发现错误而执行程序的过程。"这个定义被业界所认可，经常被引用。除此之外，G. J. Myers 还给出了与测试相关的三个重要观点：

① 测试是为了证明程序有错，而不是证明程序无错误；

② 一个好的测试用例在于它能发现至今未发现的错误；

③ 一个成功的测试是发现了至今未发现的错误的测试。

当然，G. J. Myers 所给出的测试定义实际是一个狭义的概念，因为他认为测试是执行程序的过程，也就是传统意义上的测试——在代码完成后，通过运行程序来发现程序代码或软件系统中错误。这种狭义论是受软件开发瀑布模型的影响，这种意义上的测试是不能在代码完成之前发现软件系统需求、设计上的问题，将需求、设计上的问题遗留到后期，这样就可能造成设计、编程的部分返工，增加软件开发的成本，延长开发的周期等，需求阶段和设计阶段的缺陷产生的放大效应会加大，这非常不利于保证软件质量。

因此，可以将软件测试定义为贯穿整个软件开发生命周期、对软件产品（包括阶段性产品）进行验证和确认的活动过程，其目的是尽快尽早地发现软件产品中所存在的各种问题——与用户需求、预先定义的不一致性。

三、软件测试的基本流程

软件测试的基本流程可以分为以下几个阶段：

① 测试需求分析阶段，主要是对业务的分析，得出测试需求点。

② 测试计划阶段，一般由测试组长等有经验的测试人员根据需求规格说明书编写测试计划，包括项目简介、测试环境、测试策略、风险分析、人员安排等内容。

③ 测试用例设计阶段，主要是对测试用例和规程的设计。测试用例一般包括测试项、用例级别、预置条件、操作步骤和预期结果等，其中操作步骤和预期结果需要详细编写。

④ 测试执行阶段，执行测试用例，及时提交有质量的 bug 和测试日报等相关文档。

⑤ 测试总结阶段，结合量化的测试覆盖率及缺陷跟踪报告，对应用软件的质量、开发团队的工作进度及工作效率进行综合的评估，并撰写测试总结报告。

四、测试用例的基本知识

1. 测试用例的概念

测试用例（Test Case），是为某个特殊目标依据测试环境而提前编制的一组测试步骤、测试数据和预期结果，它可以用一个简单的公式来概括：

编写测试用例

$$测试用例 = 输入 + 输出 + 测试环境$$

其中，输入就是测试数据和操作步骤；输出指的是预期结果；测试环境是指系统环境设置，包括硬件环境、软件环境、网络环境和历史数据。

2. 测试用例的重要性

测试用例之所以很重要，主要是因为：

① 测试用例构成了设计和制定测试过程的基础。

② 测试用例是测试工作的指导文件，是软件测试必须遵守的准则。

③ 测试用例是软件测试质量稳定的根本保障。

3. 测试用例的特点

① 有效性：测试用例最好要求输入用户实际数据以验证系统是否满足需求规格说明书的需求，并且测试用例中的测试数据应保证覆盖需求规格说明书中的各项功能。

② 经济性：好的测试用例执行起来应该较为容易，分析和调试不会花太大的代价。

③ 可修改性：由于软件开发过程中需求变更等原因的影响，常常对测试用例进行修改、增加、删除等，以便符合相应测试要求。

④ 可仿效性：要求不同测试者在同样的测试环境下使用同样测试用例都能得出相应结论。

⑤ 可跟踪性：测试用例应该与用户需求相对应，这样便于评估测试对功能需求的覆盖率。

⑥ 清晰、简洁：好的测试用例描述清晰，每一步都应有相应的作用，有很强的针对性，不应出现一些无用的操作步骤。

【案例描述】

编写 QQ 邮箱登录的测试用例。

【案例分析】

测试用例编写是测试工作中重要而又日常的工作之一，要在分析测试需求的基础上完成用例的编写。本例中主要是邮箱登录，一般会有成功或失败的结果。输入的数据主要有用户名、密码和验证码等。

【案例实现】

设计好的测试用例见表 1-1。

表 1-1 QQ 邮箱登录的部分测试用例

用例编号	测试步骤	输入数据	预期结果
1	① 输入用户名 ② 输入密码 ③ 单击"登录"按钮	用户名：363134109 密码：123456	成功登录 QQ 邮箱，转到相应账号的邮箱页面
2	① 输入用户名 ② 输入密码 ③ 单击"登录"按钮	用户名：363134109 密码：12345678	提示"您输入的账号或密码不正确，请重新输入。"
3	① 输入用户名 ② 单击"登录"按钮	用户名：363134109	提示"您还没有输入密码！"
……	……	……	……

【拓展任务】

实际上，测试用例除了以上列出的用例编号、测试步骤、输入数据和预期结果外，还有许多其他的内容。请参照附录中 Excel 模板完成至少 5 个发送 QQ 邮件时测试附件能否正常上传的测试用例。

【思政园地】

中国航天科工集团二院七〇六所始建于 1957 年，是我国最早从事计算机研究的大型骨干专业研究所之一，是以计算机软硬件研制及产品开发应用为主，集研究、设计、试验、生产和服务于一体的国防领域计算机与控制技术核心研究所。拥有国防科技工业软件测试和评价实验室、国防科技工业网络安全创新中心、国防科技工业信息化自主可控技术创新中心等。

航天软件评测中心隶属于中国航天科工集团二院七〇六所，是国内首家从事高安全、高可靠软件评测的专业机构。航天软件评测中心成立以来，圆满完成了以载人航天工程、探月工程为代表的国家重大科技工程和重点武器装备的评测工作，为国防现代化做出了重要贡献。航天软件评测中心树立了"国家利益高于一切"的核心理念，秉承了"特别能吃苦、特别能战斗、特别能攻关、特别能奉献"的载人航天精神，建立了"专业、客观、诚信、公正"的行为准则。先后获得"全国五一劳动奖"和"全国五一劳动奖章"，国家人事部、解放军总装备部和国防科工委联合授予的"中国载入航天工程突出贡献集体"等荣誉。

为了应对新挑战，这支有着光荣传统的评测团队充分弘扬航天精神，以敢打敢拼的态度全力确保"后墙不倒"。放弃假期、24小时随时待命、集体奋战到深夜……这些对他们来说已经司空已惯。集中攻关的时候，测试大厅里的人更是彻夜无眠。该中心还积极创新，将软件测试与信息技术、人工智能相结合，率先开展质量大数据、基于模型的软件测试、软件测试智能化等前沿技术的研究和应用，突破传统软件测试技术和方法，逐步由自动化测试向智能化测试转变。航天软件评测中心的自动化、智能化水平目前稳居行业前列，让新时代的军工软件测试变得更智慧、更高效。

案例2 正确认识软件缺陷

【预备知识】

软件缺陷（Defect），常常又被叫作bug。它的原意是"臭虫"或"虫子"，后来表示在电脑系统或程序中隐藏着的一些未被发现的缺陷或问题。

认识缺陷

"bug"这个名字是由格蕾丝·赫柏（Grace Hopper）所取的。赫柏是一位为美国海军工作的电脑专家，也是最早将人类语言融入电脑程序的人之一。1945年的一天，赫柏对Harvard Mark Ⅱ设置好17 000个继电器进行编程后，技术人员正在进行整机运行时，它突然停止了工作。于是他们爬上去找原因，发现这台巨大的计算机内部的一组继电器的触点之间有一只飞蛾，这显然是由于飞蛾受光和热的吸引，飞到了触点上，然后被高压击死。所以，在报告中，赫柏用胶条贴上飞蛾，并用"bug"来表示"一个在电脑程序里的错误"。"bug"这个说法一直沿用到今天。图1-1就是赫柏当年的报告。

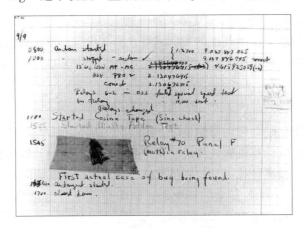

图1-1 赫柏的报告

那么到底什么是缺陷呢？所谓软件缺陷，是指计算机软件或程序中存在的某种破坏正常运行能力的问题、错误，或者隐藏的功能缺陷。缺陷的存在会导致软件产品在某种程度上不能满足用户的需要。IEEE 729—1983对缺陷有一个标准的定义：从产品内部看，缺陷是软件产品开发或维护过程中存在的错误、毛病等各种问题；从产品外部看，缺陷是系统所需要实现的某种功能的失效或违背。

缺陷的表现形式不仅体现在功能的失效方面，还体现在其他方面。下面以计算器开发为例介绍其主要类型。

① 软件没有实现产品规格说明书所要求的功能模块。

计算器应能准确无误地进行加、减、乘、除运算。如果按下加法键，没什么反应，或者计算结果出错，都属于缺陷。

② 软件中出现了产品规格说明中指明的不应该出现的错误。

产品规格说明书可能规定计算器不会死机，或者停止反应，如果随意敲键盘导致计算器停止接受输入，这就是缺陷。

③ 软件实现了产品规格说明书中没有提到的功能模块。

如果使用计算器进行测试，发现除了加、减、乘、除之外，还可以求平方根，但是产品规格说明书中没有提及这一功能模块，这也是缺陷。

④ 软件没有实现虽然产品规格说明书中也没有明确提及但应该实现的目标。

在测试计算器时，若发现电池没电会导致计算不正确，而产品说明书是假定电池一直都有电的，这也是缺陷。

⑤ 软件难以理解，不容易使用，运行缓慢，或从测试员的角度看，最终用户会认为不好。

软件测试员如果发现某些地方不对，比如觉得按键太小、"="键的位置不好按、在亮光下看不清显示屏等，也可以认定为缺陷。

【案例描述】

程序员小王已经编写好一个图形界面的应用程序（Weight），当输入身高和体重后，单击"查询"按钮，程序会计算体重指数，并将体重指数和健康状态等信息显示在屏幕上。请测试该程序是否有缺陷。如果有，将缺陷描述出来，并分析其类别。体重指数的计算公式为：

$$体重指数（BMI）= 体重（kg）÷ [身高（m）]^2$$

体重指数与健康状态的转换规则见表 1-2。

表 1-2 体重指数与健康状态的转换规则

序号	体重指数（BMI）	备注	序号	体重指数（BMI）	备注
1	BMI<18.5	消瘦	4	27≤BMI<30	轻度肥胖
2	18.5≤BMI<24	正常	5	30≤BMI<35	中度肥胖
3	24≤BMI<27	体重过重	6	BMI≥35	重度肥胖

【案例分析】

当输入正常的身高和体重的时候，会显示正确的 BMI 值的信息，如图 1-2 所示。

但是当将体重增加到 124 kg 时，BMI 应该为 46.103 51，按照体重指数与健康状态的转换规则，应该属于重度肥胖，而显示的信息却是"中度肥胖"，如图 1-3 所示。这应该是一个缺陷。

图1-2　正常的 BMI 值　　　　　　　　　图1-3　重度肥胖的 BMI 值

图1-4　未输入身高和体重的 BMI 值

另外，当没有输入身高和体重的值的时候，单击"查询"按钮，程序也没有对用户有任何提醒，如图1-4所示。这应该是一个缺陷。其他的问题，您能一一发现吗？

【案例实现】

① 第一个缺陷是软件中出现了产品规格说明书中指明的不应该出现的错误，属于第二种缺陷；

② 第二个缺陷是软件没有实现虽然产品规格说明书中也没有明确提及但应该实现的目标，属于第四种缺陷。

【拓展案例】

查看客户关系管理（CRM）系统的登录界面（图1-5），查找是否有缺陷，如果有，请描述缺陷并分析缺陷的种类。

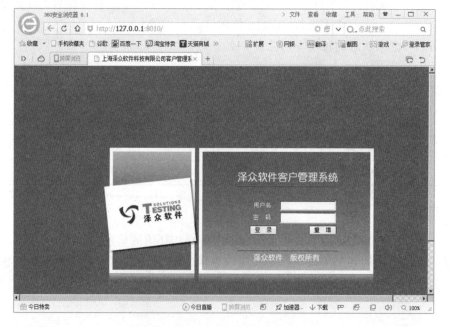

图1-5　客户关系管理系统的登录界面

【拓展学习】

一、软件测试的目的

基于不同的立场，存在着两种完全不同的测试目的。从用户的角度出发，普遍希望通过软件测试暴露软件中隐藏的错误和缺陷，以考虑是否接受该产品；而从软件开发者的角度出发，则希望测试成为表明软件产品中不存在错误的过程，验证该软件已正确地实现了用户的要求，确立人们对软件质量的信心。因此，软件开发者会选择那些导致程序失效概率小的测试用例，回避那些易于暴露程序错误的测试用例。同时，也不会特意去检测、排除程序中可能包含的问题。

显然，这样的测试对完善和提高软件质量毫无价值。因为在程序中往往存在着许多预料不到的问题，许多隐藏的错误只有在特定的环境下才可能暴露出来。如果不把着眼点放在尽可能查找错误这样一个基础上，这些隐藏的错误和缺陷就查不出来，会遗留到运行阶段中去。如果站在用户的角度替他们设想，就应当把测试活动的目标对准揭露程序中存在的错误。在选取测试用例时，考虑那些易于发现程序错误的数据。

测试的目标是以最少的时间和人力找出软件中潜在的各种错误和缺陷。如果成功地实施了测试，就能够发现软件中的错误。此外，实施测试收集到的测试结果数据为可靠性分析提供了依据。

简而言之，软件测试就是替用户受过，测试的最终目的是确保最终交给用户的产品的功能符合用户的需求，将尽可能多的问题在产品交给用户之前发现。

二、软件测试的依据

开展测试工作的主要依据就是软件需求规格说明书（Software Requirements Specification）。软件需求说明书包含硬件、功能、性能、输入/输出、接口需求、警示信息、保密安全、数据与数据库、文档和法规的要求。需求规格说明书主要可分为：

① 功能需求。产品应该完成哪些功能，即向用户提供的功能，一般来说，这个都是比较硬性的标准。

② 非功能性需求。用户可能不能明确告诉你的一些需求，比如，可靠性、响应时间、扩展性、性能等方面的需求。

③ 限制条件。在需求分析中需要考虑一些约束条件、规则等，比如，客户的约束、行业的约束、法律的约束及自己的约束等。

练习与实训

一、选择题

1. 与设计测试用例无关的文档是（　　　）。

A. 项目开发计划 　　　　　　　　　　B. 需求规格说明书

C. 概要设计说明书 　　　　　　　　　D. 源程序

2. 软件评审作为质量控制的一个重要手段，已经被业界广泛使用。评审分为内部评审和外部评审。关于内部评审的叙述，正确的包括（   ）。

① 对软件的每个开发阶段都要进行内部评审

② 评审人员由软件开发组、质量管理和配置管理人员组成，也可邀请用户参与

③ 评审人数根据实际情况确定，比如，根据软件的规模等级和安全性等级等指标而定

④ 内部评审由用户单位主持，由信息系统建设单位组织，应成立评审委员会

  A. ①②④   B. ①②③   C. ②③④   D. ①③④

3. （   ）不是正确的软件测试目的。

  A. 尽最大的可能找出最多的错误

  B. 设计一个好的测试用例对用户需求的覆盖度达到 100%

  C. 对软件质量进行度量和评估，以提高软件的质量

  D. 发现开发所采用的软件过程的缺陷，进行软件过程改进

4. （   ）不属于功能测试用例构成要素。

  A. 测试数据   B. 测试步骤   C. 预期结果   D. 实测结果

5. 测试用例是测试使用的文档化的细则，其规定如何对软件某项功能或功能组合进行测试。测试用例应包括（   ）的详细信息。

① 测试目标和被测功能

② 测试环境和其他条件

③ 测试数据和测试步骤

④ 测试记录和测试结果

  A. ①③   B. ①②③   C. ①③④   D. ①②③④

6. 统计资料表明，软件测试的工作量占整个软件开发工作量的（   ）。

  A. 30%   B. 40%~50%   C. 70%   D. 95%

7. 下面说法正确的是（   ）。

  A. 经过测试没有发现错误，说明程序正确

  B. 测试的目标是证明程序没有错误

  C. 成功的测试是发现了迄今尚未发现的错误的测试

  D. 成功的测试是没有发现错误的测试

8. 调试应该由（   ）完成。

  A. 与源程序无关的程序员   B. 编制该源程序的程序员

  C. 不了解软件设计的机构   D. 设计该软件的机构

9. 下列选项中，不属于软件测试工程师职责范围的是（   ）。

  A. 测试方案设计   B. 测试用例设计

  C. 进行代码调优   D. 测试实施

10. 测试用例设计是测试工作中最重要的工作之一，需要设计测试用例的原因不包括（   ）。

  A. 避免盲目测试并提高测试效率，减少测试的不完全性

  B. 使用测试用例让软件测试的实施重点突出、目的明确

  C. 根据测试用例的多少和执行难度，可以估算测试工作量，便于测试项目的时间和资源管理与跟踪

D. 可以提高测试工程师的素质

二、填空题

1. 设计功能测试用例的根本依据是_____。

2. 软件测试的目的是_____。

3. 测试需求主要是基于_____进行定义，它包括定义功能测试需求和非功能测试需求。

4. Java 作为当前最流行的开发语言之一，具有_____、_____和_____等多种特点。

5. _____是测试工作的指导，是软件测试必须遵守的准则，是软件测试质量稳定的根本保障。

三、简答题

1. 什么是软件测试？

2. 什么是测试用例？测试用例由哪些部分组成？

3. 简要回答软件测试的基本流程。

四、分析设计题

图 1-6 所示是某网站的提问功能，有以下需求：

（1）标题在 30 字以内。

（2）内容在 500 字以内。

（3）单击"提交问题"链接可以进行提问。

请根据需求编写至少 5 条测试用例，根据界面和现有的需求指出可能存在的缺陷。

图 1-6　某网站的提问功能

工作任务 2

理解软件测试模型

【学习导航】

1. 知识目标

- 掌握各种软件测试模型图
- 掌握 V 模型、W 模型、X 模型、H 模型的优缺点
- 理解按照阶段对软件测试进行分类
- 掌握软件测试的基本原则

2. 技能目标

- 能够熟练绘制 V 模型、W 模型
- 能够辨析各种模型的优缺点
- 能够灵活地运用软件测试的基本原则

【任务情境】

小李了解了软件测试的概念，并且也意识到软件测试工作是一项非常有意义的活动，他到中国知网去查阅了软件测试方面的相关文献。他看到文章中经常提及软件测试的模型，但由于没有测试方面的基础知识，阅读这些文献非常吃力。那么，什么是软件测试的模型？开展软件测试的基本原则有哪些？

【任务实施】

案例 1　掌握软件测试的基本原则

软件测试的基本原则

【预备知识】

从用户的角度出发，希望通过软件测试能充分暴露软件中存在的问题和缺陷；从开发者的角度出发，希望测试能表明软件产品不存在错误，已经正确地实现了用户的需求。在软件测试的过程中，应该注意遵循相关的原则，以便提高测试的效率。根据测试人员的经验，可以概括为以下几点：

1. 所有的软件测试都应该追溯到用户需求

软件测试的目标在于发现缺陷，从用户的角度来看，最严重的错误是那些导致程序无法满足用户需求的缺陷。因此，测试人员要始终站在用户的角度看问题。

2. 应当尽早地和不断地进行软件测试

测试可以在需求模型一完成就开始，详细的测试用例定义可以在设计模型被确定后立即

开始。因此，所有测试都应该在任何代码产生前就进行计划和设计。

及早地开展测试的准备工作，测试人员应该在早期了解测试的难度、预测测试的风险，从而有效地提高测试的效率，规避测试的风险，也大大降低了 bug 修复的成本。

3. 完全测试是不可能的，测试需要终止

即使非常小的程序，在测试中也不可能运行路径的每一种组合，测试在适当的时候需要终止。然而，充分覆盖程序逻辑，并确保满足程序设计中使用的所有条件却是有可能的。

4. 充分注意测试中的群集现象

测试发现的错误中的 80% 很可能起源于 20% 的模块中。群集现象是指在测试中发现缺陷越多的地方，存在的未被发现的缺陷也就越多，因此，应该遵循 80/20 原则对错误群集的程序段进行重点测试。

5. 尽量避免测试的随意性

在进行实际测试之前，应该制定完善的、切实可行的测试计划并严格执行，尽量避免测试的随意性。测试计划是做好测试工作的前提。

6. 程序员应该避免检查自己的程序

由于测试与开发不同，是具有"破坏性"的活动，程序员的心理状态是阻碍 bug 发现的重要因素；另外，由于思维定式，程序员一般很难发现自己的逻辑、设计中的错误。因此，测试最好由第三方进行。第三方测试的最大特点在于它的专业性、独立性、客观性和公正性。

7. 重视对测试用例的管理

由于修改程序后，应该重新进行测试以确认修改没有引入新的错误或导致其他代码产生错误，因此，要重视对测试用例的保存，直至系统废弃。此外，应该妥善保存测试计划、测试用例、出错统计和最终分析报告，为软件维护等提供方便。

8. 测试贯穿于整个生命周期

软件的测试不仅是对程序的测试，还包括了需求、设计文档、代码、用户文档等。因此，软件测试应贯穿于整个软件生命周期，并且软件开发和测试过程会彼此影响，这就要求测试人员对开发和测试的全过程进行充分的关注。

【案例描述】

某软件公司在研发一个城镇居民保险系统时，为了加快进度，测试工作在系统开发初步完成之后开始并直接进行系统测试。测试工程师针对界面进行了功能测试。测试工程师和开发工程师借助缺陷管理工具，交互进行测试与缺陷修复工作。测试期间发现系统的"文档审批"功能出现严重缺陷，开发工程师认为修改难度大，经测试工程师认可后决定暂停修复该缺陷，直到产品发布前，该缺陷在开发环境下被修复。随后，测试工程师在开发环境下针对该缺陷执行了有关的用例，进行了回归测试。回归测试结束后，开发工程师在开发环境下对产品直接打包发布。

① 测试开展的时间是过早、过晚还是合适？请说明理由。

② 测试工程师功能测试的方法是否正确？若不正确，请陈述正确的方法；若正确，请说明理由。

③ 开发工程师产品发布的做法是否正确？

【案例分析】

① 主要是考查测试的时间，测试应该尽早开始。

② 主要考查测试的方法，软件测试的依据主要是需求规格说明书，测试应该追溯到用户需求。

③ 发布的做法有些不妥当，不能直接在开发环境中对产品进行打包发布。

【案例实现】

① 测试工作开始得太晚。根据软件测试的原则，应该尽早地和不断地进行测试。测试工作应该覆盖需求分析、概要设计、详细设计、编码等阶段，而不应该在系统开发初步完成后才开始。

② 测试人员功能测试的方法不正确。根据软件测试的基本原则，系统功能测试应该追溯到用户需求，而不应该仅仅针对界面进行测试。

③ 产品最后由开发人员发布不合理。实际发布的产品应该经过最后测试，从产品库中提取。

【拓展案例】

某公司在研发一个工程项目管理系统时，在系统开发初步完成之后，开始并直接进行系统测试。测试工程师针对界面进行了功能测试。测试工程师和开发工程师交互进行测试与缺陷修复工作。测试期间发现系统的"项目审批"功能出现严重缺陷，开发工程师认为修改难度大，决定暂停修复该缺陷，直到产品发布前，该缺陷在开发环境下被修复。随后，测试工程师在开发环境下针对该缺陷执行了有关的用例，进行了回归测试。

① 测试开展的时间是否合适？说明理由。

② 测试工程师功能测试的方法是否正确？请说明理由。

【拓展知识】

1. Bug 修复成本

在讨论软件测试原则时，一开始就强调测试人员要在软件开发的早期，如需求分析阶段介入，问题发现得越早越好。发现缺陷后，要尽快修复缺陷。其原因在于错误并不只是在编程阶段产生，需求和设计阶段同样会产生错误。也许一开始，只是一个很小范围内的错误，但随着产品开发工作的进行，小错误会扩散成大错误。为了修改后期的错误所做的工作要多得多，即越到后来，往前返工也越多。如果错误不能及早发现，可能会造成越来越严重的后果。缺陷发现或解决得越迟，成本就越高。

平均而言，如果在需求阶段修正一个错误的代价是1，那么，在设计阶段就是它的 3~6 倍，在编程阶段是它的 10 倍，在内部测试阶段是它的 20~40 倍，在外部测试阶段是它的 30~70 倍，而到了产品发布出去时，就是 40~1 000 倍。修正错误的代价不是随时间线性增长的，而几乎是呈指数增长的。

2. 测试环境

进行软件测试之前，需要搭建好测试环境。那么什么是测试环境呢？

简单地说，测试环境就是软件运行的平台，即软件、硬件和网络三种环境的合集，也就是说，测试环境=硬件+软件+网络+历史数据。

硬件：包括 PC 机、笔记本、服务器、各种终端等。例如，要测试 Photoshop 软件，是在 PC 机上测，还是在笔记本上测？是在 CPU 为酷睿的计算机上测，还是在 CPU 为炫龙的计算机上测？不同的硬件环境，Photoshop 的处理速度是不一样的。

软件：这里主要指的是软件运行的操作系统。例如，测试 Photoshop，是在 Windows XP 下测试，还是在 Vista 下测试？可能会有兼容性问题。软件环境还包括与其他各类软件共存同一系统时的兼容性问题。

网络：主要针对的是 C/S 结构和 B/S 结构的软件。比如，要测试的软件，客户的网络环境是千兆以太网，而开发方的网络环境是百兆以太网，而且还是闲时才能达到百兆的速度。这样的环境要是计算精确的测试响应时间，还是很伤脑筋的。

历史数据：是指为了执行测试用例，所需要初始化的各项数据，例如，登录被测应用所需的用户名和访问权限，或其他基础资料、业务资料。对于性能测试，还应当特别考虑执行测试场景前应当满足的历史数据量。

一般来说，配置测试环境可遵循下列原则：

① 真实：尽量模拟用户的真实使用环境。

② 干净：测试环境中尽量不要安装与被测软件无关的软件。

③ 无毒：测试工作应该确保在无毒的环境中进行。

④ 独立：测试环境与开发环境相互独立。

这里提到的开发环境是指在基本硬件和宿主软件的基础上，为支持系统软件和应用软件的工程化开发和维护而使用的一组软件。它由软件工具和环境集成机制构成，前者用以支持软件开发的相关过程、活动和任务，后者为工具集成和软件的开发、维护及管理提供统一的支持。而生产运行环境就是交付客户最终使用的环境。

【案例小结】

测试原则是人们在长期的测试工作过程中总结出来的测试经验，在测试过程中遵循它们，可以较好地把握测试的方向。

案例 2　绘制 V 模型图

【预备知识】

软件测试模型是软件测试工作的框架，描述了软件测试过程所包含的主要活动。常见的软件测试模型主要包括 V 模型、W 模型、X 型、H 模型等。

1. V 模型

V 模型在软件测试中是最广为人知的模型，如图 2-1 所示。它是由 Paul Rook 在 1980 年率先提出的。在瀑布模型中，由于早期的错误可能要等到开发后期的测试阶段才能发现，所以可能带来严重的后果。V 模型是瀑布模型的变

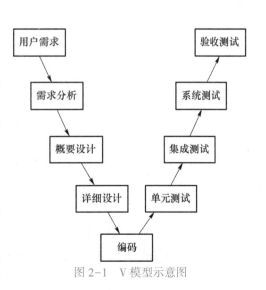

图 2-1　V 模型示意图

种，它是对瀑布模型的修正，反映了测试活动与分析和设计的关系。V模型图从左到右描述了基本的开发过程和测试行为，非常明确地表明了测试过程中存在的不同级别。左边下降的箭头是开发过程的各个阶段，与此相对应的右边上升箭头部分，即测试过程的各个阶段。

软件测试模型

V模型的优点主要包括：制定的测试策略既包括了低层测试，又包括了高层测试。低层测试是为了源代码的正确性，高层测试是为了使整个系统满足用户的需求。其能够较好地反映测试活动与开发之间的关系。当然，它也存在着一些明显的缺陷：容易让人误解为测试过程是需求分析、概要设计、详细设计及编码之后的一个阶段；由于它的顺序性，需求分析阶段的错误要到后期才被发现，返工量大。实际中，由于需求变更较大，导致要重复变更需求、设计、编码、测试等工作；容易使人误解测试仅仅是寻找程序中的错误。

2. W模型

由于V模型无法体现"尽早地和不断地进行软件测试的原则"，于是出现了W模型，如图2-2所示。模型由两个V模型组成，分别代表开发过程和测试过程。从模型中不难看出，测试是伴随着开发的全过程的，而且测试的对象也不限于程序，还包括需求文档、设计文档等。例如，需求分析完成后，测试人员就可以开始针对需求进行测试，以便尽早地发现缺陷。

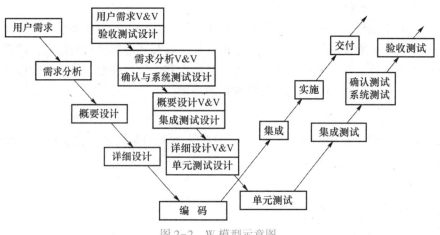

图2-2　W模型示意图

优点：

① 测试伴随着整个软件开发周期，而且测试的对象不仅仅是程序，需求、文档和代码同样要测试。其中文档包括需求设计文档、概要设计文档、详细设计文档和用户文档等。

② 由于更早地介入软件开发中，能尽早地发现缺陷并进行修复，降低了开发的成本。

③ 测试与开发是独立的过程，并与开发同时开始，同时结束，保持同步的关系。

缺点：

① 对有些项目，开发过程中根本没有文档产生，故W模型无法使用。

② 对于需求和设计的测试技术要求很高，实践起来较困难。

3. X模型

X模型也是对V模型的改进，如图2-3所示。

X模型的左边描述的是针对单独程序片段所进行的相互分离的编码和测试，此后将进行频繁的交接，通过集成最终成为可执行的程序，然后再对这些可执行程序进行测试。已通过集成测试的成品可以进行封装并提交给用户，也可以作为更大规模和范围内集成的一部分。多根并行的曲线表示变更可以在各个部分发生。由图 2-3 可见，X 模型还定位了探索性测试，这是不进行事先计划的特殊类型的测试，这一方式往往能帮助有经验的测试人员在测试计划之外发现更多的软件错误。但这样可能对测试造成人力、物力和财力的浪费，对测试员的技术熟练程度要求比较高。

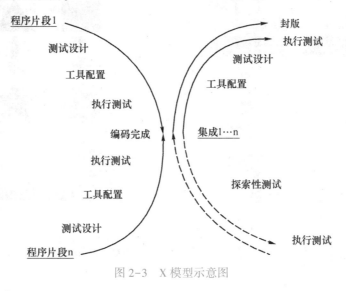

图 2-3　X 模型示意图

4. H 模型

相对于 V 模型和 W 模型，H 模型将测试活动完全独立出来，形成了一个完全独立的流程，将测试准备活动和测试执行活动清晰地体现出来，如图 2-4 所示。

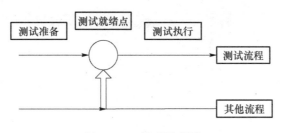

图 2-4　H 模型示意图

H 模型揭示了一个原理：软件测试是一个独立的流程，其以独立完整的"微循环"流程参与产品生命周期的各个阶段，与其他流程并发地进行。H 模型指出软件测试要尽早准备，尽早执行，只要某个测试达到准备就绪点，测试执行活动就可以开展，并且不同的测试活动可按照某个次序先后进行，但也可以是反复进行的。

【案例描述】

使用 Visio 软件绘制 V 模型图。

【案例实现】

① 启动 Visio 2010 软件，单击"新建"菜单，选择模板类别"常规"中的"基本框图"，并单击右下角的"创建"按钮，如图 2-5 所示。

绘制 V 模型图

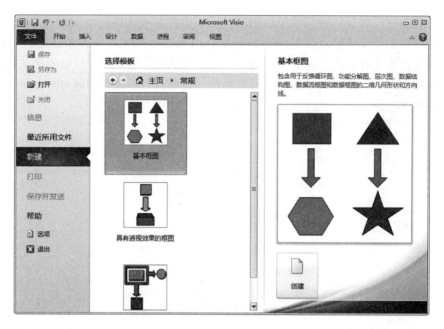

图 2-5　启动 Visio 2010

② 使用"视图"菜单下的"显示比例"，调整为 100%，如图 2-6 所示。

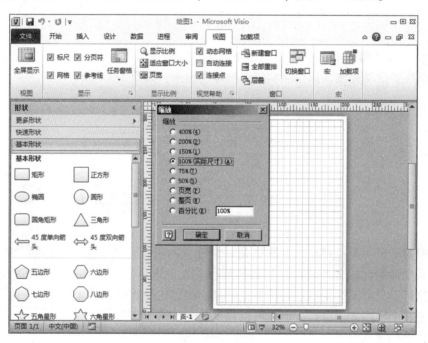

图 2-6　Visio 2010 的软件界面

③ 从左侧的基本形状面板拖拉所需的矩形至编辑区域，拖曳鼠标可以更改矩形的大小，双击可以编辑文字的内容。编辑文字并修改完字体大小后如图 2-7 所示。

④ 从"开始"菜单中单击 连接线 按钮，将出现的"十"字停留在刚绘制的"用户需求"矩形的下边缘的中间，并绘制折线，如图 2-8 所示。

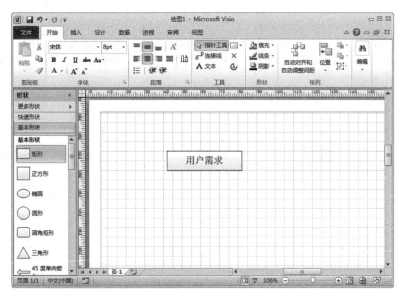

图 2-7　矩形的绘制

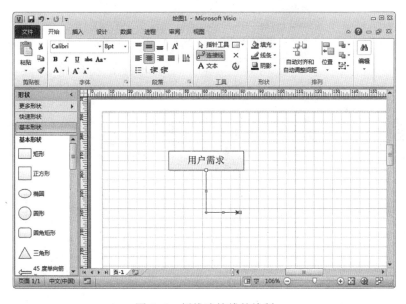

图 2-8　折线连接线的绘制

⑤ 选中该折线并右击，在弹出的快捷菜单中选择"直线连接线"，完成后如图 2-9 所示。

如果需要选择箭头的方向和线型等属性，可以选中直线后右击，在弹出的快捷菜单中依次选择"格式"→"线条"，在弹出的"线条"对话框中进行设置，如图 2-10 所示。

⑥ 继续绘制 V 模型中的其余部分，完成后如图 2-11 所示。

【拓展任务】

使用 XMind 绘制 V 模型的思维导图。

使用 XMind 绘制
思维导图

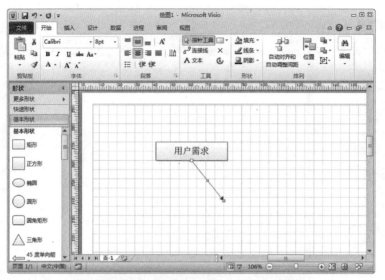

图 2-9　直线连接线的绘制

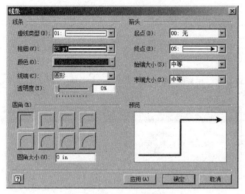

图 2-10　设置线条的属性

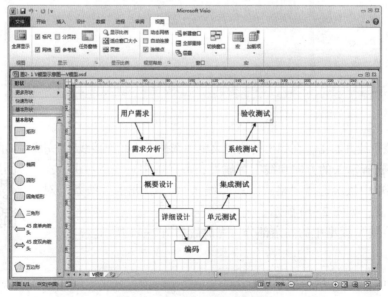

图 2-11　绘制完成的 V 模型图

【拓展知识】

1. 软件开发模型

软件开发模型（Software Development Model）是指软件开发全部过程、活动和任务的结构框架。软件开发包括需求、设计、编码和测试等阶段。软件开发模型能清晰、直观地表达软件开发的全过程，明确规定要完成的主要活动和任务，用来作为软件项目工作的基础。典型的软件开发模型有：瀑布模型（Waterfall Model）、增量模型（Incremental Model）、快速原型模型（Rapid Prototype Model）、螺旋模型（Spiral Model）和喷泉模型（Foundtain Model）。

软件开发模型

下面简单介绍一下瀑布模型。

1970 年，Winston Royce 提出了著名的"瀑布模型"，直到 80 年代早期，它一直是唯一被广泛采用的软件开发模型。

瀑布模型将软件生命周期划分为定义阶段、开发阶段和维护阶段，分别对应了软件计划、需求分析。软件设计、程序编码、软件测试和运行维护等六个基本活动，并且规定了它们自上而下、相互衔接的固定次序，如同瀑布流水，逐级下落，如图 2-12 所示。

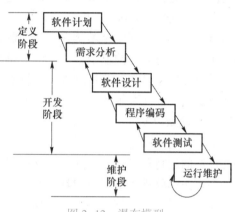

图 2-12　瀑布模型

在瀑布模型中，软件开发的各项活动严格按照线性方式进行，当前活动接受上一项活动的工作结果，实施完成所需的工作内容。当前活动的工作结果需要进行验证，如果验证通过，则该结果作为下一项活动的输入，继续进行下一项活动，否则返回修改。

2. 按照阶段对软件测试进行分类

（1）单元测试

单元测试是指对软件中的最小可测试单元进行检查和验证。在一种传统的结构化编程语言中，比如 C 语言中，要进行测试的单元一般是函数或过程；在 Java、C#、C++这样的面向对象的语言中，要进行测试的基本单元是类。

（2）集成测试

集成测试也叫组装测试或联合测试，是在单元测试的基础上，将所有的软件单元按照概要设计规格说明的要求组装成模块、子系统或系统的过程，并且检查各部分工作是否达到或实现相应技术指标及要求的活动。也就是说，在集成测试之前，单元测试应该已经完成，集成测试中所使用的对象应该是已经经过单元测试的软件单元。

（3）系统测试

系统测试是将已经确认的软件、硬件、外设、网络等其他元素结合在一起，进行信息系统的各种组装测试和确认测试。系统测试是针对整个产品系统进行的测试，目的是验证系统是否满足了需求规格的定义，找出与需求规格不符或与之矛盾的地方，从而提出更加完善的方案。

（4）验收测试

验收测试是部署软件之前的最后一个测试。在软件产品完成了单元测试、集成测试和系统测试之后，产品发布之前所进行的软件测试活动。它是测试的最后一个阶段，也称为交付测试。验收测试的目的是确保软件准备就绪，并且可以让最终用户将其用于执行软件的既定功能和任务。

3. 验证和确认

广义的软件测试由"确认""验证""测试"三个方面组成。其中"确认"是想证实在一个给定的外部环境中软件的逻辑正确性，检查软件在最终的运行环境上是否达到预期的目标。而验证是试图证明软件在软件生命周期各个阶段及阶段间的逻辑性、完备性和正确性。两者均表示认定，但是验证表明的是满足规定要求，而确认表明的是满足预期用途或应用要求。简而言之，确认就是检查最终产品是否达到用户的使用要求。

（1）验证（Verification）

就是要用数据证明是不是在正确地制造产品。注意，这里强调的是过程的正确性。检查某样东西是否符合之前已定好的标准。例如，文档评审，要检查的是文档，检查标准就是文档的评审标准。又如，测试软件，要检查的就是软件，检查的标准就是软件的规格说明，包括功能要求、性能要求等。

（2）确认（Validation）

就是要用数据证明是否制造了正确的产品。注意，这里强调的是结果的正确性。检查软件在最终的运行环境上是否达到预期的目标。一般来说，就是调试、验收测试等，这些工作都是在真正的软件需要运行的环境中进行的。在最终环境中运行软件，确保软件符合使用要求，通过提供客观证据对特定的预期用途或应用要求已得到满足的认定。

【案例小结】

测试专家通过实践总结出了很多很好的测试模型。这些模型将测试活动进行了抽象，明确了测试与开发之间的关系，是测试管理的重要参考依据。

V模型——非常明确地标注了测试过程中存在的不同类型的测试。

W模型——非常明确地标注了生产周期中开发与测试之间的对应关系。

X模型——指出整个测试过程是在探索中进行的。

H模型——软件测试是一个独立的流程，贯穿产品整个生命周期，与其他流程并发地进行。

练习与实训

一、选择题

1. 下面属于软件测试模型的是（　　　）。

A. W模型　　　　　　　B. 瀑布模型　　　　　　　C. L模型　　　　　　　D. G模型

2. 下面关于软件测试模型的描述中，不正确的是（　　　）。

① V模型的软件测试策略既包括低层测试，又包括高层测试，高层测试是为了确保源代码的正确性，低层测试是为了使整个系统满足用户的需求

② V模型存在一定的局限性，它仅仅将测试过程作为在需求分析、概要设计、详细设计及编码之后的一个阶段

③ W模型可以说是V模型自然而然的发展，它强调：测试伴随着整个软件开发周期，

而且测试的对象不仅仅是程序，需求、功能和设计同样要测试

④ H 模型中，软件测试是一个独立的流程，贯穿产品的整个生命周期，与其他流程并发地进行

⑤ H 模型中，测试准备和测试实施紧密结合，有利于资源调配

A. ①⑤　　　　　　　　B. ②④　　　　　　　　C. ③④　　　　　　　　D. ②③

3. 下列关于 W 模型的描述中正确的是（　　　）。

A. W 模型强调测试伴随着整个软件开发周期，测试对象不仅仅是程序，需求、功能和设计同样需要测试

B. 所有开发活动完成后，才可执行测试

C. W 模型将软件的开发视为合同签订、需求、设计、编码等一系列串行活动

D. 在 W 模型中，需求、设计、编码串行进行，也可以并行工作

4. 在软件开发几十年的实践过程中，人们总结了很多开发与测试模型，其中 V 模型就是经典的测试模型。下列关于 V 模型的特点描述正确的是（　　　）。

A. V 模型中，需求、分析、设计和编码的开发活动随时间而进行，与相应的测试活动（即针对需求、分析、设计和编码的测试）开展的次序一致

B. V 模型的软件测试策略既包括低层测试，又包括高层测试，低层测试是为了确保源代码的正确性，高层测试是为了使整个系统满足用户的需求

C. V 模型是软件开发螺旋模型的变种，它反映了测试活动与分析和设计的关系

D. V 模型在实际应用中，需求阶段的错误在集成测试阶段被发现

5. V 模型描述了软件基本的开发过程和测试行为，描述了不同测试阶段与开发过程各阶段的对应关系。其中，集成测试阶段对应的开发阶段是（　　　）。

A. 需求分析阶段　　　　　　　　　　　　B. 概要设计阶段

C. 详细设计阶段　　　　　　　　　　　　D. 编码阶段

6. 软件测试类型按开发阶段划分为（　　　）。

A. 需求测试、单元测试、集成测试、验证测试

B. 单元测试、集成测试、确认测试、系统测试、验收测试

C. 单元测试、集成测试、验证测试、确认测试、验收测试

D. 调试、单元测试、集成测试、用户测试

7. 测试是为了寻找软件的错误与缺陷，评估与提高软件的质量，则软件测试的原则包括（　　　）。

① 问题的互相确认

② 所有的软件测试都应该追溯到用户需求

③ 完全测试是不可能的，测试需要终止

④ 充分注意测试中的群集现象

⑤ 尽量避免测试的随意性

⑥ 软件测试者应该坚持"尽早地和不断地进行软件测试"

⑦ 程序员应避免检查自己的程序

A. ①②④⑤⑦　　　　　　　　　　　　B. ①③④⑤⑥⑦

C. ①②③④⑤⑥⑦　　　　　　　　　　D. ①②③⑤⑥

8. 为了使软件测试更加高效，应遵循的测试原则包括（　　　）。

① 所有的软件测试都应追溯到用户需求、充分注意缺陷群集现象

② 尽早地和不断地进行软件测试、回归测试

③ 为了证明程序的正确性，尽可能多地开发测试用例

④ 应由不同的测试人员对测试所发现的缺陷进行确认

⑤ 增量测试，由小到大

A.①②③④　　　　　　B.①③④⑤　　　　　　C.②③④　　　　　　D.①②④⑤

9. 广义的软件测试是由确认、验证、测试 3 个方面组成，其中验证是指（　　　）。

A. 想证实在一个给定的外部环境中软件的逻辑正确性

B. 检测软件开发的每个阶段、每个步骤的结果是否正确无误，是否与软件开发各阶段的要求或期望的结果相一致

C. 评估将要开发的软件产品是否正确无误、可行和有价值

D. 保证所生产的软件可追溯到用户需求的一系列活动

10. 下面关于确认和验证的描述中，正确的是（　　　）。

A. 确认想证实在任何外部环境中软件的逻辑正确性

B. 验证试图证明在软件生存期各个阶段及阶段间的逻辑协调性、完备性和正确性

C. 确认保证所生产的软件可追溯到软件详细设计的一系列活动

D. 验证保证软件正确地实现了特定功能的软件需求、设计和编码活动

二、填空题

1. 在软件的整个生命周期中会用到许多文档，其中开发文档包括_____、_____和_____等。

2. 软件生命周期中持续时间最长的是_____阶段。

3. V 模型描述了软件基本的开发过程和测试行为，描述了不同测试阶段与开发过程各阶段的对应关系。其中，单元测试阶段对应的开发阶段是_____。

4. 软件测试模型有 V 模型、_____、_____、_____和前置模型。

5. 所有的软件测试都应该追溯到_____。

三、简答题

1. 软件测试的原则有哪些？

2. 软件测试中确认和验证的含义是什么？

3. 按照阶段对软件测试进行分类，可以分成哪几个阶段？

4. 请查阅资料并总结前置模型的特点。

四、分析设计题

软件测试是与软件开发紧密相关的一系列有计划的系统性活动。软件测试需要用测试模型去指导实践，软件测试专家通过测试实践总结出了很多很好的测试模型。

（1）V 模型是最具有代表意义的软件测试模型之一，请绘制 V 模型图。

（2）测试工程师甲按照 V 模型安排测试活动，在验收测试阶段发现的某些功能缺陷与产品需求设计说明书有关，由此造成软件缺陷修复成本较高。若采用 W 模型，你认为能否避免类似问题的出现？简述 W 模型的优点。

工作任务 3

分析软件质量

【学习导航】

1. 知识目标

- 掌握软件质量的概念
- 理解软件质量模型
- 了解软件质量与软件测试的关系

2. 技能目标

- 能够运用软件质量模型分析软件质量

【任务情境】

小李通过阅读文献，了解到软件测试与提高软件产品质量之间紧密相关，但是对软件产品质量的评价方法不是很了解，只知道从功能方面去评价。那么，软件质量除了功能性的指标外，还有哪些要素呢？让我们和小李一起来学习软件质量模型，并一起分析微信的质量吧！

【任务实施】

案例　分析微信的质量

【预备知识】

一、软件质量的定义

1979 年，Fisher 和 Light 将软件质量定义为：表征计算机系统卓越程度的所有属性的集合。1982 年，Fisher 和 Baker 将软件质量定义为：软件产品满足明确需求的一组属性的集合。20 世纪 90 年代，Norman、Robin 等将软件质量定义为：表征软件产品满足明确的和隐含的需求的能力的特性或特征的集合。1994 年，国际标准化组织公布的国际标准 ISO 8042 中将软件质量定义为：反映实体满足明确的和隐含的需求的能力的特性的总和。

综上所述，软件质量是产品、组织和体系或过程的一组固有特性，反映它们满足顾客和其他相关方面要求的程度。如 CMU SEI 的 Watts Humphrey 指出："软件产品必须提供用户所需的功能，如果做不到这一点，什么产品都没有意义。其次，这个产品能够正常工作。如果产品中有很多缺陷，不能正常工作，那么不管这种产品性能如何，用户也不会使用它。"而 Peter Denning 强调："越是关注客户的满意度，软件就越有可能达到质量要求。程序的正确性固然重要，但不足以体现软件的价值。"

GB/T 11457—2006《软件工程术语》定义软件质量为：

① 软件产品中能满足给定需要的性质和特性的总体。例如，符合规格说明。

② 软件具有所期望的各种属性的组合程度。

③ 顾客和用户觉得软件满足其综合期望的程度。

④ 确定软件在使用过程中满足顾客预期要求的程度。

二、软件质量模型

软件质量模型主要有 Bohm 质量模型、McCall 质量模型和 ISO 的软件质量模型。Bohm 质量模型是 1976 年由 Bohm 等提出的分层方案，将软件的质量特性定义成分层模型。McCall 质量模型是 1979 年由 McCall 等提出的软件质量模型。它将软件质量的概念建立在 11 个质量特性之上，而这些质量特性分别面向软件产品的运行、修正和转移。下面重点介绍 ISO 的软件质量模型。

软件质量模型 1

依据 ISO/IEC 9126-1：2001（对应国家标准 GB/T 16260.1—2006），软件质量模型分为内部质量模型、外部质量模型和使用质量模型。

（一）外部质量模型和内部质量模型

外部和内部质量的质量模型具有六大特性，分别为功能性、可靠性、易用性、效率、可维护性和可移植性，如图 3-1 所示。

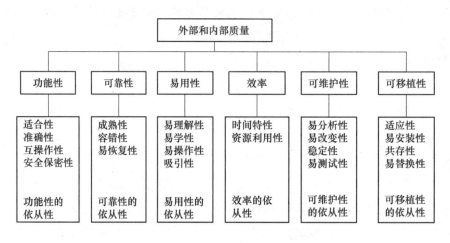

图 3-1　软件质量模型图

1. 功能性

功能性是指当软件在指定条件下使用时，软件产品提供明确的和隐含要求的功能的能力。它可以分为以下几个子项。

（1）适合性

软件产品为指定的任务和用户目标提供一组合适的功能的能力。

（2）准确性

软件产品提供具有满足精度要求的正确的或相符的结果或效果的能力。如计算器的计算结果是否正确。

（3）互操作性

软件产品与一个或更多指定的（相关）系统进行交互的能力。如 Word 2010 可以转换成 PDF 文档或网页等格式，说明其与其他系统有较好的交互性，如图 3-2 所示。

图 3-2 软件的互操作性

（4）安全保密性

保护软件产品的信息和数据的能力，以使未经授权的人员或系统不能阅读或修改这些信息和数据，而不拒绝经过授权的人员或系统对它们的访问。2011 年，国内最大的程序员网站 CSDN 被曝 600 万用户的数据库信息被黑客公开，就由于该网站在 2009 年 4 月之前采用的是明文密码，而在修改密码保存方式之后，有一部分老的明文密码未被清理。

（5）功能性的依从性

软件产品遵循与功能性相关的标准、约定或法规，以及类似规定的能力。

2. 可靠性

可靠性是指在指定条件使用时，软件产品维持规定的性能水平的能力，它可以分为以下几个子项。

（1）成熟性

软件产品为避免由软件中的错误而导致失效的能力。主要指软件对其内部错误的处理能力，如编程的时候会使用异常处理语句（try…catch…finally）。

（2）容错性

在软件失效或者违反规定接口的情况下，软件产品维持规定性能级别的能力。主要指对软件外部错误的处理能力，比如密码输入错误是否会有提示，如果没有提示，用户会不知道由于什么原因而无法正常登录。

（3）易恢复性

在发生故障的情况下，软件重建规定的性能级别并恢复受直接影响的数据的能力。也就是当系统发生故障时能否很快恢复，如以前版本的 Word，断电后重启计算机是不能恢复的，而现在的 Word 可以恢复。

（4）可靠性的依从性

软件产品遵循与可靠性相关的标准、约定或法规的能力。

3. 易用性

易用性是指在指定条件下使用时，软件产品被理解、学习、使用和吸引用户的能力。它可以分为以下几个子项。

（1）易理解性

使用户能理解软件是否合适及如何能将软件用于特定任务和使用条件的能力。如鼠标指针停留在 Word 等软件工具栏的按钮时，会出现提示文字等，可以增强软件的易理解性。

（2）易学性

使用户能学会使用软件产品的能力。软件产品一般都具有完善的帮助功能，为用户提供详细的操作步骤，帮助用户学习掌握相关软件。例如，在微信中有一款小程序——微信使用

图 3-3 微信使用小助手界面

小助手，如图 3-3 所示，其目标人群就是老年人。该小程序中集聚了"面对面扫二维码加朋友""调整微信的字体大小"等功能，并且都以视频情景剧的形式进行展现，每个教程还有非常清晰的分步骤图片教程。我国目前进入老龄化社会，发展智能的 IT 产业，帮助老年人跨越数字鸿沟，给身边的老人提供力所能及的帮助，是传扬敬老爱老美德的应有之举。

（3）易操作性。

使用户能操作和控制软件产品的能力。

（4）吸引性

软件产品吸引用户的能力。如果一款软件用户界面设计非常美观大方，对用户会更有吸引力。例如，由于"一起作业网"的使用界面色彩明亮，使用方便，对小学生非常有吸引力。

（5）易用性的依从性

软件产品遵循与易用性相关的标准、约定、风格指南或法规的能力。

软件质量模型 2

4. 效率

效率是指在规定条件下，相对于所用资源的数量，软件产品可提供适当性能的能力。它可以分为以下几个子项。

（1）时间特性

软件产品在规定条件下执行其功能时，满足适当的响应和处理时间及吞吐率的能力。例如，在互联网上发表博文，单击"提交"按钮后，一般情况都需等待几秒钟，然后自动跳转到博文显示页面，那么这里等待的时间就可以

理解为系统响应的时间。

（2）资源利用性

软件产品在规定条件下执行其功能时，有效利用合适数量和类型的资源的能力。这里的资源主要指 CPU、内存、磁盘、输入/输出设备、网络带宽、共享内存等。

（3）效率的依从性

软件产品遵循与效率相关的标准或约定的能力。

5. 可维护性

可维护性是指软件产品纠正错误、改进功能或适应环境、需求和功能规格说明的变化可被修改的能力。它可以分为以下几个子项。

（1）易分析性

易分析性是指软件产品诊断软件中的缺陷或失效原因，或识别待修改部分的能力。这也是工程实践中很重要的方面，可以减少缺陷定位的时间，提高开发人员的工作效率。采用系统日志记录的方法，如 Windows 的事件查看器（eventvwr），将软件执行代码的轨迹或某些错误、状态进行记录，是一种常见的方法。

（2）易改变性

易改变性是指软件产品使指定的修改可以被实现的能力。例如，设计上封装性好、高内聚、低耦合的代码，为未来可能的变化留有扩充余地，它的易改变性会更好。

（3）稳定性

稳定性是指软件系统在长时间连续工作环境下能否正常工作、不出错、无异常情况等。测试人员常用长时间压力测试的方式来检验软件的稳定性，稳定性与资源效率有紧密联系，例如内存的慢泄露，时间越长，系统稳定性越差，内存资源占用越多，最后可能导致系统瘫痪。

（4）易测试性

易测试性指从测试验证角度，软件存在可测试性的难易程度。例如，UI 界面、提示框、对话框、按钮等响应状态变化是很容易观察到的，可测试性强。

（5）可维护性的依从性

软件产品遵循与可维护性相关的标准或约定的能力。

6. 可移植性

可移植性是指软件产品从一种环境迁移到另外一种环境的能力。它可以分为以下几个子项。

（1）适应性

适应性指软件系统无须做任何改变就能适应不同运行环境的能力，其中运行环境通常是指操作系统平台、数据库平台、硬件平台等。例如在项目中常遇到的情况，某系统软件原来运行在 Windows XP 操作系统上，但后来由于 Microsoft 推出了 Windows 7、Windows 8 等，应用新系统的用户比比皆是，新用户需要某系统软件能在新平台上正常运行。

（2）易安装性

易安装性是软件产品在指定环境中被安装的能力。对于软件的安装过程，应尽量考虑让用户少参与，多一些自动安装过程会让用户更放心。

（3）共存性

共存性指软件系统在公共环境中，与其共享资源的其他系统共存的能力。这个特性

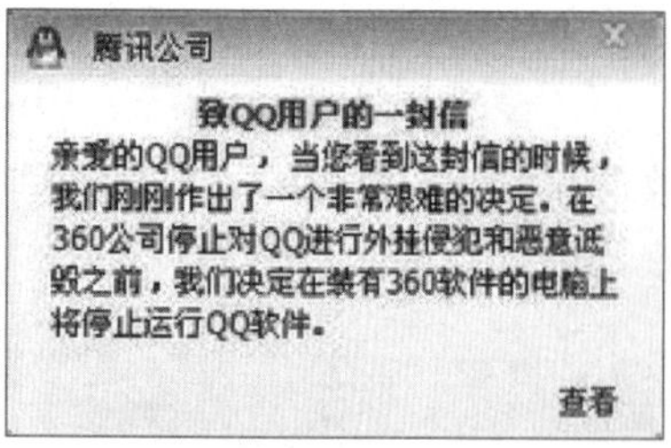

图 3-4 软件产品的共存性

表明，在测试时不仅需要关注自身软件特性的实现，还要关注本软件是否影响了其他软件的正常功能。例如著名的腾讯和 360 之争。2012 年 11 月 3 日，腾讯宣布在装有 360 软件的电脑上停止运行 QQ 软件，用户必须卸载 360 软件才可登录 QQ，强迫用户"二选一"。双方为了各自的利益，从 2010 年到 2014 年，上演了一系列互联网之战，并走上了诉讼之路。如图 3-4 所示。

（4）易替换性

易替换性是指在同样的环境下，软件产品替代另一个用途相同的指定软件产品的能力。指软件系统的升级能力，包括在线升级、打补丁升级等。易替换性相对于嵌入式产品软件系统来说，由于涉及硬件的更新换代，如某主控芯片、USB 接口芯片的换代，可能会触发底层驱动的升级。

（5）可移植性的依从性

软件产品遵循与可移植性相关的标准或约定的能力。

（二）使用质量的质量模型

使用质量分为四个特性：有效性、生产率、安全性和满意度，如图 3-5 所示。

图 3-5 使用质量模型

1. 有效性

软件产品在指定的使用环境下，使用户能达到与准确性和完备性相关的规定目标的能力。

2. 生产率

在指定的使用环境下，使用户为达到有效性而消耗适当数量的资源的能力。其中资源包括工作时间、人员工作量、耗材和资金。

3. 安全性

在指定使用环境下，达到对人类、业务、软件、财产或环境造成损害的可接受的风险级别的能力。这里的风险通常是由功能性、可靠性、易用性或可维护性中的缺陷导致的。

4. 满意度

在指定的使用环境下，使用户满意的能力。

【案例描述】

使用外部质量模型和内部质量模型来分析微信。

【案例分析】

微信是一款流行的跨平台通信工具，可以通过网络发送语音、图片、视频和文字等。但是，除了可以从功能上分析它的质量外，还可以根据外部和内部质量模型，从可靠性、易用性、效率等方面去分析它。

【案例实现】

可以使用列表的方式来分析微信，见表 3-1。

表 3-1　微信质量分析

特性	子特性	简　介
功能性	适合性	主要用于语音、图片、视频和文字的传输
	准确性	发送内容准确，无延迟
	互操作性	和 QQ 关联，能接收 QQ 离线消息
	安全保密性	聊天记录保密
可靠性	成熟性	能够自行发现软件的部分故障并自行修复
	容错性	扫描时，如果发现错误的二维码，会报错
	易恢复性	能够找回密码、聊天记录
易用性	易理解性	软件界面简洁明了
	易学性	有帮助教程来帮助使用者使用
	易操作性	简单易操作，只需跟着提示操作自己所需的功能
	吸引性	外观颜色可供自己选择
效率	时间特性	启动及关闭花费时间较少
	资源利用性	占用资源较少
可维护性	易分析性	对于一些错误能自行定位
	易改变性	容易修改一些资料
	稳定性	内部稳定
	易测试性	容易被测试
可移植性	适应性	适应大多数的操作系统
	易安装性	在各个系统均可安装使用
	共存性	与其他任何软件兼容，不存在冲突
	易替换性	安装、卸载简单，不存在难以卸载的问题

【拓展案例】

查阅并学习 GB/T 25000.10—2016 国标中关于产品质量模型的内容，选择一款自己熟悉的软件，对软件产品质量进行分析。

【思政园地】

习近平主席曾经说过，没有网络安全就没有国家安全。《中华人民共和国网络安全法》自 2017 年 6 月 1 日起施行，就是为保障网络安全，维护网络空间主权和国家安全、社会公共利益，保护公民、法人和其他组织的合法权益，促进经济社会信息化健康发展。该法的第四章第四十一条中规定，网络运营者不得收集与其提供的服务无关的个人信息，不得违反法律、行政法规的规定和双方的约定收集、使用个人信息，并应当依照法律、行政法规的规定和与用户的约定，处理其保存的个人信息。

近年来，随着移动互联网的发展，各类 App 应运而生，一些 App 在方便用户线上办理事务的同时，也在用户毫不知情的情况下违规收集各类用户信息，侵害用户的权益。根据2021 年 7 月 9 日国家互联网信息办公室发布的公告，经该部门检测核实，滴滴企业版、

Uber 优步中国等 25 款 App 存在严重违法违规收集使用个人信息的问题。依据《中华人民共和国网络安全法》相关规定，已经通知应用商店下架上述 App，并要求相关运营者严格按照法律要求，参照国家有关标准，认真整改存在的问题，切实保障广大用户个人信息安全。

因此，在设计软件的时候，必须在法律的基本框架下开展，从而确保软件产品的质量符合用户的需求。

【拓展知识】

一、软件质量标准

经过数十年的发展，软件行业形成的标准分工细，体系繁多。根据软件工程标准制定机构和标准适用的范围，将软件质量标准分为 5 个级别，即国际标准、国家标准、行业标准、企业标准和项目规范。

1. 国际标准

由国际机构指定和公布供各国参考的标准称为国际标准。20 世纪 60 年代初，国际标准化组织（International Standards Organization，ISO）建立了"计算机与信息处理技术委员会"，专门负责与计算机有关的标准工作。它所公布的标准带有 ISO 字样，例如 ISO 9126 软件质量模型是评价软件质量的国际标准，由 6 个特性和 27 个子特性组成。

2. 国家标准

由政府或国家级的机构制定或批准，适用于本国范围的标准，称为国家标准。中华人民共和国国家技术监督局是中国的最高标准化机构，它所公布实施的标准简称为"国标"（GB）。例如，GB/T 25000.51—2010，是《软件工程　软件产品质量要求和评价（SQuaRE）商业现货（COTS）软件产品的质量要求和测试细则》；GB/T 16260.1—2006，是《软件工程　产品质量　第 1 部分：质量模型》；GB/T 16260.2—2006，是《软件工程　产品质量　第 2 部分：外部度量》。

3. 行业标准

行业标准是由一些行业机构、学术团体或国防机构制定，并适用于某个业务领域的标准。例如，中华人民共和国国家军用标准（GJB）是由我国国防科学技术工业委员会批准，适合国防部门和军队使用的标准。例如，1988 年发布实施的 GJB 473—88 是军用软件开发规范。

4. 企业标准

一些大型企业或公司，由于软件工程工作的需要，制定了适用于本部门的规范。例如，美国 IBM 公司通用产品部（General Products Division）在 1984 年制定了《程序设计开发指南》。

5. 项目规范

项目规范是由于一些科研生产项目的需要而由组织制定的一些具体项目的操作规范。此种规范制定的目标很明确，即为该项任务专用。项目规范虽然最初的使用范围小，但如果它能指导一个项目成功运行并重复使用，也有可能发展为行业规范。

二、软件质量保证

软件质量保证（Software Quality Assurance，SQA）是建立一套有计划、有系统的方法，来向管理层保证拟定出的标准、步骤、实践和方法能够正确地被所有项目所采用。SQA 的目的是使软件过程对于管理人员来说是可见的。它通过对软件产品和活动进行评审和审计来验证软件是合乎标准的。它的重要工作是通过预防、检查与改进来保证工作。

SQA 人员应记录工作的结果，并写入报告之中，发布给相关的人员。SQA 报告的发布应遵循 3 条基本原则：SQA 和高级管理者之间应有直接沟通的渠道；SQA 报告必须发布给软件工程组但不必发布给项目管理人员；在可能的情况下向关心软件质量的人发布 SQA 报告。

软件测试是软件质量保证的重要手段，但它们也存在着许多区别：

① 软件质量保证着眼于软件开发活动中的过程、步骤和产物，而不是对软件进行剖析并找出问题或评估。

- 采用全面质量管理和过程改进的原理开展质量保证工作。
- 关注的是软件质量的检查和测量。
- SQA 的工作是软件生命周期的管理，以及验证软件是否满足规定质量和用户的需求。

② 软件测试关心的不是过程中的活动，而是对过程产物及开发出的软件进行剖析。

- 测试人员要"执行"程序软件，对过程产物——开发文档和源代码进行走查，运行软件，以找出问题，报告质量。
- 测试人员必须假设软件存在问题，测试中所做的操作是为了找出更多的问题，而不仅仅是为了验证软件是正确的。对测试中发现的问题进行分析、追踪和回归测试也是软件测试中的重要工作，因此，软件测试是保证软件质量的一个重要环节。

③ 软件测试和质量保证：通常，人们将"质量标准、配置管理、测试测量"作为质量管理的三大支柱，而将"SQA 计划、SQA 进度、SQA 评审和审计"作为质量管理的三大要素。质量管理和控制的三个层次：

- 事先的预防措施。
- 事中的跟踪监控措施。
- 事后的纠错措施。

【案例小结】

按照 ISO/IEC 9126-1:2001，软件质量模型可以分为内部质量和外部质量模型、使用质量模型，而质量模型中又将内部和外部质量分成功能性、可靠性、易用性、效率、可维护性和可移植性六个质量特性，将使用质量分成有效性、生产率、安全性和满意度四个质量属性。可以应用该模型来对软件的质量进行评析。

练习与实训

一、选择题

1. 下列关于软件质量保证的描述中，正确的是（　　）。

A. 软件质量保证是通过对各种文档的评审来保证软件质量的，是对软件生命周期的管理，以及验证软件是否满足规定的质量和用户的需求

B. 软件质量保证和软件测试没有任何关系

C. 软件质量保证对过程中的产物——开发文档和源代码进行走查，运行软件，以找出问题，报告质量

D. 软件质量保证采用全面质量管理和过程改进的原理开展质量保证工作

2. 下列关于软件质量的叙述中，正确的有（　　）。

① 软件特性的总和，软件满足规定用户需求的能力。

② 软件满足规定或潜在用户需求的特性的总和。

③ 是关于软件特性具备"能力"的体现。

④ 软件质量包括"代码质量""外部质量"和"使用质量"三部分。

  A. ①③　　　　　　　B. ①②　　　　　　　C. ②③　　　　　　　D. ②④

3. 依照 ISO/IEC 9126-1 质量模型，下列软件特性中包括安全保密子特性的是（　　）。

  A. 可靠性　　　　　　B. 维护性　　　　　　C. 可移植性　　　　　D. 功能性

4. 下列选项中不属于软件测试标准的是（　　）。

  A. GB/T 16260—2006《软件工程产品质量》

  B. GB/T 18905—2002《软件工程产品评价》

  C. GB/T 15532—2008《计算机软件测试规范》

  D. GB 17859—1999《计算机信息系统安全保护等级划分准则》

5. GB/T 25000.51—2010 标准对软件产品的要求基本是依据（　　）来表述的。

  A. GB/T 16260—2006　　　　　　　　　B. GB/T 17544—1998

  C. ISO 14598　　　　　　　　　　　　　D. GB/T 15481

6. 依据 ISO/IEC 9126-1 质量模型，可靠性的成熟性是指（　　）。

  A. 在软件失效或者违反规定接口的情况下，软件产品维持规定性能级别的能力

  B. 在发生故障的情况下，软件重建规定的性能级别并恢复受直接影响数据的能力

  C. 软件产品为避免由软件中错误而导致失效的能力

  D. 软件产品依附于与可靠性相关的标准、约定或规定的能力

7. 软件质量保证（SQA）是（　　）。

  A. 通过测试保证软件质量

  B. 通过预防、检查与改进来保证软件质量

  C. 通过预防、检查来保证软件质量

  D. 通过提高开发人员的水平来保证软件质量

8. 关于软件测试与质量保证，正确的理解是（　　）。

  A. 软件测试关注的是过程中的活动，软件质量保证关注的是过程的产物

  B. 软件测试不是软件质量保证工作中的内容

  C. 软件测试是软件质量保证的重要手段

  D. 软件质量保证人员就是软件测试人员

9. 软件质量保证的主要目标不包括（　　）。

  A．通过预防、检查与改进来保证软件质量

  B. 保证开发出来的软件和软件开发过程符合相应标准与规程

  C. 收集软件产品、软件过程中存在的不符合项，在项目总结时进行分析

  D. 确保项目组制定的计划、标准和规程适合项目需要，同时满足评审和审计需要

10. 在软件投入运行前，对软件进行（　　），是软件质量保证的关键步骤。

  A. 架构设计、设计规格说明和编码的归档

B. 需求分析、设计规格说明和数据库的最终复审

C. 需求分析、设计规格说明和编码的最终复审

D. 需求分析、设计规格说明和编码的归档

二、填空题

1. 在 GB/T 25000.10—2016 国家标准中，产品质量模型将系统/软件产品质量属性划分为 8 个特性，分别为功能性、性能效率、兼容性、_____、_____、信息安全性、_____和可移植性。

2. GB/T 16260—2006《软件工程 产品质量》中规定的软件产品使用质量特性包括_____、_____、_____、_____。

3. 互操作性是_____。

4. 软件质量工程包括_____、_____和_____三大方面。

5. 软件测评相关的标准一般可以分为国际标准、国家标准、行业标准及企业标准。一般情况下，技术要求最高的是_____。

三、问答题

1. 软件测试相关的标准一般可分为国际标准、国家标准、行业标准及企业标准等，请查询资料并举例说明。

2. SQA 报告的发布应遵循的基本原则有哪些？

四、分析设计题

1. 某软件企业内部测试部门对其 ERP 产品进行内部测试之后，由第三方测试机构进行验收测试，重点测试的质量特性包括：功能性、可靠性、易用性、效率、可维护性及可移植性。

（1）验收测试的依据是什么？验收测试对测试环境有何要求？

（2）ERP 产品的功能性测试中应关注哪些子特性？

2. 访问全国标准信息公共服务平台（http://std.samr.gov.cn/）网站，查阅以下几个软件产品质量方面的国标的名称和内容。

（1）GB/T 25000.51—2016

（2）GB/T 25000.10—2016

（3）GB/T 25000.23—2019

（4）GB/T 25000.22—2019

工作任务 4

了解软件测试的分类

【学习导航】

1. 知识目标
- 掌握软件测试的分类
- 掌握静态测试和动态测试的区别
- 了解黑盒测试和白盒测试的联系和区别

2. 技能目标
- 能够灵活区分不同的测试类别
- 会利用常用的测试方法对程序进行简单测试

软件测试的分类

【任务情境】

小李同学了解了软件质量的概念后，有点对开展测试工作跃跃欲试了。但是软件测试是一项复杂的系统工程，从不同的角度有很多不同的分类方法。各种关于软件测试的名词让他困惑不解，如静态测试、动态测试，白盒测试、黑盒测试等。只有了解测试的分类后，才可以更加明确测试的方法及策略，因此快快开展本章任务的学习吧！

【任务实施】

案例1 对"求两个数中较大值"程序进行静态和动态测试

【预备知识】

按是否需要执行被测软件，测试可以分为静态测试和动态测试。

一、静态测试（static testing）

静态测试是指不运行被测程序本身，仅通过分析或检查源程序的语法、结构、过程、接口等来检查程序的正确性。对需求规格说明书、软件设计说明书、源程序做结构分析、流程图分析、符号执行进行找错。静态测试从项目立项即可开始，贯穿整个项目始终。静态测试包括代码检查、静态结构分析、代码质量度量等。它可以由人工进行，充分发挥人的逻辑思维优势，也可以借助软件工具自动进行。

代码检查是静态测试的一种重要类别，它主要用于检查代码和设计的一致性，代码对标准的遵循、可读性，代码的逻辑表达的正确性，代码结构的合理性等方面。

二、动态测试（dynamic testing）

动态测试是指通过运行被测程序，检查运行结果与预期结果的差异，并分析运行效率、正确性和健壮性等性能。这种方法由三部分组成：构造测试用例、执行程序和分析程序的输出结果。动态测试包括：

① 功能确认与接口测试。

② 覆盖率分析。

③ 性能分析。

④ 内存分析。

三、静态测试和动态测试的区别

静态测试是用于预防的，动态测试是用于矫正的；在相当短的时间里，静态测试的覆盖率能达到 100%，而动态测试经常只能达到 50% 左右；动态测试比静态测试更花时间；静态测试比动态测试更能发现 bug；静态测试的执行可以在程序编码编译前，动态测试只能在编译后才能执行；多次的静态测试比动态测试效率要高。

【案例描述】

根据 C 语言编程规范对以下程序进行静态测试和动态测试。

```c
#include<stdio.h>
max( float x, float y)
{
float z;
z =x>y? x:y;
return(z);
}
main()
{
float a, b;
int c;
scanf("%f%f",&a,&b);
c=max(a,b);
printf("Max is %d \n", c);
}
```

C 语言的编程规范见表 4-1。

表 4-1　C 语言的编程规范

序号	C 语言编程规范内容
1	一行代码只做一件事情
2	代码行的最大长度控制在 70~80 字，否则不便于阅读和打印
3	函数和函数之间，定义语句和执行语句之间加空行

序号	C 语言编程规范内容
4	在程序开头加注释，说明程序的基本信息；在重要的函数模块处加注释，说明函数的功能
5	低层次的语句比高层次的缩进一个 tab（4 个空格）
6	不要漏掉函数的参数和返回值，如果没有，用 void 表示

【案例分析】

这段 C 语言编写的小程序比较简单，实现的功能为：在主函数里输入两个单精度的数 a 和 b，然后调用 max 子函数来求 a 和 b 中的较大数，最后将较大数输出。

首先，可以根据 C 语言的编程规范来对代码进行静态分析。将问题分为两种：一种是必须修改的，另一种是建议修改的。必须修改的问题有三个：

1. 程序没有注释

注释是程序中非常重要的组成部分，一般占到总行数的 1/4 左右。程序开发出来不仅是给程序员看的，其他程序员和测试人员也要看。有了注释，别人就能很快地了解程序实现的功能。注释应该包含作者、版本号、创建日期等，以及主要功能模块的含义。

2. 子函数 max 没有返回值的类型

由于类型为单精度，可以在 max 前面加一个 float 类型声明。

3. 精度丢失问题

请大家注意"c＝max(a,b)"语句，由于 c 的类型为整型 int，而 max(a,b) 的返回值 z 为单精度 float，将单精度的数赋值给一个整型的数，C 语言的编译器会自动地进行类型转换，将小数部分去掉，比如 z＝2.5，赋给 c 则为 2，最后输出的结果就不是 a 和 b 中的较大数，而是较大数的整数部分。

建议修改的问题也有三个：

① main 函数没有返回值类型和参数列表。

虽然 main 函数没有返回值和参数，但是建议将其改为 void main(void)，以此来表明 main 函数的返回值和参数都为空。因为在有的白盒测试工具的编码规范中，如果不写 void，会认为是一个错误。

② 一行代码只定义一个变量。

③ 程序适当加些空行。空行不占内存，会使程序看起来更清晰。

另外，可以对上面的代码进行动态测试。运行修改后的程序，输入相应的测试数据，检查实际输出结果和预期结果是否相符。

【案例实施】

程序修改如下：

```
/* 程序名称:求两个数的较大数
作者:吴伶琳
版本:10
创建时间:2017-3-21
*/
```

```
#include<stdio.h>
float max(float x, float y) //返回两个单精度数中的较大数
{
float z;
z =x>y? x:y;
return(z);
}
void main(void)
{
float a,b,c;
scanf("%f%f",&a,&b);
c =max(a,b);
printf("Max is %f \n", c);
}
```

输入 1.2 和 3.5 两个实数，按 Enter 键，得到结果 3.500 000，与预期结果相符，如图 4-1 所示。

图 4-1　求两个数中较大值的运行结果

【拓展案例】

输出 9×9 乘法口诀的程序如下，请分别使用静态测试和动态测试对程序进行测试。

```
#include "stdio.h"
#include "conio.h"
main()
{
  int i,j,result;
  printf(" \n");
  for (i =1;i<10;i++)
```

```
    {
        for(j=1;j<10;j++)
        {
            result=i*j;
            printf("%d*%d=%-3d",i,j,result);
        }
        printf("\n");
    }
    getch();
}
```

【案例小结】

判断一个测试属于动态测试还是静态测试的唯一标准，就是看是否运行程序。静态测试不实际运行被测软件，而动态测试必须要实际运行被测程序，输入相应的测试数据，检查实际输出结果与预期结果是否相符。

案例 2　分析办公自动化系统建设项目的测试阶段

【预备知识】

单元测试和集成测试

一、按照测试的阶段来分类

从软件开发过程的角度划分，可分为单元测试、集成测试、确认测试、系统测试、验收测试。

1. 单元测试

单元测试是对软件中的基本组成单位进行的测试，如一个模块、一个过程等。它是软件动态测试的最基本的部分，其目的是检验软件基本组成单位的正确性。因为单元测试需要知道内部程序设计和编码的细节知识，一般应由程序员而非测试员来完成，往往需要开发测试驱动模块和桩模块来辅助完成单元测试。

2. 集成测试

集成测试也叫组装测试、联合测试，是在软件系统集成过程中进行的测试，其主要目的是检查软件单位之间的接口是否正确。它根据集成测试计划，一边将模块或其他软件单位组合成越来越大的系统，一边运行该系统，以分析所组成的系统是否正确。集成测试的策略主要有自底向上和自顶向下两种。

自底向上的集成（Bottom-Up Integration）方式是最常使用的方法。其他集成方法都或多或少地继承、吸收了这种集成方式的思想。自底向上集成方式从程序模块结构中最底层的模块开始组装和测试。具体步骤是：

① 将低层模块组合成实现某个特定的软件子功能的族。

② 写一个驱动程序（用于测试的控制程序），协调测试数据的输入和输出。

③ 对由模块组成的子功能族进行测试。

④ 去掉驱动程序，沿软件结构自下向上移动，将子功能族组合起来形成更大的子功能族。

⑤ 循环②~④步。

其示意图如图 4-2 所示。

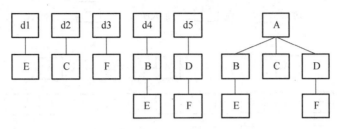

图 4-2　自底向上的集成策略

自顶向下的集成（Top-Down Integration）方式是一个递增的组装软件结构的方法。从主控模块（主程序）开始沿控制层向下移动，将模块一一组合起来。分两种方法：深度优先，是指按照结构，用一条主控制路径将所有模块组合起来；广度优先，是指逐层组合所有下属模块，在每一层水平地移动。具体步骤为：

① 对主控模块进行测试，测试时，用存根程序代替所有直接附属于主控模块的模块。

② 根据选定的结合策略（深度优先或广度优先），每次用一个实际模块代替一个存根程序（新结合进来的模块往往又需要新的存根程序）。

③ 在结合下一个模块的同时进行测试。

④ 为了保证加入模块没有引进新的错误，可能需要进行回归测试（即，全部或部分地重复以前做过的测试）。

⑤ 从第②步开始不断地重复进行上述过程，直至完成。

其示意图如图 4-3 和图 4-4 所示。

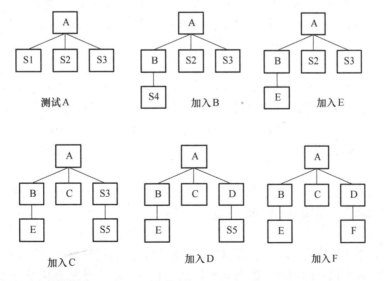

图 4-3　自顶向下的集成策略——深度优先

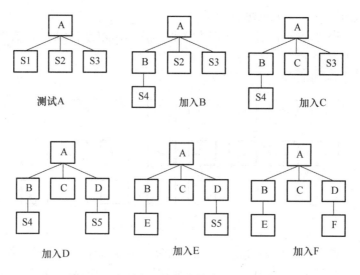

图 4-4　自顶向下的集成策略——广度优先

3. 确认测试

经集成测试后，已经按照设计把所有的模块组装成一个完整的软件系统，接口错误也基本排除了，接着进一步验证软件的有效性，这就是确认测试。确认测试又称为有效性测试。有效性测试是在模拟的环境下，运用黑盒测试的方法，验证被测软件是否满足需求规格说明书列出的需求，任务是验证软件的功能和性能，以及其他特性是否与用户要求的一致。

4. 系统测试

系统测试是对已经集成好的软件系统进行彻底的测试，以验证软件系统的正确性和性能等满足其规约所指定的要求。系统测试的主要任务是把已经经过确认的软件纳入实际运行环境，与其他系统的成分（如数据库、硬件和操作人员）组合在一起进行测试。因此，系统测试应该按照测试计划进行，其输入、输出和其他动态运行行为应该与软件规约进行对比。

5. 验收测试

验收测试是部署软件之前的最后一个测试操作。在软件产品完成了单元测试、集成测试和系统测试之后，产品发布之前所进行的软件测试活动。它是测试的最后一个阶段，也称为交付测试。验收测试的目的是确保软件准备就绪，并且可以让最终用户将其用于执行软件的既定功能和任务。验收测试又分为开发方测试、用户测试和第三方测试。

（1）开发方测试

开发方测试通常也称为"验证测试"或"α测试"。开发方通过检测和提供客观证据，证实软件的实现是否满足规定的需求。

（2）用户测试

用户测试通常被看成是一种"β测试"。β测试就是在软件公司外部展开的测试，可以由非专业的测试人员执行的测试。β测试主要是把软件产品有计划地免费分发到目标市场，让用户大量使用，并评价、检查软件。通过用户各种方式的大量使用，来发现软件存在的问题与错误，将信息反馈给开发者进行修改。

（3）第三方测试

第三方测试也称为独立测试，是由相对独立的组织进行的测试，由在技术、管理和财务上与开发方和用户方相对独立的组织进行的测试。

二、各种测试种类的比较

单元测试、集成测试、确认测试、系统测试和验收测试的异同点见表4-2。

表4-2　各种测试类型的比较

测试名称	测试对象	测试依据	人员	测试方法
单元测试	最小规模，如函数、类等	《详细设计说明书》	白盒测试工程师或开发人员	主要采用白盒测试
集成测试	模块间的接口，如参数传递	《概要设计说明书》	白盒测试工程师或开发人员	黑盒和白盒测试相结合
确认测试	整个系统	《需求规格说明书》	黑盒测试工程师	黑盒测试
系统测试	整个系统，包括软硬件	《需求规格说明书》	黑盒测试工程师	黑盒测试
验收测试	整个系统，包括软硬件	《需求规格说明书》，验收标准	主要为用户，还可能有测试工程师等	黑盒测试

【案例描述】

公司 A 承担业主 B 的办公自动化系统的建设工作。2016 年 10 月初，项目正处于开发阶段，预计 2017 年 5 月能够完成全部开发工作，但是合同规定 2016 年 10 月底进行系统验收。因此，2016 年 10 月初，公司 A 依据合同规定向业主 B 和监理方提出在 2016 年 10 月底进行验收测试的请求，并提出了详细的测试计划和测试方案。在该方案中指出，测试小组由公司 A 的测试工程师、外聘测试专家、外聘行业专家及监理方的代表组成。

公司 A 的做法是否正确？请给出理由。

【案例分析】

可以从验收的时间来分析公司 A 的做法是否正确。验收测试是否通过主要应该依据需求规格说明书的各项要求是否符合用户需求来决定。验收测试的人员既要包括开发方，也需要用户方的参与。

【案例实现】

① 不正确；

② 验收测试要在系统测试通过之后，交付使用之前进行，而不能仅仅根据合同规定进行，2016 年 10 月底并不具备验收测试的条件；

③ 验收测试不能缺少用户方的人员。

【拓展案例】

上述案例的单元测试、集成测试和系统测试的内容分别是什么？

【案例小结】

在软件开发与运行阶段一般需要完成单元测试、集成测试、确认测试、系统测试和验收测试，这些对软件质量保证起着非常关键的作用。

案例 3　对三角形程序进行黑盒和白盒测试

【预备知识】

按测试方法的不同，软件测试可以分为黑盒测试和白盒测试。

一、黑盒测试

黑盒测试也称为功能测试，是将程序看作一个不能打开的黑盒子，在完全不考虑程序内部结构和内部特性的情况下，在程序接口进行的测试。"黑盒法"主要针对软件界面和软件功能进行测试。

黑盒测试和
白盒测试

黑盒测试主要是为了发现以下几类错误：

① 是否有不正确或遗漏的功能；

② 在接口上，输入能否正确地被接受？能否输出正确的结果；

③ 是否有数据结构错误或外部信息（例如数据文件）访问错误；

④ 性能上是否能够满足要求；

⑤ 是否有初始化或终止性错误。

黑盒测试方法主要有等价类划分、边界值分析、因果图、判定表、场景法和正交试验法等，在后续的任务中会逐一介绍。

二、白盒测试

白盒测试也称结构测试，是指基于一个应用代码的内部逻辑知识，即基于覆盖全部代码、分支、路径、条件的测试。"白盒法"关心程序的内部结构，要根据程序的源代码进行测试。一般在单元测试中采用白盒测试，用于测试模块中所有可能的路径、执行所有循环并测试所有逻辑表达式。

白盒测试主要对程序模块进行如下检查：

① 对程序模块的所有独立的执行路径至少测试一遍。

② 对所有的逻辑判定，取"真"与取"假"的两种情况都能至少测一遍。

③ 在循环的边界和运行的界限内执行循环体。

④ 测试内部数据结构的有效性等。

白盒测试方法有逻辑覆盖法、基本路径法、代码检查法、静态结构分析法和代码质量度量法等，在后续的任务中会逐一介绍。

三、黑盒测试和白盒测试的比较

黑盒测试与白盒测试的联系和区别见表4-3。

表 4-3　黑盒测试与白盒测试的联系与区别

项目	白盒测试	黑盒测试
联系	白盒测试和黑盒测试都是软件测试的一个方面，不是决然分开的，单独做黑盒测试或白盒测试都只是做了测试的一个方面，很难保证发现了软件中的大部分缺陷。两者有时结合起来运用，称为"灰盒测试"	
区别	需要源代码	不需要源代码，需要可执行文件
	无法检验程序的外部特性，无法测试遗漏的需求	从用户的角度出发进行测试
	关心程序内部结构、逻辑及代码的可维护性	关心程序的外在功能和非功能表现
	编码、集成测试阶段进行	确认测试、系统测试阶段进行

【案例描述】

用户输入三角形的三条边 a、b、c 后，系统会将三角形的类别返回给用户，如三边分别输入 3、4、5，并单击"查询"按钮，会显示"直角三角形"，如图 4-5 所示。

【案例分析】

1. 黑盒测试

不查看代码，仅通过程序运行、数据输入和输出，测试软件是否符合需求说明。

（1）逻辑功能是否正确

在这个问题中，就是测试三角形类别的判断结果是否正确。用户输入三角形的三边，看系统是否能够正确判断三角形的类别，如无法构成三角形、等腰三角形、直角三角形、钝角三角形和锐角三角形等。

图 4-5　三角形程序的界面

（2）界面测试

测试用户界面的功能模块的布局是否合理、整体风格是否一致、各个控件的放置位置是否符合用户使用习惯。此外，还要测试界面操作便捷性，导航简单易懂性，页面元素的可用性，界面中文字是否正确，命名是否统一，页面是否美观，文字、图片组合是否完美等。

2. 白盒测试

可以查看源代码，检验程序中的每条通路是否都能按预定要求正确工作，并设计相关的测试用例，动态执行，对比预期结果与实际结果是否相符。

该程序的主要代码段如下所示：

```java
public void actionPerformed(ActionEvent e) {
    if (e.getSourct().equals(button) {
        float a, b, c;
        try {
            a = Float.parseFloat(text1.getText());
            b = Float.parseFloat(text2.getText());
```

```
c=Float.parseFloat(text3.getText());

if (!(a+b>c&& Math.abs(a-b)<c)) {
    label4.setText("无法构成三角形");
} else if (a==b ‖ a==c ‖ b==c) {
    label4.setText("等腰三角形");
} else if (a*a+b*b==c*c) {
    label4.setText("直角三角形");
} else if (a*a+b*b<c*c) {
    label4.setText("钝角三角形");
} else
    label4.setText("锐角三角形");
}
} catch (Exception e1) {
}
}
}
```

【案例实现】

1. 黑盒测试

从逻辑功能上不难发现，当输入数据 6、3、4 时，得到的应该是钝角三角形，但是系统却显示"锐角三角形"，如图 4-6 所示。

当什么都不输入的时候，系统也没有给用户相应的提示信息，如图 4-7 所示。

图 4-6　黑盒测试中发现的逻辑功能错误

图 4-7　缺少用户提示信息

界面中的 a、b、c 描述不清楚，用户使用起来不方便。另外，回车键在程序中无法使用。该程序在易用性方面还有待提高。

2. 白盒测试

审阅代码，不难发现代码都没有写上相关的注释，不符合一般企业的代码规范。另外，分析分支

```
else if ( a * a+b * b<c * c)
{
label4.setText ( "钝角三角形" );
}
```

发现有逻辑错误，即事先程序没有送出三角形中最大的边，因此才无法得到正确的结果。

此外，读者还发现什么其他问题了吗？

【拓展案例】

图4-8所示是一个网站的注册界面，有以下的需求：

- 用户名为3~15个字符。
- 密码为6~16个字符。
- 填写正确的信息后，单击"注册"按钮可以成功注册新用户。

请根据需求编写至少5条黑盒测试用例。

【解答】

需要重点考虑如下几个方面：

① 登录界面设计是否合理，是否符合UI规范；

② 用户名和密码考虑是否周全，如是否考虑到用户名或密码中包含有非法字符、长度是否过长过短、是否为空等情况。

图4-8　某网站的注册功能

【拓展学习】

1. 用户界面测试

用户界面测试指测试用户界面的风格是否满足客户要求，文字是否正确，页面美工是否好看，文字、图片组合是否完美，背景是否美观，操作是否友好等。

该测试用于核实用户与软件之间的交互，其目标是确保用户界面会通过测试对象的功能来为用户提供相应的访问或浏览功能。另外，该测试还可确保用户界面中的对象按照预期的方式运行，并符合公司或行业的标准。

2. 性能测试

性能测试主要测试软件的性能，包括负载测试、强度测试、数据库容量测试和基准测试等，这部分内容将在后续详细展开。

3. 安全测试

安全测试是在IT软件产品的生命周期中，特别是产品开发基本完成到发布阶段，对产品进行检验以验证产品是否符合安全需求定义和产品质量标准的过程。它的目的主要有：提升IT产品的安全质量；尽量在发布前找到安全问题，并予以修补，从而降低成本；验证安装在系统内的保护机制能否在实际应用中对系统进行保护，使之不被非法入侵，不受各种因素的干扰等。

4. 回归测试

回归测试是指修改了旧代码后，重新进行测试，以确认修改没有引入新的错误或导致其他代码产生错误。自动回归测试将大幅降低系统测试、维护升级等阶段的成本。回归测试作为软件生命周期的一个组成部分，在整个软件测试过程中占有很大的工作量比重，软件开发的各个阶段都要进行多次回归测试。

5. 冒烟测试

这一术语源自硬件行业。对一个硬件或硬件组件进行更改或修复后，直接给设备加电。如果没有冒烟，则该组件就通过了测试。在软件中，"冒烟测试"这一术语描述的是在将代码更改，嵌入产品中之前，对这些更改进行验证的过程。在检查了代码后，冒烟测试是确定和修复软件缺陷的最经济有效的方法。冒烟测试用于确认代码中的更改会按预期运行，且不会破坏整个版本的稳定性。

6. 随机测试

软件测试中除了根据测试用例和测试说明书进行测试外，还需要进行随机测试（Ad-Hoc testing），主要是根据测试者的经验对软件进行功能和性能抽查。

【案例小结】

黑盒测试和白盒测试的主要区别在于是否查看源代码，任何工程产品都可以使用以上两种方法之一进行测试。

练习与实训

一、选择题

1. 关于白盒测试与黑盒测试的最主要区别，正确的是（　　）。

① 白盒测试侧重于程序结构，黑盒测试侧重于功能

② 白盒测试可以使用测试工具，黑盒测试不能使用工具

③ 白盒测试需要程序员参与，黑盒测试不需要

④ 白盒测试针对软件代码，进行其逻辑、结果、编程习惯的检查；黑盒测试针对软件成品，对其功能进行测试

⑤ 白盒测试工程师发现的问题价值高于黑盒测试工程师发现的问题

A. ①②④　　　　　　B. ①④　　　　　　C. ②③④　　　　　　D. ①③④

2. 软件测试的基本方法包括白盒测试和黑盒测试方法，以下关于二者之间关联的叙述，错误的是（　　）。

A. 黑盒测试与白盒测试是设计测试用例的两种基本方法

B. 在集成测试阶段是采用黑盒测试与白盒测试相结合的方法

C. 针对相同的系统模块，执行黑盒测试和白盒测试对代码的覆盖率都能够达到100%

D. 应用系统负载压力测试一般采用黑盒测试方法

3. 下列关于测试的描述中，正确的是（　　）。

A. 静态测试是通过运行程序来走查、符号执行、需求确认

B. 白盒测试又称结构测试，属于动态测试

C. 动态测试是通过运行程序来检查、分析程序的执行状态和程序的外部表现

D. 黑盒测试又称功能测试，属于静态测试

4. （　　）不是文档测试包括的内容。

A. 合同文档　　　　　B. 开发文档　　　　　C. 管理文档　　　　　D. 用户文档

5. 针对用户手册的测试，描述不正确的是（　　）。

A. 准确地按照手册的描述使用程序

B. 检查每条陈述

C. 修改错误设计

D. 查找容易误导用户的内容

6. 正确的集成测试描述包括（　　）。

① 集成测试也叫作组装测试，通常是在单元测试的基础上，将模块按照设计说明书要求进行组装和测试的过程

② 自顶向下的增殖方式是集成测试的一种组装方式，它能较早地验证主要的控制和判断点，对于输入/输出模块、复杂算法模块中存在的错误能够较早地发现

③ 集成测试的目的在于检查被测模块能否正确实现详细设计说明中的模块功能、性能、接口和设计约束等要求

④ 集成测试需要重点关注各个模块之间的相互影响，发现并排除全局数据结构问题

A. ①②　　　　　B. ②③　　　　　C. ①④　　　　　D. ②④

7. 以下关于白盒测试和黑盒测试的理解，正确是（　　）。

A. 白盒测试通过对程序内部结构的分析、检测来寻找问题

B. 白盒测试通过一些表征性的现象、事件、标志来判断内部的运行状态

C. 单元测试可采用白盒测试方法，集成测试则采用黑盒测试方法

D. 黑盒测试比白盒测试应用更广泛

8. 以下关于软件测试分类定义的叙述，不正确的是（　　）。

A. 软件测试可分为单元测试、集成测试、确认测试、系统测试、验收测试

B. 确认测试是在模块测试完成的基础上，将所有的程序模块进行组合并验证其是否满足用户需求的过程

C. 软件测试可分为白盒测试和黑盒测试

D. 系统测试是将被测软件作为整个基于计算机系统的一个元素，与计算机硬件、外设、某些支持软件、数据和人员等其他系统元素结合在一起进行测试的过程

9. 白盒测试和黑盒测试的特征包括（　　）。

① 白盒能够对程序内部的特定部位进行覆盖测试

② 白盒测试比黑盒测试更全面

③ 如果规格说明有误，黑盒测试则无法发现

④ 黑盒测试站在用户立场上进行测试

⑤ 白盒测试的依据包括用户需求规格说明书和软件源代码

A. ①②③　　　　　B. ①④⑤　　　　　C. ②③④　　　　　D. ①③④

10. 白盒测试也称结构测试或逻辑测试，是一种比较重要的测试类型。下面关于白盒测试描述，正确的有（　　）。

① 白盒测试按照程序内部的结构测试程序，通过测试来检测产品内部动作是否按照设计规格说明书的规定正常运行，检查程序中的每条通路是否都能按预定要求正确工作

② 代码检查法的方式有：桌面检查、代码审查、走查

③ 白盒测试中的动态测试包括逻辑覆盖法和基本路径法，其中后者是一系列测试过程的总称，这组测试过程逐渐进行越来越完整的通路测试

④ 白盒测试的前提是可以把程序看成装在一个透明的白盒子里，也就是完全了解程序结构和处理过程

⑤ 典型的白盒测试方法包括静态测试、动态测试、接口测试

A. ①④⑤   B. ①③⑤   C. ①②④   D. ①②③④

二、填空题

1. 第三方测试也称为_____，是由相对独立的组织进行的测试。

2. 按照开发阶段划分，软件测试的类型可分为 _____、_____、_____、_____ 和_____。

3. _____是指修改了旧代码后，重新进行测试以确认修改没有引入新的错误或导致其他代码产生错误。

4. 单元测试属于白盒测试，它是针对_____来进行正确性检验的测试工作。

5. 白盒测试也称结构测试或逻辑驱动测试，典型的白盒测试方法包括_____和动态测试。其中，静态测试除了静态结构分析法、静态质量度量法外，还有_____。

三、简答题

1. 白盒测试与黑盒测试的联系与区别有哪些？

2. 请简要回答测试的分类。

3. 白盒静态测试中的代码检查法检查的内容是什么？

四、分析设计题

1. 在开发与运行阶段一般需要完成单元测试、集成测试、确认测试、系统测试和验收测试，这对软件质量保证起着非常关键的作用。

（1）请简述单元测试的内容。

（2）集成测试也叫组装测试或者联合测试，请简述集成测试的内容。

（3）请简述集成测试与系统测试的关系。

2. 使用思维导图工具整理软件测试的分类。

工作任务 5

规划软件测试职业生涯

【学习导航】

1. 知识目标

- 了解软件测试人员的职业要求
- 了解软件测试人员的职业前景

2. 技能目标

- 能明确软件测试人员必备的素质和能力要求
- 能进行合理的职业发展规划

【任务情境】

小李了解了软件测试的基本知识，对于如何成为一名优秀的测试工程师还有许多的困惑。测试人员是否需要编程？作为一名测试人员，需要具备怎样的职业技能和职业素质？应该如何为未来的职业进行规划呢？

【任务实施】

案例 1　解读软件测试岗位的招聘信息

【预备知识】

一、IT 企业的组织架构

每个软件企业的规模和业务性质不同，组织架构也不尽相同。一般来说，大型软件公司设有市场部、海外市场拓展部、人力资源部、技术部、研发中心、财务部等，每个部门设有相应的岗位及对应的岗位职责。例如，技术部包括项目经理、系统分析师、需求分析师、开发工程师、售前工程师、技术支持等。在一个项目中，测试工程师与其他人员要进行紧密的合作，才可以完成好相关的任务，其在项目中的位置如图 5-1 所示。

软件测试人员
的职业要求

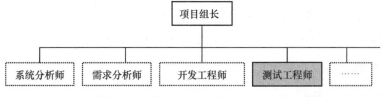

图 5-1　测试工程师在项目中的位置

二、测试工程师的职业技能要求

1. 测试专业技能

现在软件测试已经成为一个很有潜力的专业方向。要想成为一名优秀的测试工程师，首先应该具有扎实的专业基础。因此，测试工程师应该努力学习测试专业知识，告别简单的"单击"之类的测试工作，让测试工作以自己的专业知识为依托。测试专业技能涉及的范围很广，既包括黑盒测试、白盒测试等测试用例设计方法，也包括单元测试、功能测试、性能测试等工具，还包括测试流程管理、缺陷管理、自动化测试等技术。

2. 软件编程技能

软件编程能力应该是测试人员的必备技能之一，在微软公司，很多测试人员都拥有多年的开发经验。因此，测试人员要想得到较好的职业发展，必须能够编写程序。只有能够编写程序，才可以胜任诸如单元测试、集成测试、性能测试等难度较大的测试工作。

此外，对软件测试人员的编程技能要求也有别于开发人员，测试人员编写的程序应着眼于运行正确，同时兼顾高效率，尤其体现在与性能测试相关的测试代码编写上。因此，测试人员要具备一定的算法设计能力。测试工程师至少应该掌握 Java、C#、C++之类中的一门语言，以及相应的开发工具。

3. 网络、操作系统、数据库等技术

与开发人员相比，测试人员掌握的知识具有"博而不精"的特点。由于测试中经常需要配置、调试各种测试环境，而且在性能测试中还要对各种系统平台进行分析与调优，因此，测试人员需要掌握更多网络、操作系统、数据库等知识。

在网络方面，测试人员应该掌握基本的网络协议及网络工作原理，尤其要掌握一些网络环境的配置，这些都是测试工作中经常遇到的知识。

操作系统和中间件方面，应该掌握基本的使用及安装、配置等。例如，很多应用系统都是基于 UNIX、Linux 运行的，这就要求测试人员掌握基本的操作命令及相关的工具软件。对于 WebLogic、Websphere 等中间件的安装、配置技术，很多时候也需要掌握一些。

数据库技术也是应该掌握的一项重要技能，现在的应用系统几乎离不开数据库。因此，不但要掌握基本的安装、配置技术，还要掌握 SQL 的使用。测试人员至少应该掌握 MySQL、SQL Server、Oracle 等常见数据库的使用。

4. 行业知识

行业主要指测试人员所在企业涉及的行业领域，例如，很多 IT 企业从事石油、电信、银行、电子政务、电子商务等行业领域的产品开发。行业知识即业务知识，是测试人员做好测试工作的又一个前提条件，只有深入地了解了产品的业务流程，才可以判断出开发人员实现的产品功能是否正确。

很多时候，软件运行起来没有异常，但是功能不一定正确。只有掌握了相关的行业知识，才可以判断出用户的业务需求是否得以实现。

行业知识与工作经验有一定关系，需要通过时间完成积累。

三、测试工程师的职业素质要求

作为一名优秀的测试工程师，要对测试工作有兴趣。测试工作很多时候都是枯燥的，只

有热爱测试工作，才更容易做好测试工作。因此，除了具有前面的专业技能和行业知识外，测试人员还应该具有一些基本的个人素养，即下面的"五心"。

1. 专心

主要指测试人员在执行测试任务的时候要专心，不可一心二用。经验表明，高度集中精力不但能够提高效率，还能发现更多的软件缺陷。业绩最好的往往是团队中做事时精力最集中的那些成员。

2. 细心

主要指执行测试工作时候要细心，认真执行测试，不可以忽略一些细节。如果不细心，某些缺陷很难发现，例如，一些界面的样式、文字等。

3. 耐心

很多测试工作有时候显得非常枯燥，需要很大的耐心才可以做好。如果比较浮躁，就不会做到"专心"和"细心"，这将让很多软件缺陷从你眼前逃过。

4. 责任心

责任心是做好工作必备的素质之一，测试工程师更应该将其发扬光大。如果测试中没有尽到责任，甚至敷衍了事，这将会把测试工作交给用户来完成，很可能引起非常严重的后果。

5. 自信心

自信心是现在多数测试工程师都缺少的一项素质，尤其在面对需要编写测试代码等工作的时候，往往认为自己做不到。要想获得更好的职业发展，测试工程师们应该努力学习，建立能"解决一切测试问题"的信心。

"五心"只是做好测试工作的基本要求，测试人员应该具有的素质还有很多。例如，测试人员要具有团队合作精神，还应该学会宽容待人，学会去理解开发人员，同时，要尊重开发人员的劳动成果——开发出来的产品。

【案例描述】

查询并分析智联招聘网的软件测试工程师的招聘信息。

【案例分析】

智联招聘成立于 1997 年，为求职者提供免费注册、求职指导、简历管理、职业测评等服务，是用户优选的职业发展平台。通过对职位类别、行业类别、工作地点的筛选，可以找到有关软件测试工程师的信息。

【案例实现】

① 在"职业类别"中选择 IT 质量管理/测试/配置管理，并选择系统测试和软件测试，在行业类别中选择互联网/电子商务和计算机软件等，在工作地点中增加苏州、北京和上海，并在职位名中输入关键词"软件测试工程师"，如图 5-2 所示。

② 单击"搜工作"按钮，会出现筛选的工作情况，如图 5-3 所示。

③ 单击其中某条招聘信息，可以看到这家企业的具体职位描述和职位要求，如图 5-4 所示。

该职位的具体信息为：

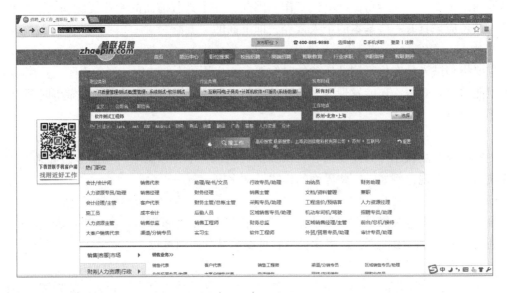

图 5-2　在智联招聘中筛选招聘信息

图 5-3　在智联招聘中检索出的招聘信息

- 根据产品需求、负责搭建测试框架、编写测试计划、测试用例、测试脚本和测试数据。
- 完成对产品的集成测试与系统测试，对产品的功能、性能及其他方面的测试负责。
- 负责分析软件缺陷并提交缺陷报告。
- 对测试实施过程中发现的软件问题进行跟踪分析和报告，推动测试中发现问题及时合理地解决。

从职位描述中，可以看到测试工程师的日常工作为编写测试计划、撰写测试用例、准备测试脚本和数据、实施测试并完成缺陷的提交等。

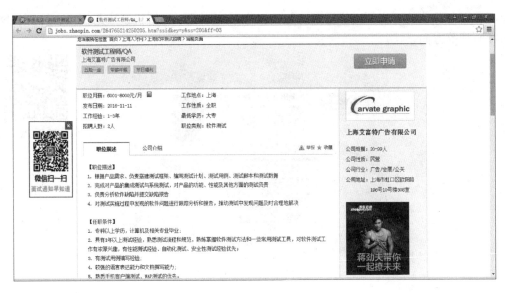

图 5-4　某企业软件工程师职位信息

【拓展知识】

计算机专业的大学生毕业后，在找工作前如果考取了某项证书，一般会被优秀的大公司看中，很容易从众多的毕业生中脱颖而出。刚毕业的大学生如果没有工作经验，那么他的优势就是考取的证书与所在学校是否是名牌。学校是无法改变的，能改变的只有证书。而现在的证书种类繁多，只有适合自己的才是最好的。下面给大家介绍和软件测试技能相关的考试及证书。

一、全国计算机等级考试

全国计算机等级考试（National Computer Rank Examination，NCRE），是在 1994 年，经原国家教育委员会（现教育部）批准，由教育部考试中心主办，面向社会，用于考查应试人员计算机应用知识与能力的全国性计算机水平考试体系。它是一种重视应试人员对计算机和软件的实际掌握能力的考试。成绩合格者由教育部考试中心颁发考试合格证书。合格证书用中、英文两种文字书写，全国通用。

NCRE 考试采用全国统一命题的形式，2013 年 9 月起，计算机等级考试全部实行无纸化考试。考试时间：一级 90 分钟，二级 120 分钟，三级 120 分钟，四级 90 分钟。

一级：操作技能级/信息素养。主要考核计算机基础知识及计算机基本操作能力，包括 Office 办公软件、图形图像软件、网络安全素质教育。

二级：程序设计/办公软件高级应用级。主要考核计算机语言与基础程序设计能力和办公软件高级应用能力，前者要求参试者掌握一门计算机语言，可选类别有高级语言程序设计类、数据库程序设计类等，证书样本如图 5-5 所示。后者要求参试者具有计算机应用知识及 Office 办公软件的高级应用能力，能够在实际办公环境中开展具体应用。

三级：工程师预备级。主要考核面向应用、面向职业的岗位专业技能，包括网络技术、数据库技术、信息安全技术等方向。

四级：工程师级。该证书面向已持有三级相关证书的考生，考核计算机专业课程，是面向应用、面向职业的工程师岗位证书。包括操作系统原理、计算机组成与接口、计算机网络、数据库原理等方向。

软件测试相关考证

图 5-5　全国计算机等级考试证书

二、计算机软件水平考试

计算机软件水平考试（软考）是原中国计算机软件专业技术资格和水平考试的完善与发展，是对从事或准备从事计算机软件、计算机网络等专业技术工作的人员水平和能力的测试。

这是在国家人力资源和社会保障部和工业和信息化部领导下的国家级考试，其目的是，科学、公正地对软件专业技术人员进行职业资格、专业技术资格认定和专业技术水平测试。

原软件考试在全国范围内实施了十多年，截至 2007 年，累计参加考试的人数有一百六十多万人。该考试由于其权威性和严肃性，得到了社会及用人单位的广泛认同，并为推动我国信息产业特别是软件产业的发展和提高各类 IT 人才的素质做出了积极的贡献。

这种考试分 5 个专业类别：计算机软件、计算机网络、计算机应用技术、信息系统、信息服务。每个专业又分三个层次，如图 5-6 所示。

		专 业 类 别				
		计算机软件	计算机网络	计算机应用技术	信息系统	信息服务
级别层次	高级资格			信息系统项目管理师 系统分析师（原系统分析员） 系统架构设计师		
	中级资格	软件设计师 （原高级程序员） 软件评测师	网络工程师	多媒体应用设计师 嵌入式设计师 计算机辅助设计师 电子商务设计师	信息系统监理师 数据库系统工程师 信息系统管理工程师	信息技术支持工程师
	初级资格	程序员（原程序员、初级程序员）	网络管理员	多媒体应用制作技术员 电子商务技术员	信息系统运行管理员	信息处理技术员

图 5-6　计算机软件水平考试类型

软件评测师考试属于全国计算机技术与软件专业技术资格考试中的一个中级考试，现在每年一次，一般在 11 月份开考。

三、全国信息技术水平考试

全国信息技术水平考试是由工业和信息化部教育与考试中心（全国电子信息应用教育

中心）负责实施的全国统一考试。该考试是对从事或即将从事信息技术的专业人员技术水平的综合评价，其目的是加快国民经济信息化技术人才的培养，同时，为企业合理选拔、聘用信息化技术人才提供有效凭证。

该考试分为电子考试和纸质考试两部分，考试的科目有计算机程序设计（Java）、软件测试和电子商务等。软件测试主要是纸质考试，考试时间为两个半小时。证书的样本如图 5-7 所示。

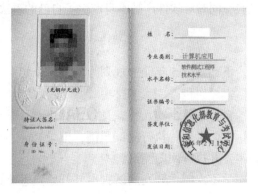

四、国际软件测试资质认证

国际软件测试资质认证委员会（International Software Testing Qualification Board，ISTQB）是国际唯一全面权威的软件测试资质认证机构，主要负责制订和推广国际通用资质认证框架，

图 5-7　全国信息技术水平考试证书

即"国际软件测试资质认证委员会推广的软件测试工程师认证"（ISTQB Certified Tester）项目。该项目由 ISTQB 授权国家的分支机构组织本国的软件测试工程师的认证，并接受 ISTQB 质量监控，合格后颁发全球通用的软件测试工程师资格证书。ISTQB 现有包括美国、德国、英国、法国、日本等在内的 40 多个成员国。

该认证内容主要包括：软件测试基础、测试与软件开发生命周期、静态测试技术、测试设计技术、单元测试、集成测试、系统测试、软件测试管理、功能（黑盒）测试工具、性能测试工具、白盒测试工具、实际案例分析等。

【案例小结】

在信息技术产业快速发展的过程中，软件应用领域不断扩展，市场对软件产品的质量提出了更高的要求。软件工程领域的实践证明，有效实施软件测试可以显著地改进软件质量。软件测试是专业性、技术性、实践性要求非常高的工作，有效实施软件测试，需要依靠高素质的测试人才。作为一名测试人员，尽管不能精通所有的知识，但要想做好测试工作，应该尽可能地去学习更多的与测试工作相关的知识。

案例 2　某企业面试软件测试工程师岗位实录分析

【预备知识】

一、软件测试行业的职业发展路线

在一个项目中，需要设计人员来设计软件结构，需要程序员来完成代码编写工作，需要测试员来进行软件测试。按现状，软件测试人员的发展可以选择以下三条路线：

第一种选择是走软件测试的技术道路，一步一步地往上发展，最后成长为高级软件测试工程师。这时能够独立测试很多软件，再向上可以成为软件测试架构设计师。

第二种选择是走管理方向路线，从测试工程师到测试组长（Leaer），再到测试经理（Manager），以至更高的职位。

第三种选择是更换职业。很多软件测试工程师在测试软件的过程中，因为开发方面积累了经验，同时对软件产品本身产生了自己的看法，很容易转去做产品编程，或进行项目管理。

二、软件测试工程师职业生涯规划

下面就以 5 年职业规划为例进行介绍。

第一阶段：初级测试工程师

自身条件：初入行，具备计算机专业学位或一些手工测试经验的个人。

具体工作：执行测试用例，记录 Bug，并回归测试，通过 QTP 等测试工具录制回归测试脚本，并执行回归测试脚本。

学习方向：开发测试脚本并开始熟悉测试生命周期和测试技术。

第二阶段：测试工程师

自身条件：有 1~2 年工作经验的测试工程师或程序员。具有初步的自动化测试能力，完善自动化测试脚本。

具体工作：设计和编写测试用例，编写自动化测试脚本且担任测试编程初期的领导工作。

学习方向：拓展编程语言、操作系统、网络与数据库方面的技能。

第三阶段：高级测试工程师

自身条件：有 3~4 年工作经验的测试工程师或程序员。具有一定的行业业务知识，储备系统分析员的能力。

具体工作：帮助开发或维护测试或编程标准与过程，分析软件需求，获得测试需求；确定测试需求相应的测试方法，获得测试策略方案；参与同行的评审（软件需求、软件测试计划等），并为其他初级的测试工程师或程序员充当顾问。

学习方向：继续拓展编程语言、操作系统、网络与数据库方面的技能。

第四阶段：测试组负责人

自身条件：有 4~6 年工作经验的测试工程师或程序员。具有丰富的行业业务知识，具有系统分析员的能力，专长性能测试。

具体工作：负责管理 1~3 名测试工程师或程序员。集中于技能方面，担负一些进度安排和工作规模/成本估算职责；分析性能"瓶颈"的原因，为开发团队提供 bug 解决策略；按进度表和预算目标交付产品，负责开发项目的技术方法，能够为用户提供支持与演示。

学习方向：性能测试方面和测试的技能。

【案例描述】

某软件公司近期由于项目组人手不够，需要招聘一些测试人员。本周及上周陆陆续续面试了十多个应聘者，工作年限在 2~5 年，但无一满意。

面试要求：

有不错的沟通能力，熟悉常见软件开发及测试流程，有一定的需求分析、用例设计能力，会基本的 Linux 命令和数据库应用能力。如有一些编写代码的能力，则会加分。

【案例分析】

面试问题及答题情况：

① 针对某一业务（考虑到应试者没有行业背景，给出了详尽的专业说明和例子），请根据需求设计几个用例。只有不到 1/4 的应试者给出了让人相对满意的答案。

② 说说你常用的测试方法。90% 的人只能答出等价类和边界值，只有少数人可以讲出其他测试用例设计方法，但深入提问后，没有一个人能有令人满意的回答。

③ 给一个非常简单的小例子，例如登录操作，让应试者回答如何使用等价类方法设计用例。只有不到 1/5 的应试者能够给出比较满意的答案。

④ 陈述一个缺陷的生命周期（你们公司如何管理 Bug）。有一大半人能够说出常见流程，但深入问一些问题，如缺陷如何同版本、测试轮次等结合起来，一些特殊情况如何处理等，很多人就蒙了，而这些基本上都是工作中常用的。

⑤ 你做的时间最长的一个项目是什么？在这期间遇到的什么问题让你最头疼？你如何解决它？10 个人里大约只有 1 人能给出还算不错的回答。

⑥ 你看过哪一本测试书籍？哪些技术博客？哪些网站？50% 的人会说看过 QTP 的书，有一小半人最近几年一本技术书籍也没有看过。

【案例实现】

面试是获得某一份工作的前提和基础，必须认真对待。

为了自己的前途，要尽早明确个人的规划。你五年后、十年后是个什么样子？有没有一个明确的想法？有没有你五年后想达到的某个人的程度？如果这些思路不清楚，请多看看外面的世界，看看一些测试做得非常好的人是如何工作的，他们掌握了什么能力。学习他们，追赶他们，并尝试超越他们。

下面是给准备从事测试职业的同学的一些建议：

① 多读一些测试方面的书籍，阅读专业书籍能够帮助你将测试知识框架搭建起来，对照一下你还缺什么。

② 多登录一些测试网站进行在线学习，如 51testing（http://www.51testing.net/）、领测软件测试网（http://www.ltesting.net/）。

③ 多读代码，提高编程能力。找到你测试的那部分功能的代码。虽然写代码并不是你以后主要的任务，但是读那些代码常常会帮助你找到潜在的边界情况和软件缺陷。

④ 多读 Bug，参与网上一些众测平台（如泽众众测）的测试项目。如果有机会和一个团队的软件测试工程师一起工作，那么请阅读他们每天发的 Bug，特别是那些针对你的测试部分的 Bug。你可以从别人找到 Bug 的过程中学到很多东西。

【拓展案例】

请学生根据自身的实际情况，结合软件测试岗位及发展要求，制定未来五年的职业发展规划。

【思政园地】

一个优秀的测试工程师应该具备的素质

1. 沟通能力

有时将客户提的要求反映给开发工程师，开发工程师常常无法理解，认为是无理取闹；

开发工程师做的东西，推广给客户，客户无法理解，认为开发工程师是闭门造车。另外，在项目进行中，为了更快推动项目的进行，需要质量保证工程师或测试人员积极主动地去和所有人进行沟通。所以，一名理想的测试人员必须能够同测试涉及的所有人进行沟通，具有与技术（开发者）和非技术人员（客户、管理人员）的交流能力。既要可以和用户谈得来，又能同开发人员说得上话。和用户谈话的重点必须放在系统可以正确地处理什么和不可以处理什么上。而和开发工程师谈相同的信息时，就必须将这些话重新组织以另一种方式表达出来。

2. 技术能力

就总体而言，开发人员对那些不懂技术的人持一种轻视的态度。一个 QA 或测试者必须既明白被测软件系统的业务逻辑概念，又要会使用工程中的工具。要做到这一点，需要有一定的编程经验，前期建议通过编写脚本或小的应用程序来训练这方面的能力，一定的开发经验可以帮助对软件开发过程有较深入的理解，从开发人员的角度做出正确的评价，简化自动测试工具编程的学习曲线。如果能够通过自动化测试工具或自己写的程序测出开发工程师们测不出来的缺陷，开发工程师就会对你刮目相看。

3. 自信心

开发者指责测试者出了错是常有的事，测试者必须对自己的观点有足够的自信心，敢于坚持。如果不能容忍别人对自己指东指西，就不能完成更多的事情了。

4. 外交能力

当你告诉某人他出了错时，使用一些外交方法有助于维系双方的关系。机智老练和外交手法有助于维护与开发人员的协作关系，测试者在告诉开发者他的软件有错误时，也同样需要一定的外交手腕。如果采取的方法过于强硬，对测试者来说，在以后和开发部门的合作方面就相当于"赢了战争，却输了战役"。

5. 幽默感

在遇到狡辩的情况下，一个幽默的批评将是很有帮助的。

6. 很强的记忆力

一个理想的测试者应该有能力将以前曾经遇到过的类似的错误从记忆深处挖掘出来，这一能力在测试过程中的价值是无法衡量的，因为许多新出现的问题和已经发现的问题相差无几。

7. 耐心

一些质量保证工作需要难以置信的耐心。有时需要花费惊人的时间去分离、识别和分派一个错误。这个工作是那些没有耐心的人无法完成的。

8. 怀疑精神

可以预料，开发者会尽他们最大的努力将所有的错误解释过去。测试者必须听每个人的说明，但他必须保持怀疑，直到他自己看过以后。

9. 自我督促

从事测试工作很容易使人变得懒散。只有那些具有自我督促能力的人才能够使自己每天努力地工作。

10. 洞察力

一个好的测试工程师具有"测试是为了破坏"的观点，捕获用户观点的能力，强烈的质量追求，对细节的关注能力。应具有高风险区的判断能力，以便将有限的测试针对重点环节。

【案例小结】

测试工作的职业发展方向决定了测试职业的职位发展，测试职业发展的不同职业级别和层次影响着测试职位的类别，不同的组织具有不同的测试职位名称及职责要求。软件测试强调实践性和应用性，无论今后向哪个方向发展，达到哪个级别和层次，最好从最基础的测试员做起。

练习与实训

一、选择题

1. 软件测试工程师需要具备的素质包括（　　　）。

①编程开发经验　　②熟悉软件工程体系　　③熟悉多种编程语言

④耐心与细心　　　⑤怀疑精神　　　　　　⑥沟通能力

⑦管理项目能力　　⑧财务处理能力　　　　⑨协同工作能力

A. ①②③④⑤⑥⑦⑨　　　　　　　　B. ①②③④⑤⑦⑧⑨

C. ①②④⑤⑥⑦⑧⑨　　　　　　　　D. ①②③④⑤⑥⑦⑧⑨

2. 下列选项中，不属于软件测试工程师职责范围的是（　　　）。

A. 测试方案设计　　　　　　　　　　B. 测试用例设计

C. 进行代码调优　　　　　　　　　　D. 具体测试实施

3. 软件测试工程师需要具备的素质包括（　　　）。

①沟通能力　②技术能力　③洞察力　④自信心　⑤外交能力　⑥怀疑精神

A. ①②③⑤⑥　　　B. ①②③④⑤⑥　　　C. ①②④⑤⑥　　　D. ②③④⑥

4. 下列选项中与软件评测师职责相违背的是（　　　）。

A. 对开发人员修改的问题进行确认

B. 可以按照问题的危害程度对问题进行分类

C. 如果在测试过程中发现以前的测试记录错误，应该用正确的记录覆盖

D. 在验收测试报告中必须记录被测产品的版本号及测试环境配置

5. 下列关于 Linux 操作系统指令的描述中，错误的是（　　　）。

A. vmstat：对系统虚拟内存、进程、CPU 活动进行监视

B. iostat：对系统的磁盘操作活动进行监视

C. find：查找文件或目录

D. chown：比较两个文件是否有差异

6. JSP 方法是一种面向（　　　）的设计方法。

A. 控制结构　　　　B. 对象　　　　　C. 数据流　　　　D. 数据结构

7. Java 作为当前最流行的开发语言之一，具有多种特点，下列关于 Java 的描述中，不正确的是（　　　）。

A. 跨平台　　　　B. 多线程　　　　C. 面向对象　　　　D. 非解释性

8. 下列选项中属于性能测试工具的是（　　　）。

A. LoadRunner　　　　B. WinRunner　　　　C. QARun　　　　　D. QTP

9. "select * from article where id>100" 语句的功能是（　　　）。

A. 在 "article" 表中查询 "id" 等于 100 的记录

B. 在 "article" 表中查询 "id" 小于 100 的记录

C. 在 "article" 表中查询 "id" 大于 100 的记录

D. 在 "article" 表中查询 "id" 大于 100 的记录

10. 不属于测试人员编写的文档的是（　　　）。

A. 缺陷报告　　　　　　　　　　　　B. 测试环境配置文档

C. 缺陷修复报告　　　　　　　　　　D. 测试用例说明文档

二、填空题

1. 关系数据库管理系统应能实现的专门关系运算包括_____、_____和_____。

2. 软件设计阶段一般又可分为_____和_____。

3. ACID 是指数据库事务正确执行的四个要素的缩写，按照顺序依次为_____、_____、_____和_____。

4. 软件评审作为质量控制的一个重要手段，已经被业界广泛使用。评审分为_____和_____。

5. CMM 模型将软件过程的成熟度分为_____个等级。

三、简答题

1. 测试人员需要具备的基本技能有哪些？

2. 测试人员的职业发展路径有哪些？

四、分析设计题

1. 某企业有三大产品线，研发团队有 100 人，测试部门约有 8 人，测试团队主要由刚毕业的学生构成，测试类型主要是功能测试，测试阶段主要集中在产品上线前。

（1）测试人员和开发人员的比例是否合适？说明理由。

（2）本企业的测试能否发挥质量提升的作用？说明理由。

（3）如何提升本企业测试团队的能力？

（4）测试开始的时间是否正确？说明理由。

2. 在对自己的职业兴趣、自我认知、职业环境与发展前景有了清楚的认识的基础上，拟定一份职业规划书，需要体现确定目标的 SMART 原则、个人情况的 SWOT 分析、职业发展路线图等过程性证据。

第二篇
测试用例设计

工作任务 6

白 盒 测 试

【学习导航】

1. 知识目标

- 掌握白盒测试的概念
- 掌握逻辑覆盖法的种类
- 掌握圈复杂度的定义和计算方法
- 了解白盒测试的分类
- 掌握控制流图的基本符号

2. 技能目标

- 能够灵活地应用逻辑覆盖法和基本路径法来设计白盒测试用例
- 会使用 Visio 软件绘制控制流图
- 会计算圈复杂度

【任务情境】

通过前面的学习，小李学习了软件测试的基本理论，对自己未来的发展也有了初步的规划。软件测试的方法主要有白盒测试和黑盒测试，它们各自运用在不同的测试阶段。白盒测试主要应用在单元测试阶段，需要具有一定的阅读代码的能力，主要有逻辑覆盖法、基本路径法等，让我们跟随小李一起来学习。

【任务实施】

案例 1 使用逻辑覆盖方法设计测试用例

【预备知识】

白盒测试又称结构测试，是一种测试用例设计方法。盒子指的是被测试的软件，白盒指的是盒子是可视的，你清楚盒子内部的东西及里面是如何运作的，如图 6-1 所示。它只测试软件产品的内部结构和处理过程，不测试软件产品的功能，用于纠正软件系统中描述、表达和规格上的错误，是进一步测试的前提。

白盒测试分静态测试和动态测试。静态测试是指不执行代码的条件下有条理地仔细审查软件设计、体系结构和代码，从而找出软件缺

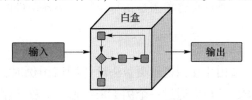

图 6-1 白盒测试示意图

陷的过程；动态测试也称结构化测试，通过查看并使用代码的内部结构，设计和执行测试。

一、逻辑覆盖法及其种类

逻辑覆盖法，又称控制流覆盖，是一种按照程序内部逻辑结构设计测试用例的测试方法，目的是要测试程序中的判定和条件。测试程序逻辑结构通常需要通过使用控制流覆盖准则来定量测试进行的程度。逻辑覆盖方法包括语句覆盖、判定覆盖、条件覆盖、判定/条件覆盖和条件组合覆盖。这五种逻辑覆盖方法发现错误的能力呈现由弱到强的变化，即语句覆盖最弱，而条件组合覆盖最强。

1. 语句覆盖（Statement Coverage，SC）

语句覆盖又称行覆盖（Line Coverage）、段覆盖（Segment Coverage）、基本块覆盖（Basic Block Coverage），是最常用也是最常见的一种覆盖方式。其基本思想是设计若干个测试用例运行被测程序，使得每一条可执行语句至少执行一次。这里的"若干个"，意味着使用测试用例越少越好；"可执行语句"，不包括像 C++ 的头文件声明、代码注释、空行等。语句覆盖是"最弱的覆盖"，它只负责覆盖代码中的执行语句，却不考虑各种分支的组合等。

语句覆盖率的公式可以表示如下：

语句覆盖率 = 被评价到的语句数/可执行的语句总数×100%

2. 判定覆盖（Decision Coverage，DC）

判定覆盖也叫分支覆盖，它的主要思想是设计足够多的测试用例，使得程序中的每一个判断至少获得一次"真"和一次"假"，即使得程序流程图中的每一个真假分支至少被执行一次。

判定覆盖和语句覆盖一样非常简单，但具有比语句覆盖更强的测试能力。但由于大部分的判定语句是由多个逻辑条件组合而成的，若仅仅判断其整个最终结果，而忽略每个条件的取值情况，必然会遗漏部分测试路径。因此，判定覆盖仍是弱的逻辑覆盖。

3. 条件覆盖（Condition Coverage，CC）

条件覆盖是指选择足够的测试用例，使得运行这些测试用例后，每个判断中每个条件的可能取值至少满足一次，但未必能覆盖全部分支。

4. 判定/条件覆盖（Condition/Decision Coverage，CDC）

判定/条件覆盖是指判断中的每个条件的所有可能取值至少出现一次，并且每个判定本身的判定结果也要出现一次。

5. 条件组合覆盖（Multiple Condition Coverage，MCC）

条件组合覆盖是指每个判定中各条件的每一种组合至少出现一次。

二、流程图的绘制

由于使用逻辑覆盖法设计测试用例时，经常通过绘制程序流程图来分析被测程序的结构，这里先通过一个例子来熟悉一下程序流程图的绘制。

有一段用 Java 编写的程序，具体如下：

```
/*程序功能:输入两个2位数(10~99)整数,计算它们的和并输出*/
    import java.util.Scanner;
    public class Test {
        public static void main(String[] args) {
            int a,b, c;              //定义使用到的三个整型变量
            Scanner input =new Scanner(System.in);   /*创建 Scanner 对象,
用于数据的输入*/
            System.out.println ("请输入一个 10~99 之间的整数:");
            a =input.nextInt();
            System.out.println ("请再输入一个 10~99 之间的整数:");
            b =input.nextInt();
            if(a<10 || a>99)                        //变量取值范围的判断
                System.out.println("a 的值应该在 10~99 之间");
            else if(b<10 || b>99)
                System.out.println("b 的值应该在 10~99 之间");
            else{                          //满足取值范围,进行计算并输出
                c =a+b;
                System.out.println("两个数的和为"+c);
            }
        }
    }
```

这段程序的基本功能是计算并显示用户输入的 10~99 之间的两个整数之和。若加数不属于 10~99，则给出相应警告。程序流程图是进行白盒测试的基础，可以使用 Office 家族的 Visio 软件来绘制流程图。在程序流程图中，使用圆角矩形表示开始和结束，矩形表示数据处理，平行四边形表示数据的输入和输出，菱形表示判断，同时用带箭头的线段表示程序的流向。该例题中的程序流程图如图 6-2 所示。

【案例描述】

有一段 Java 代码如下所示，请使用白盒测试的逻辑覆盖方法为其设计测试用例。

```
if(a>1&&b==0){
    x =x/a;
}
if(a==2 || x>1){
        x =x+1;
}
```

【案例分析】

白盒测试以检查程序内部结构和逻辑为根本，白盒测试的方法是将测试对象看作一个打开的盒子，测试人员依据程序内部逻辑结构相关信息，设计和选择测试用例。

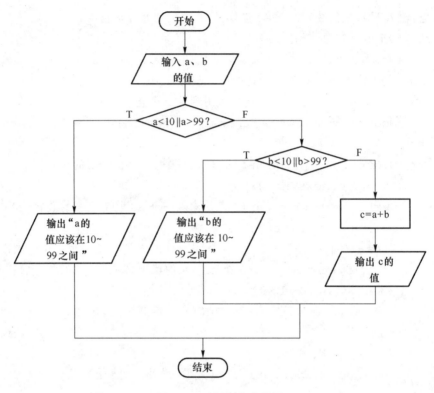

图 6-2　示例程序流程图

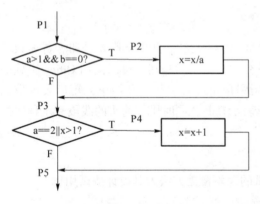

图 6-3　逻辑覆盖法案例程序流程图

本案例首先为被测代码绘制程序流程图，如图 6-3 所示，其中 P1、P2、P3、P4、P5 表示若干段控制流。

【案例实现】

1. 语句覆盖（SC）

对于上述程序，若要做到语句覆盖，程序执行的路径应该是 P1-P2-P3-P4-P5，为此，可设计表 6-1 所示测试用例。注意，这里 a、b、x 为输入值。

语句覆盖和判定覆盖法

语句覆盖中无须细分每条判定表达式，但由于这种测试方法仅仅针对程序逻辑中显式存在的语句，对于隐藏的条件和可能到达的隐式逻辑分支，是无法测试的。如本例中语句覆盖只覆盖了两个判断均为真的情况，若某个判定的结果为假，则对应的操作即使有错，也不可能通过语句覆盖发现；此外，语句覆盖只关心判定的结果，而没有考虑判定中条件及条件之间的逻辑关系。例如，若将图将 6-2 中第一个判定的逻辑与"&&"错写成了逻辑或"‖"，或者将第二个判定中的"x>1"错写成"x<1"，上述测试用例的执行路径不变，就不可能发现缺陷。

表 6-1　语句覆盖测试用例

用例编号	输入数据	预期结果	备注（执行路径）
001	a＝2，b＝0，x＝2	x＝2	P1-P2-P3-P4-P5

2. 判定覆盖（DC）

本案例中的判定有两个：a>1&&b＝0 和 a＝2‖x>1，则可得到表 6-2 所示的判定覆盖分析。

表 6-2　案例判定覆盖分析（一）

编号	输入数据			判定		执行路径
	a	b	x	a>1&&b＝0	a＝2‖x>1	
001	3	0	3	T	F	P1-P2-P3-P5
002	2	1	1	F	T	P1-P3-P4-P5

表 6-2 中将两个判定的真、假值都取到了，但也可以有第二种可能：将判定的真、假取值情况重新组合，则执行路径也有所不同，见表 6-3。

表 6-3　案例判定覆盖分析（二）

编号	输入数据			判定		执行路径
	a	b	x	a>1&&b＝0	a＝2‖x>1	
001	2	0	4	T	T	P1-P2-P3-P4-P5
002	1	1	1	F	F	P1-P3-P5

按照表 6-2 的判定覆盖分析，可设计表 6-4 所示测试用例。

表 6-4　判定覆盖测试用例

用例编号	输入数据	预期结果	备注（判定覆盖）
001	a＝3，b＝0，x＝3	x＝1	TF
002	a＝2，b＝1，x＝1	x＝2	FT

另外一种测试用例大家可以自行完成。

判定覆盖对程序的逻辑覆盖程度仍不高，判定覆盖和语句覆盖一样简单，无须细分每个判定就可以得到测试用例。往往判定覆盖中大部分的判定语句是由多个逻辑条件组合而成的（如判定语句中包含 AND、OR、CASE），若仅仅判断其整个最终结果，而忽略每个条件的取值情况，必然会遗漏部分测试路径。

3. 条件覆盖（CC）

对本例中的源程序，考虑包含着两个判定中的 4 个条件，每个条件均可取真、假两种值。若要实现条件覆盖，应使以下 8 种可能成立：

a>1，a≤1，b＝0，b!＝0，a＝2，a!＝2，x>1，x≤1

条件覆盖和判定/
条件覆盖法

这 8 种结果的前 4 种是在 P1 点出现的，而后 4 种是在 P3 点出现的。可得到表 6-5 所示的条件分析。

表 6-5　条件取值分析

编号	条件	可能取值	
1	a>1	T1	F1
2	b＝0	T2	F2
3	a＝2	T3	F3
4	x>1	T4	F4

为了覆盖这 8 种可能，可设计两组测试用例，见表 6-6。

表 6-6　条件覆盖测试用例（一）

用例编号	输入数据	预期结果	备注	
			条件覆盖	判定覆盖
001	a＝2，b＝0，x＝4	x＝3	T1T2T3T4	TT
002	a＝1，b＝1，x＝1	x＝1	F1F2F3F4	FF

条件覆盖一般比判定覆盖强，因为条件覆盖关心判定中每个条件的取值，而判定覆盖只关心整个判定的取值。也就是说，若实现了条件覆盖，则也实现了判定覆盖，比如，上述两组测试用例也实现了判定覆盖。但这不是绝对的，某些情况下，也会有实现了条件覆盖却未能实现判定覆盖的情形。例如表 6-7 所示的两组测试用例。

表 6-7　条件覆盖测试用例（二）

用例编号	输入数据	预期结果	备注	
			条件覆盖	判定覆盖
001	a＝2，b＝0，x＝1	x＝1	T1T2T3F4	TT
002	a＝1，b＝1，x＝4	x＝5	F1F2F3T4	FT

这两组测试用例均使第二个判定取值为真，而未覆盖到第二个判定取值为假的情况。

当然，还可继续按条件覆盖的要求，使每个判断中每个条件的可能取值至少满足一次，并分析出其他设计用例的情况，如覆盖条件为 T1T2F3F4 和 F1F2T3T4、T1F2F3T4 和 F1T2T3T4。故条件覆盖测试用例也如同判定覆盖一样，存在多种设计结果。

条件覆盖比判定覆盖增加了对符合判定情况的测试，增加了测试路径，要达到条件覆盖，需要足够多的测试用例，但实现了条件覆盖并不能保证实现了判定覆盖。条件覆盖只能保证每个条件至少有一次为真，而不考虑所有的判定结果。

4. 判定/条件覆盖（CDC）

既然判定覆盖不一定包含条件覆盖，条件覆盖也不一定包含判定覆盖，就自然会提出一种能同时满足两种覆盖标准的逻辑覆盖，这就是判定/条件覆盖。判定/条件覆盖的含义是通过设计足够的测试用例，满足如下条件：

①　所有条件的可能取值至少执行一次。

②　所有判定的可能结果至少执行一次。

判定/条件覆盖测试用例见表 6-8。

表 6-8　判定/条件覆盖测试用例

用例编号	输入数据	预期结果	备注	
			条件覆盖	判定覆盖
001	a=2, b=0, x=4	x=3	T1T2T3T4	TT
002	a=1, b=1, x=1	x=1	F1F2F3F4	FF

实际上，这两组测试用例就是先前为实现条件覆盖而设计的两组测试用例。

判定/条件覆盖满足判定覆盖准则和条件覆盖准则，弥补了二者的不足，但判定/条件覆盖准则的缺点是未考虑条件的组合情况。

5. 条件组合覆盖（MCC）

当某个判定中存在着多个条件，仅仅考虑单个条件的取值是不够的。条件组合覆盖的含义是，设计足够多的测试用例，使被测程序中每个判定的所有条件取值组合都至少出现一次。

为了方便识别，将 4 个条件编号为 1~4，则它们的真假取值情况编号依次为 T1、F1、T2、F2、T3、F3、T4、F4。对于上述程序，若要实现条件组合覆盖，应使如下 8 种条件取值组合至少出现一次。

①　T1T2　　（a>1,b=0）

②　T1F2　　（a>1,b!=0）

③　F1T2　　（a⩽1,b=0）

④　F1F2　　（a⩽1,b!=0）

⑤　T3T4　　（a=2,x>1）

⑥　T3F4　　（a=2,x⩽1）

⑦　F3T4　　（a!=2,x>1）

⑧　F3F4　　（a!=2,x⩽1）

以上 8 种组合中，前 4 种组合是第一个判定的条件取值组合，后 4 种组合则是第二个判定的条件取值组合。为覆盖此 8 种组合，可设计 4 组测试用例，见表 6-9。

表 6-9　条件组合覆盖测试用例

用例编号	输入数据	预期结果	备注	
			条件组合覆盖	判定覆盖
001	a=2, b=0, x=4	x=3	T1T2T3T4　①⑤	TT
002	a=2, b=1, x=1	x=2	T1F2T3F4　②⑥	FT
003	a=1, b=0, x=2	x=1	F1T2F3T4　③⑦	FT
004	a=1, b=1, x=1	x=1	F1F2F3F4　④⑧	FF

对某被测程序，若实现了条件组合覆盖，则一定实现了判定覆盖、条件覆盖及条件判定覆盖。但条件组合覆盖不一定能覆盖程序中的每条路径，如上述的 4 组测试用例就没有覆盖源程序中的路径 P1-P2-P3-P5。

【拓展案例】

有一段使用 Java 语言设计的程序段，如下所示：

```java
if(x>=80&&y>=80){
    t=1;
}
else if(x+y>=140&&(x>=90||y>=90)){
    t=2;
}
else{
    t=3;
}
```

请使用白盒测试的逻辑覆盖方法为其设计测试用例。

【解答】

本案例首先为被测代码绘制程序流程图，如图 6-4 所示。

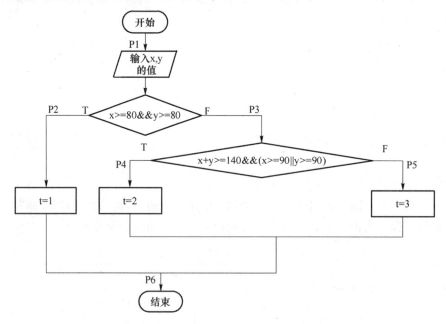

图 6-4　逻辑覆盖法拓展案例程序流程图

1. 语句覆盖

如图 6-4 所示，可执行的语句有三条，能否设计一个测试用例使三条语句都得到运行？答案是否定的，应该设计三个测试用例，使程序运行三次才能使所有的可执行语句得到运行。语句覆盖的测试用例见表 6-10。

表 6-10　语句覆盖测试用例

用例编号	输入数据	预期结果	备注（执行路径）
001	x = 90，y = 90	t = 1	P1-P2-P6
002	x = 90，y = 70	t = 2	P1-P3-P4-P6
003	x = 50，y = 50	t = 3	P1-P3-P5-P6

2. 判定覆盖

根据判定覆盖的定义，设计测试用例使两个判定的 true 和 false 都出现，究竟要怎样组合取决于条件不能冲突。这里包含两个判定：x≥80&&y≥80 和 x+y≥140&&（x≥90 ‖ y≥90）。判定覆盖的测试用例见表 6-11。

表 6-11　判定覆盖测试用例

用例编号	输入数据	预期结果	备注（判定覆盖）
001	x = 90，y = 90	t = 1	T
002	x = 50，y = 100	t = 2	FT
003	x = 75，y = 75	t = 3	FF

表中包含了所有判定的真值与假值，因此，该组测试用例满足判定覆盖要求的同时，也满足了语句覆盖。但是，仍然无法发现源程序中存在的逻辑判定错误。

3. 条件覆盖

假设第一个判定 "x≥80&&y≥80" 为判定 1，第二个判定 "x+y≥140&&（x≥90 ‖ y≥90）" 为判定 2。x≥80 为条件 1，y≥80 为条件 2，x+y≥140 为条件 3，x≥90 为条件 4，y≥90 为条件 5。构造一组测试用例，使得每个条件的真假至少满足一次，设计的测试用例见表 6-12。

表 6-12　条件覆盖测试用例

用例编号	输入数据	预期结果	备注	
			条件覆盖	判定覆盖
001	x = 70，y = 100	t = 2	F1T2T3F4T5	FT
002	x = 100，y = 10	t = 3	T1F2F3T4F5	FF

4. 判定/条件覆盖

根据源程序，判定/条件覆盖的测试用例见表 6-13。

表 6-13　判定/条件覆盖测试用例

用例编号	输入数据	预期结果	备注	
			条件覆盖	判定覆盖
001	x = 90，y = 90	t = 1	T1T2T3T4T5	T
002	x = 70，y = 100	t = 2	F1T2T3F4T5	FT
003	x = 100，y = 10	t = 3	T1F2F3T4F5	FF

5. 条件组合覆盖

（1）列出各个判定内的条件完全组合

关于源程序的第一个判定 x≥80&&y≥80 中的两个条件（1、2）组合如下：

  T1 T2

  T1 F2

  F1 T2

  F1 F2

关于源程序的第二个判定 x+y≥140&&（x≥90 ‖ y≥90）中的三个条件（3、4、5）组合如下：

  T3 T4 T5

  T3 T4 F5

  T3 F4 T5

  T3 F4 F5

  F3 T4 T5

  F3 T4 F5

  F3 F4 T5

  F3 F4 F5

（2）分析条件之间的制约关系

本程序中隐含着这样的关系：如果出现 x<80（F1）出现，则不可能存在 x≥90（T4）。具体互斥关系见表6-14。

表6-14　互斥关系

序号	互斥关系	
1	F1	T4
2	F2	T5
3	F3	T4T5

因此，本程序满足条件组合覆盖的测试用例的可能方案见表6-15。

表6-15　条件组合覆盖测试用例

用例编号	输入数据	预期结果	备注	
			条件覆盖	判定覆盖
001	x=90，y=90	t=1	T1T2T3T4T5	TT
002	x=100，y=70	t=2	T1F2T3T4F5	FT
003	x=70，y=90	t=2	F1T2T3F4T5	FT
004	x=65，y=75	t=3	F1F2T3F4F5	FF
005	x=90，y=20	t=3	T1F2F3T4F5	FF
006	x=20，y=90	t=3	F1T2F3F4T5	FF
007	x=50，y=40	t=3	F1F2F3F4F5	FF

条件组合覆盖的测试用例设计过程比较复杂，在实际应用中难度较大。满足条件组合覆盖的测试用例一定满足判定覆盖、条件覆盖和判定/条件覆盖。

【案例小结】

本案例学习了五种覆盖标准，分别是语句覆盖、判定覆盖、条件覆盖、判定/条件覆盖、条件组合覆盖，它们发现错误的能力呈由弱至强的变化。语句覆盖每条语句至少执行一次，判定覆盖每个判定的每个分支至少执行一次，条件覆盖每个判定的每个条件应取到各种可能的值，判定/条件覆盖同时满足判定覆盖和条件覆盖，条件组合覆盖每个判定中各条件的每一种组合至少出现一次。

若一组测试用例满足判定覆盖，则一定满足语句覆盖；一组测试用例满足条件覆盖，却不一定满足判定覆盖。

案例 2　使用基本路径法设计测试用例

【预备知识】

基本路径测试法

在实践中，即使一个不太复杂的程序，其路径也可能是一个非常庞大的数字，要在测试中覆盖所有的路径是不现实的。为了解决这一难题，只能将覆盖的路径数压缩到一定的限度内。例如，程序中的循环体只执行一次。下面介绍的基本路径测试法就是这样一种测试方法。

基本路径测试是一种白盒测试方法，它在程序控制图的基础上，通过分析控制构造的环路复杂性，导出基本可执行路径集合，从而设计测试用例。设计出的测试用例要保证测试程序中的每一个可执行语句至少执行一次。

基本路径测试方法一般包括以下 4 个步骤：

① 画出程序的控制流图。

② 计算程序圈复杂度。从程序的环路复杂性可导出程序基本路径集合中的独立路径条数，这是确定程序中每个可执行语句至少执行一次所必需的测试用例数目的上界。

③ 导出独立路径，根据圈复杂度和程序结构设计获得独立路径。

④ 准备测试用例，确保基本路径集中的每一条路径的执行。

一、控制流图

程序流程图是一个有向图，又称为框图，采用不同图形符号标明条件或者处理等。由于这些符号在路径分析时并不重要，为了突出控制流结构，将程序流程图进行简化，产生控制流图。

控制流图是用于描述程序控制流的一种图示方法。程序控制流图中只有两种图形符号——圆圈和箭头线。每一个圆圈称为流图的一个节点，代表一条或多条无分支的语句或源程序语句；箭头称为边或连接，代表控制流，如图 6-5 所示。请读者仔细区分 while 循环和 do while 循环。

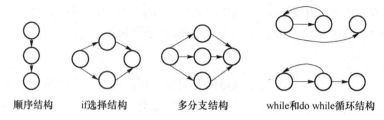

顺序结构　　if选择结构　　　多分支结构　　while和do while循环结构

图 6-5　控制流图的基本符号示意图

那么，如何将程序流程图转化成控制流图呢？假如有一张绘制好的程序流程图，如图 6-6 所示，需要遵照如下规则：

包含条件的节点称为判定节点（也叫谓词节点），由判定节点出发的边必须终止于某一个节点，由边和节点所锁定的范围称为区域。

这里假定在流程图中用菱形框表示的判断条件内没有复合条件，而一组顺序处理框可以映射为一个节点。

控制流图中的箭头（边）表示控制流的方向，类似于流程图中的流线，一条边必须终止于一个节点。

在选择或者多分支结构中分支的汇聚处，即使没有执行语句，也应该添加一个汇聚节点。

绘制好的程序控制流图如图 6-7 所示。

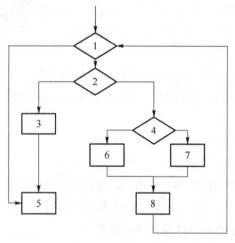

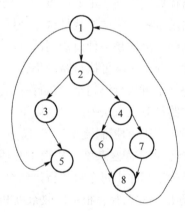

图 6-6　程序流程图　　　　　　　　图 6-7　程序控制流图

二、圈复杂度

圈复杂度（也称为环形复杂度）是一种为程序逻辑复杂度提供定量测度的软件度量。也可将该测度用于基本路径方法，它可以提供程序基本集的独立路径数量和确保所有语句至少执行一次的测试用例数量上界。

计算圈复杂度的方法有三种：

① 给定流图 G 的圈复杂度 V(G) 等于控制流图中封闭区域的数量加上 1 个开放区域，即圈复杂度=总的区域数。

图 6-7 所示的控制流图中有 3 个封闭区域，加上 1 个开放区域，得到的总区域数为 4，

即圈复杂度=总的区域数=4。

② 给定流图 G 的圈复杂度 V(G)，定义为 V(G)=E-N+2。其中，E 是流图中边的数量，N 是流图中节点的数量。

图 6-7 所示的控制流图中有 10 条边，8 个节点，则 V(G)=10-8+2=4。

③ 给定流图 G 的圈复杂度 V(G)，定义为 V(G)=P+1，其中，P 是流图 G 中判定节点的数量。

图 6-7 所示的控制流图中有 3 个判定节点，则 V(G)=3+1=4。

三、独立路径

独立路径是指，和其他的路径相比，至少引入一个新处理语句或一个新判定的程序通路，它必须至少包含一条在本次定义路径之前不曾用过的边。程序的圈复杂度 V(G) 值等于该程序基本路径集合中的独立路径的条数，这是确定程序中每个可执行语句至少执行一次所必需的测试用例数目的上限。

图 6-7 的圈复杂度是 4，可以写出如下 4 条独立路径：

① 1-5；

② 1-2-3-5；

③ 1-2-4-6-8-1-5；

④ 1-2-4-7-8-1-5。

最后，准备测试用例，确保基本路径集中的每一条路径都能执行。

【案例描述】

使用基本路径法设计出的测试用例能够保证程序的每一条可执行语句在测试过程中至少执行一次。以下代码由 Java 语言书写，请使用白盒测试的基本路径法为其设计测试用例。

```java
import java.util.Scanner;
    public class Test{
    public static void main(String[] args){
            int a,b,c,max,min;
            Scanner input=new Scanner(System.in);
            System.out.println("请输入三个整数:");     //提示输入三个整数
            a=input.nextInt();                        //依次输入 a、b、c 三个变量
            b=input.nextInt();
            c=input.nextInt();
            System.out.println(a+"\t"+b+"\t"+c);
            if(a>b){              //通过分支结构,确定 a、b、c 中的最大值、最小值
                max=a;
                min=b;
            }
            else{
                max=b;
```

```
        min=a;
    }
    if(max<c)
        max=c;
    else if(min>c)
        min=c;
    System.out.println("max="+max+"\nmin="+min);    /*输出最
大值、最小值*/
    }
}
```

【案例分析】

按照白盒测试的基本路径方法，可以分为四个步骤：首先按照源程序绘制控制流图，然后根据绘制的控制流图计算圈复杂度 V(G)，同时得到独立路径，最后根据独立路径设计测试用例。

【案例实现】

第一步：绘制程序流程图和控制流图，如图 6-8 和图 6-9 所示。

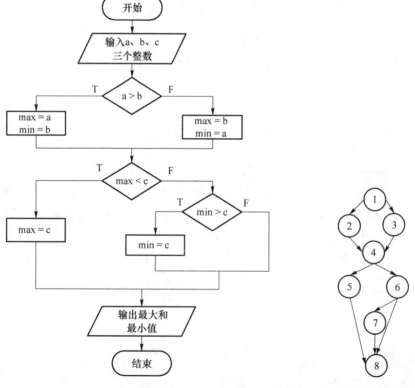

图 6-8　最值案例程序流程图　　　　图 6-9　最值案例程序控制流图

第二步：根据控制流图得出圈复杂度 V(G)（独立线性路径数）。根据之前的预备知识，知道计算圈复杂度 V(G) 有三种方法：

第 1 种方法：V(G)=总区域数=4；

第 2 种方法：V(G)=E-N+2(流图中的边数-节点数+2)=10-8+2=4；

第 3 种方法：V(G)=P+1(流图中判定节点的数量+1)=3+1=4。

第三步：根据圈复杂度 V(G) 即独立路径数找出独立路径。

由于圈复杂度是4，可以写出如下4条独立路径：

① 1-2-4-5-8；

② 1-3-4-5-8；

③ 1-3-4-6-8；

④ 1-3-4-6-7-8。

第四步：根据独立路径，准备测试用例，确保基本路径集中的每一条路径都能执行。则本案例对应的测试用例有4个，见表6-16。

表 6-16　根据独立路径设计最值的测试用例

用例编号	测试步骤	输入数据	期望结果	备注（执行路径）
001	输入三个整数	a=2，b=1，c=3	max=3，min=1	1-2-4-5-8
002	输入三个整数	a=1，b=2，c=3	max=3，min=1	1-3-4-5-8
003	输入三个整数	a=2，b=3，c=1	max=3，min=1	1-3-4-6-8
004	输入三个整数	a=1，b=3，c=2	max=3，min=1	1-3-4-6-7-8

【拓展案例】

使用基本路径法设计出的测试用例能够保证程序的每一条可执行语句在测试过程中至少执行一次。以下代码由 Java 语言书写，请按要求回答问题。

```java
int isLeap(int year)
{
  if (year %4 ==0){          //判断闰年的程序
      if (year %100 ==0){
          if ( year %400 ==0)
              leap=1;        //leap 变量标记,1 为闰年,0 为平年
          else
              leap=0;
          }
      else
          leap=1;
  }
  else
```

```
        leap=0;
    return leap;
}
```

请使用白盒测试的基本路径方法为其设计测试用例。假设输入的取值范围是 1000<year<2001，请使用基本路径测试法为变量 year 设计测试用例，使其满足基本路径覆盖的要求。

【解答】

第一步：绘制源程序的流程图和控制流图，如图 6-10 和图 6-11 所示。

闰年问题

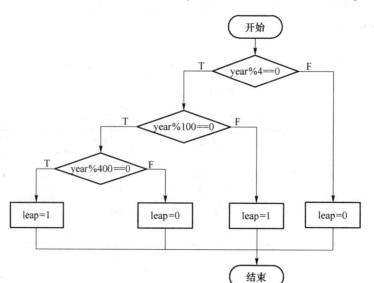

图 6-10　闰年程序的流程图

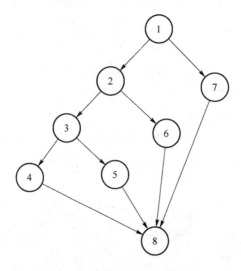

图 6-11　闰年程序的控制流图

第二步：根据控制流图，得出圈复杂度 V（G）=4。

第三步：根据圈复杂度，得到 4 条独立路径：

① 1-2-3-4-8；

② 1-2-3-5-8；

③ 1-2-6-8；

④ 1-7-8。

第四步：根据独立路径，在输入范围内设计 4 个测试用例，见表 6-17。

表 6-17　根据独立路径设计的测试用例

用例编号	输入数据	预期结果	备注（执行路径）
001	year = 2 000	leap = 1	1-2-3-4-8
002	year = 1 900	leap = 0	1-2-3-5-8
003	year = 1 004	leap = 1	1-2-6-8
004	year = 1 001	leap = 0	1-7-8

注意：上述测试用例的输入数据不是唯一的，只要满足相应条件即可。

【拓展学习】

除了前面重点介绍的逻辑覆盖法和基本路径测试法外，白盒测试还包括代码检查法、静态结构分析法和静态质量度量法，这三种方法都属于静态测试的方法。

所谓静态测试（static testing），就是不实际运行被测软件，而只是静态地检查程序代码、界面或文档中可能存在的错误的过程。

一、静态测试的对象

从概念中可以知道，其包括对代码测试、界面测试和文档测试三个方面：

① 代码测试，主要测试代码是否符合相应的标准和规范。

② 界面测试，主要测试软件的实际界面与需求中的说明是否相符。

③ 文档测试，主要测试用户手册和需求说明是否符合用户的实际需求。

其中后两者的测试容易一些，只要测试人员对用户需求很熟悉，并比较细心，就很容易发现界面和文档中的缺陷，而对程序代码的静态测试要复杂得多，需要按照相应的代码规范模板来逐行检查程序代码。

二、静态测试的方法

1. 代码检查法

代码检查是静态测试的主要方法。代码检查主要检查代码和流图设计的一致性，代码结构的合理性，代码编写的标准性、可读性，代码的逻辑表达的正确性等方面。它包括变量检查、命名和类型审查、程序逻辑审查、程序语法检查和程序结构检查等内容。

在进行代码检查前，应准备好需求文档、程序设计文档、程序的源代码清单、代码编码标准、代码缺陷检查表和流程图等。

代码检查的方式有 3 种，下面分别介绍。

（1）桌面检查

桌面检查是程序员对源程序代码进行分析、检验，并补充相关的文档，发现程序中的错误的过程。由于程序员熟悉自己的程序，由程序员自己检查，可以节省很多时间，但要注意避免自己的主观判断。

（2）走查

走查是程序员和测试员组成的审查小组通过逻辑运行程序发现问题。小组成员要提前阅读设计规格书、程序文本等相关文档，利用测试用例，使程序逻辑运行。

走查可分为以下两个步骤：

① 小组负责人把材料发给每个组员，然后由小组成员提出发现的问题。

② 通过记录，小组成员对程序逻辑及功能提出自己的疑问，开会探讨发现的问题和解决方法。

（3）代码审查

代码审查是程序员和测试员组成的审查小组通过阅读、讨论、分析技术对程序进行静态分析的过程。

代码审查可分为以下两个步骤：

① 小组负责人把程序文本、规范、相关要求、流程图及设计说明书发给每个成员。

② 每个成员将所发材料作为审查依据，但是由程序员讲解程序的结构、逻辑和源程序。在此过程中，小组成员可以提出自己的疑问，程序员在讲解自己的程序时，也能发现自己原来没有注意到的问题。

为了提高效率，在审查会议前，小组负责人可以准备一份常见错误清单，提供给参加成员对照检查。

2. 静态结构分析法

静态结构分析是测试者通过使用测试工具分析程序源代码的系统结构、数据结构、数据接口、内部控制逻辑等内部结构，生成函数调用关系图、模块控制流图、内部文件调用关系图等各种图形图表，便于理解，通过分析这些图表（包括控制流分析、数据流分析、接口分析、表达式分析），检查软件是否存在缺陷或错误。

静态结构主要分析以下内容：

① 检查函数的调用关系是否正确。

② 是否存在孤立的函数没有被调用。

③ 明确函数被调用的频繁度，对调用频繁的函数可以重点检查。

3. 静态质量度量法

根据 ISO/IEC 9126 国际标准的定义，软件质量包括以下 6 个方面：

- 功能性（functionality）；
- 可靠性（reliability）；
- 易用性（usability）；
- 效率（efficiency）；
- 可维护性（maintainability）；
- 可移植性（portability）。

根据 IOS 9126 质量模型，可以构造软件的静态质量度量模型，通过量化的数据评估被测程序的质量。

三、白盒测试中测试方法的选择策略

相比黑盒测试，白盒测试更关注代码的逻辑结构，也就需要更高的代码功底。白盒测试技术一般可分为静态测试和动态测试两种技术，在选择的时候可以采用以下的策略：

① 在测试中，首先尽量使用静态结构分析。

② 采用先静态后动态的组合方式，先进行静态结构分析、代码检查和静态质量度量，然后进行覆盖测试。

③ 利用静态结构分析的结果，通过代码检查和动态测试的方法对结果进一步确认，使测试工作更为有效。

④ 覆盖率测试是白盒测试的重点，使用基本路径测试达到语句覆盖标准；对于重点模块，应使用多种覆盖标准衡量代码的覆盖率。

⑤ 不同测试阶段，侧重点不同。

单元测试：以代码检查、逻辑覆盖为主。

集成测试：增加静态结构分析、静态质量度量。

【案例小结】

白盒测试的方法很多，其中应用最为广泛的是基本路径测试法。

基本路径测试法是在程序控制流图的基础上，通过分析控制流图的圈复杂度，导出基本可执行路径集合，从而设计测试用例的方法。此种方法是在测试人员已经对被测试对象有了一定的了解，基本明确了被测试软件的逻辑结构的基础上完成的。

独立路径：该路径在控制流图中至少存在一条其他路径中未出现的边。

独立路径覆盖：测试执行过的独立路径数/独立路径数×100%。

练习与实训

一、选择题

1. 针对下列程序段，需要（　　　）个测试用例才可以满足语句覆盖的要求。

```
switch ( value )
{
    case 0:other = 30;break;
    case 1:other = 50;break;
    case 2:other = 300;
    case 3:other = other/value;break;
    default:other = other * value;
}
```

A. 2 　　　　　　　　B. 3 　　　　　　　　C. 4 　　　　　　　　D. 5

2. 不属于白盒测试技术的是（　　　）。

A. 语句覆盖　　　　B. 判定覆盖　　　　　　C. 等价类划分　　　　　D. 基本路径测试

3. 在用白盒测试法设计测试用例时，在下列覆盖中，（　　　）是最强的覆盖准则。

A. 语句覆盖　　　　　　　　　　　　B. 条件覆盖

C. 判定/条件覆盖　　　　　　　　　　D. 路径覆盖

4. 在用白盒测试中的逻辑覆盖法设计测试用例时，其中（　　　）是最弱的覆盖准则。

A. 语句覆盖　　　　　　　　　　　　B. 条件覆盖

C. 判定/条件覆盖　　　　　　　　　　D. 路径覆盖

5. 典型的白盒测试方法包括静态测试和动态测试。其中，静态测试包括（　　　）。

A. 静态结构分析法、静态质量度量法、代码检查法

B. 静态结构分析法、静态质量度量法、逻辑覆盖法

C. 静态结构分析法、静态质量度量法、基本路径测试法

D. 静态结构分析法、静态质量度量法、结构覆盖法

6. 下列关于逻辑覆盖的叙述中，不正确的是（　　　）。

A. 达到 100% DC 要求就一定能够满足 100% SC 的要求

B. 达到 100% CC 要求就一定能够满足 100% SC 的要求

C. 达到 100% CDC 要求就一定能够满足 100% SC 的要求

D. 达到 100% MCDC 要求就一定能够满足 100% SC 的要求

7. 如果一个判定中的复合条件表达式为（A>1）or（B≤3），则为了达到 100% 的条件覆盖率，至少需要设计（　　　）个测试用例。

A. 1　　　　　　　　B. 2　　　　　　　　C. 3　　　　　　　　D. 4

8. 图 6-12 所示程序控制流图中有（　　　）条线性基本路径。

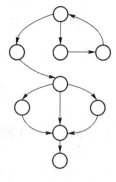

图 6-12　习题中的控制流图 1

A. 2　　　　　　　　B. 4　　　　　　　　C. 9　　　　　　　　D. 11

9. 以下属于静态测试方法的是（　　　）

A. 代码审查　　　　B. 判定覆盖　　　　　　C. 路径覆盖　　　　　　D. 语句覆盖

10. 白盒测试不能发现（　　　）。

A. 代码路径中的错误　　　　　　　　B. 死循环

C. 逻辑错误　　　　　　　　　　　　D. 功能错误

二、填空题

1. _____是在程序控制流图的基础上，通过分析控制流图的圈复杂度，导出基本可执行路径集合，从而设计测试用例的方法。

2. 判断一个测试是动态测试还是静态测试，唯一的标准就是_____。

3. 假定在程序流程控制图中有 14 条边、10 个节点，则控制流图的环路复杂度 V（G）是_____。

4. 对于逻辑表达式（（a&&b）‖c），需要_____个测试用例才能完成条件组合覆盖。

5. 图 6-13 所示控制流图的圈复杂度是_____。

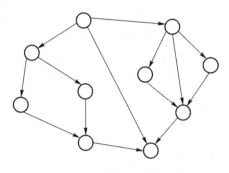

图 6-13　习题中的控制流图 2

三、简答题

1. 简要描述各种逻辑覆盖方法的基本思想。

2. 基本路径测试法设计测试用例的基本步骤是怎样的？

3. 白盒测试的分类是怎样的？

4. 白盒测试、黑盒测试、动态测试、静态测试之间的关系是怎样的？

四、分析设计题

1. 有如下的 Java 语言代码：

```java
import java.util.Scanner;
public class MaxMin {
    public static void main(String[] args) {
        int a,b,c,max,min;
        Scanner input =new Scanner(System.in);
        System.out.println("请输入三个数:");
        a =input.nextInt();
        b =input.nextInt();
        c =input.nextInt();
        if( a>b ){                          /*判断 1 */
            max=a;
            min=b;
```

```
        }
        else{
            max=b;
            min=a;
        }
        if( max<c )                    /*判断2*/
            max=c;
        else if( min>c )               /*判断3*/
            min=c;
        System.out.println("最大值为:"+max+" \t 最小值为:"+min);
    }
}
```

为了用判定覆盖方法测试该程序，需要设计测试用例，使其能对该程序中的每个判断语句的各种分支情况全部进行测试。

（1）绘制该程序的流程图和控制流图。

（2）请在表6-18中分别写出程序中各个判断语句的执行结果（以T表示真，以F表示假）：

表6-18　判定结果

输入数据	判断语句1	判断语句2	判断语句3
a=3，b=5，c=7			
a=4，b=6，c=5			

（3）上述两组测试数据能否实现该程序的判定覆盖？如果能，请说明理由。如果不能，请再增设一组输入数据，使其能实现判定覆盖。

（4）根据问题（1）绘制的控制流图得出圈复杂度V(G)，导出独立路径。根据圈复杂度和程序结构设计获得独立路径。

（5）根据问题（4）的独立路径设计测试用例。

2. 请分析并写出图6-14所示控制流图的独立路径。

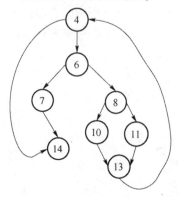

图6-14　控制流图

3. 阅读下列 Java 程序，回答问题（1）~（3）。

```java
int getMaxDay( int year, int month){
  int maxday=0;                                  //1
  if( month>=1&&month<=12){                       //2,3
    if(month==2){                                 //4
      if(year%4==0){                              //5
        if(year%100==0){                          //6
          if(year%400==0)                         //7
            maxday=29;                            //8
          else                                    //9
            maxday=28;
        }
        else                                      //10
          maxday=29;
      }
      else                                        //11
        maxday=28;
    }
    else{                                         //12
      if (month=4 || month=6 || month=9 || month=11)  //13,14,15,16
        maxday=30;                                //17
      else                                        //18
        maxday=31;
    }
  return maxday;                                  //19
  }
}
```

（1）请针对上述 C 程序给出满足 100%DC（判定覆盖）所需的逻辑条件。

（2）请画出上述程序的控制流图，并计算其环路复杂度 V(G)。

（3）请给出问题（2）中控制流图的独立路径。

4. 请根据以下需求绘制程序流程图，并设计测试用例实现判定覆盖。其中，用户名为 username，密码为 password。

（1）如果用户名或密码为空，输出"用户名或密码不能为空"。

（2）如果用户名为 admin，密码为 123456，输出"登录成功"。

（3）如果用户名不正确，输出"请输入正确的用户名"。

（4）如果密码不正确，输出"请输入正确的密码"。

（5）如果用户名和密码均不正确，输出"请输入正确的用户名和密码"。

工作任务 7

黑 盒 测 试

【学习导航】

1. 知识目标

- 掌握黑盒测试的概念
- 掌握黑盒测试的常用方法（等价类划分、边界值、因果图、判定表、场景法）
- 掌握各类方法的适用场合

2. 技能目标

- 能够灵活地选择黑盒测试的各种方法
- 会使用 Visio 软件绘制因果图
- 能够运用黑盒测试技术设计测试用例

【任务情境】

小李学习了白盒测试的概念和方法后，对程序的测试已经有所了解，但是对于整个系统如何测试还是非常迷茫，不知从何下手。他通过查看网上资料，了解到黑盒测试一般用于集成测试、系统测试中，测试人员无须查看源代码，主要对系统的功能进行测试。通过这个任务的学习，就可以开展黑盒测试工作了。小李已经迫不及待了，快跟上他一起学习吧！

【任务实施】

案例 1　使用等价类方法设计某管理系统注册界面的测试用例

【预备知识】

黑盒测试又叫功能测试，它是将程序看作一个不能打开的黑盒子，在完全不考虑程序内部结构和内部特性的情况下，检查程序功能是否符合需求规格说明书的要求，程序能否恰当地接收输入数据而产生正确的输出信息，如图 7-1 所示。黑盒测试着眼于程序外部结构，不考虑内部逻辑结构，主要针对软件界面和软件功能进行测试。

等价类划分法

如果要对一个闰年的查询工具进行黑盒测试，如图 7-2 所示，而它给出的范围是 $-2\,147\,483\,647 \sim 2\,147\,483\,647$，应该如何进行测试呢？是不是要将在此之间的所有值均测试一遍呢？是否要考虑比较特殊的数据，比如输入一个非数字的值，如 a、b、c 等？

使用等价类划分方法即可解决这一问题。等价类划分是一种典型的、常用的黑盒测试方法。等价类是指某个输入域的子集，如可以将上述年份按图 7-3 所示划分。

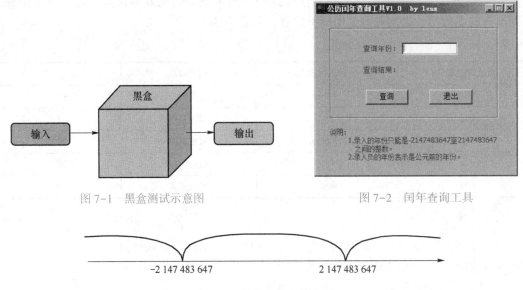

图 7-1　黑盒测试示意图　　　　　　　　　图 7-2　闰年查询工具

图 7-3　等价类划分示意图

使用这一方法时，将所有的输入数据划分成若干子集，然后从每一个子集中选取少数具有代表性的数据作为测试用例。这时不难看出，会有两类数据，一类是由合理的、有意义的输入数据构成的集合。利用它，可以检验程序是否实现了规格说明书预先规定的功能和性能，称为有效等价类；另一类是由不合理的、无意义的输入数据构成的集合，称为无效等价类。

在实际工作中，通常在确定等价类后，将所有等价类整理成等价类表，作为后期设计测试用例的重要依据，见表 7-1。

表 7-1　闰年查询工具的等价类表

序号	输入条件	有效等价类	编号	无效等价类	编号
1	年份	介于 - 2 147 483 647 ~ 2 147 483 647 的整数	1	小于 -2 147 483 647 的整数	2
				大于 2 147 483 647 的整数	3
				非整数	4
				空值	5

使用等价类方法设计测试用例的一般步骤如下：

① 划分等价类，形成等价类表，为每一个等价类规定唯一的编号。

② 设计一个新的测试用例，使它尽可能多地覆盖尚未覆盖的有效等价类。重复这个步骤，直到所有的有效等价类均被测试用例所覆盖，见表 7-2。

表 7-2　闰年查询工具的测试用例（1）

测试用例编号	输入数据	预期输出	覆盖的等价类
001	2014	非闰年	1

③ 设计一个新的测试用例，使它仅覆盖一个尚未覆盖的无效等价类。重复这一步骤，直到所有的无效等价类均被测试用例所覆盖，见表7-3。

表7-3　闰年查询工具的测试用例（2）

测试用例编号	输入数据	预期输出	覆盖的等价类
001	2014	闰年	1
002	-2 147 483 649	超出范围	2
003	2 147 483 649	超出范围	3
004	1.5	错误信息	4
005	（空值）	提示录入	5

④ 细分等价类。

由于在测试年份-2 147 483 647~2 147 483 647时会出现以下几种情况：

- 能被4整除，但不能被100整除；
- 能被4和100整除，但不能被400整除；
- 能被4和100整除，也能被400整除（能被400整除的数，如1 600）；
- 不能被4整除（如34）。

因此需要细分有效等价类。同理，无效等价类中的"非整数"也需要细分。根据以上的分析，重新修正等价类表，见表7-4。

表7-4　修正后的闰年查询工具的等价类表

序号	输入条件	有效等价类	编号	无效等价类	编号
1	年份	被4整除，但不能被100整除	1	小于-2 147 483 647的整数	5
		能被4和100整除，但不能被400整除	2	大于2 147 483 647的整数	6
		能被4和100整除，也能被400整除	3	小数	7
		不能被4整除	4	字符	8
				特殊字符	9
				空值	10

然后修正测试用例的表，见表7-5。

表7-5　修正后的闰年查询工具的测试用例表

测试用例编号	输入数据	预期输出	覆盖的等价类
001	1996	闰年	1
002	200	非闰年	2
003	400	闰年	3

测试用例编号	输入数据	预期输出	覆盖的等价类
004	1998	非闰年	4
005	−2 147 483 649	超出范围	5
006	2 147 483 649	超出范围	6
007	1.5	错误信息	7
008	abc	错误信息	8
009	（空格）	错误信息	9
010	（空值）	提示录入	10

那么等价类划分的原则有哪些呢？

1. 按照区间划分

在输入条件规定了取值范围或值的个数的情况下，可以确定一个有效等价类和两个无效等价类。例如，程序输入条件为小于 100 但大于 10 的整数 x，则有效等价类为 10<x<100，两个无效等价类分别为 x≤10 和 x≥100。

2. 按照数值划分

在规定了一组输入数据（假设包括 n 个输入值），并且程序要对每一个输入值分别进行处理的情况下，可确定 n 个有效等价类（每个值确定一个有效等价类）和 1 个无效等价类（所有不允许的输入值的集合）。例如，程序输入的 x 从一个固定的枚举类型 {1，3，7，15} 中取值，且程序中对这 4 个数值分别进行了处理，则有效等价类为 x = 1、x = 3、x = 7、x = 15，无效等价类为 x≠1、3、7、15 的值的集合。

3. 按照数值集合划分

在输入条件规定了输入值的集合或规定了"必须如何"的条件下，可以确定一个有效等价类和一个无效等价类（该集合有效值之外）。例如，程序输入条件为取值为奇数的整数 x，则有效等价类为 x 的值为奇数的整数，无效等价类为 x 的值不为奇数的整数。

4. 按照限制条件或规则划分

在规定了输入数据必须遵守的规则或限制条件的情况下，可确定一个有效等价类（符合规则）和若干个无效等价类（从不同角度违反规则）。例如，程序输入条件为以字符 a 开头、长度为 8 的字符串，并且字符串不包含 a~z 之外的其他字符，则有效等价类为满足上述所有条件的字符串，无效等价类为不以 a 开头的字符串、长度不为 8 的字符串和包含了 a~z 之外其他字符的字符串。

【案例描述】

在各种输入条件下，测试程序的注册界面的功能，如图 7-4 所示。

其中账号的规则如下：

① 账号长度为 4~10 位（含 4 位和 10 位）；

② 账号由字符（a~z、A~Z）和数字（0~9）组成；

③ 不能为空、空格和特殊字符。

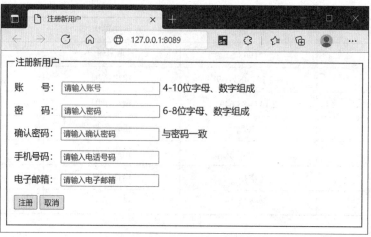

图 7-4　某信息系统的注册界面

密码的规则如下：

① 密码长度为6~8位（含6位和8位）；

② 密码由字符（a~z、A~Z）和数字（0~9）组成；

③ 不能为空、空格和特殊字符。

【案例分析】

注册功能是系统中的常见功能之一，设计等价类的时候，可以从长度、非法字符、类型、空值等方面进行考虑，这里以账号、密码和确认密码为例，将三个条件作为独立的输入条件进行探讨（这里假定这三项为注册时候的必填项）。

【案例实现】

① 划分等价类，见表7-6。

表 7-6　某信息系统注册界面的等价类表

序号	输入条件	有效等价类	编号	无效等价类	编号
1	账号	正确的账号	1	长度小于4	4
				长度大于10	5
				包含非法字符	6
				账号为空	7
				账号已经存在	8
2	密码	正确的密码	2	长度小于6	9
				长度大于8	10
				包含非法字符	11
				密码为空	12
3	确认密码	与密码一致	3	与密码不一致	13

② 设计有效等价类的测试用例，见表7-7和表7-8。

表7-7 某信息系统注册界面的有效等价类的测试用例

用例编号	输入数据			预期输出	覆盖等价类
	账号	密码	确认密码		
001	Judy	123456	123456	成功注册	1, 2, 3

表7-8 某信息系统注册界面的完整的测试用例

用例编号	输入数据			预期输出	覆盖等价类
	账号	密码	确认密码		
001	Mary	123456	123456	成功注册	1, 2, 3
002	Leo	123456	123456	账号长度太短	2, 3, 4
003	Cinderella1	123456	123456	账号长度太长	2, 3, 5
004	Mary#	123456	123456	账号包含非法字符	2, 3, 6
005	（未输入）	123456	123456	账号不能为空	2, 3, 7
006	Melody（已经存在的账号）	123456	123456	账号已经存在	2, 3, 8
007	Cinderella	12345	12345	密码长度太短	1, 3, 9
008	Cinderella	123456789	123456789	密码长度太长	1, 3, 10
009	Cinderella	12345&	12345&	账号包含非法字符	1, 3, 11
010	Cinderella	（未输入）	（未输入）	密码不能为空	1, 3, 12
011	Cinderella	123456	12345	密码与确认密码不一致	1, 2, 13

【拓展案例】

请根据下面的手机号码和电子邮箱的规则，补充上述案例的测试用例。

手机号码：中国地区手机号长度 11 位，以 13/14/15/17/18/19 开头；电子邮箱：需要包括 "@" 和 "."，邮箱的长度为 6~30。

【思政园地】

"海尔"，一个家喻户晓的品牌，一个连续 12 年能够稳居欧睿国际世界家第一的品牌，其子公司"海尔智家"更是在《财富》杂志上位列世界 500 强，也是《财富》杂志最看好的公司之一。这些都离不开海尔集团首席执行官张瑞敏对企业的质量管理创新，他曾说过一句话："把每一件简单的事情做好，就是不简单；把每一件平凡的事情做好，就是不平凡。"2002 年 10 月 22 日，以张瑞敏砸冰箱为题材的电影《首席执行官》公映。在片中，著名导演吴天明原封不动地引用了张瑞敏的质量宣言："有缺陷的产品就是废品。把这些废品都砸了，只有砸得心里流血，才能长点记性。今天不砸了这些冰箱，将来人家就会来砸咱们的工厂。"结果，一柄大锤，伴随着那阵阵巨响，真正砸醒了海尔人的质量意识。

诚然，测试用例的撰写并不很难，但是略有些枯燥，但只有提高认识、练好内功、关注细节，设计并撰写好测试用例，才能确保软件产品的质量。

【案例小结】

等价类的划分既要考虑有效等价类，也要考虑无效等价类。有效等价类可以验证需求规格说明书中预先规定的功能，而无效等价类可以验证不满足的功能。

等价类的划分是一个逐步优化和细化的过程，合理的划分可以免去遗漏软件缺陷的风险。

案例 2　使用边界值方法设计网上银行系统的测试用例

【预备知识】

长期的测试工作经验表明，"错误隐藏在角落里，问题聚焦在边界上"。如下面的代码：

边界值分析法

```java
public static void main(String[] args) {
    int[] data = new int[10];
    int i;
    for(i=1;i<=10;i++){
        data[i]=-1;
    }
    for (i=1;1<=10;i++){
        System.out.print(data[i]);
    }
}
```

这段代码首先定义了一个长度为 10 的整型数组，而后为数组进行了初值的赋值，最后打印出数组中的各个元素。

运行后如图 7-5 所示。

图 7-5　数组输出未成功

为什么最后程序没有得到期望的输出，而是报错了呢？这是由于数组的编号是从 0 开始的，一方面，data[0] 这个元素没有赋到初值；另一方面，最后一个元素也不是data[10]，这个元素输出的时候会引发缓冲区溢出的问题。

使用边界值分析法就可以避免这样的问题，它是一种对输入或输出的边界值进行测试的测试方法。这种测试用例设计方法既可以用于黑盒测试，也可以用于白盒测试。边界值分析法通常作为对等价类划分法的补充，这种情况下，其测试用例来自等价类的边界。

那么如何确定边界值呢？边界值选取的基本思想是在最小值（min）、略高于最小值（min+）、正常值（nom）、略低于最大值（max-）和最大值（max）等处取值，而不是选取等价类中的典型值或任意值作为测试数据。

例如，若 X（如学生成绩）的输入范围是 0～100 之间的整数，那么，依据边界值设计的测试用例可以为 0，1，50，99，100。

回到前面案例中的"公历闰年查询工具"中，要求输入的值是介于-2 147 483 647 和 2 147 483 647 之间的整数，当然，可以选择 2000 年这样的整数进行测试，但是为了更好地发现缺陷，也可以选择-2 147 483 647、-2 147 483 646、2 147 483 646 和 2 147 483 647 作为用例进行边界测试。

常见的边界值有：

- 对 16 bit 的整数而言，32 767 和-32 768 是边界；
- 屏幕上光标在最左上、最右下位置；
- 报表的第一行和最后一行；
- 数组元素的第一个和最后一个；
- 循环的第 0 次、第 1 次和倒数第 2 次、最后一次。

基于边界值分析方法选择测试用例的原则有：

① 如果输入条件规定了值的范围，则应取刚达到这个范围的边界的值，以及刚刚超越这个范围的边界的值作为测试输入数据。

例如，如果程序的规格说明中规定："质量在 5～50 kg 范围内的包裹，其邮费的计算公式为……"，作为测试用例，应采取 5 及 50，还应取 5.01、49.99、4.99、50.01 等。

② 如果输入条件规定了值的个数，则用最大个数、最小个数、比最小个数少 1，比最大个数多 1 的数作为测试数据。

例如，一个输入文件应包括 1～255 个记录，则测试用例可取 1 和 255，还应取 0、256 等。

③ 将规则①和②应用于输出条件，即设计测试用例使输出值达到边界值及其左右的值。

例如，某程序的规格说明要求计算出"每月保险金扣除额为 0～1 165.25 元"，可取 0.00、0.01、1 165.24、1 165.26 等。

④ 如果程序的规格说明给出的输入域或输出域是有序集合，则应选取集合的第一个元素和最后一个元素作为测试用例。

⑤ 如果程序中使用了一个内部数据结构，则应当选择这个内部数据结构的边界上的值作为测试用例。

⑥ 分析规格说明，找出其他可能的边界条件。

【案例描述】

某网上银行的登录界面如图 7-6 所示，登录名是卡号或者手机号，请为其设计测试用例。

【案例分析】

由于卡号和手机号都是纯数字的，这里隐含了一个次边界条件——ASCII 字符表，见表 7-9。

图 7-6　个人网银登录界面

表7-9 ASCII字符表

字符	ASCII 值	字符	ASCII 值
Null	0	B	66
Space	32	Y	89
/	47	Z	90
0	48	[	91
1	49	'	96
2	50	a	97
9	57	b	98
:	58	y	121
@	64	z	122
A	65	{	123

在表中，数字0~9的ASCII值是48~57，斜杠字符（/）在数字0的前面，而冒号（:）在数字9的后面。

【案例实现】

如果程序对用户输入的账号是根据字符的ASCII码进行处理的，此时测试人员就要根据临界值47、48、57、58进行测试，以确定程序员没有写错条件。

【拓展案例】

如果在某信息系统中，假设用户名只能输入A~Z、a~z的字符，请参考表7-9，给出用边界值法检查用户名字符合法性的关键测试数据。

【解答】

大写字母A~Z对应的ASCII值是65~90，小写字母a~z对应的ASCII值是97~122，这些都是次边界条件。应该再根据这些字符的前后的值@、[、'、{来设计用例。

【案例小结】

边界值具有简便易行、生成用例成本低的特点。这种测试用例设计方法既可以用于黑盒测试，也可以用于白盒测试。通常边界值分析法是作为对等价类划分法的补充，这种情况下，其测试用例来自等价类的边界。

案例3 使用判定表法设计文件修改问题的测试用例

【预备知识】

一、判定表的构成

判定表法

在一些问题处理中，某些结果的出现依赖于多个逻辑条件的组合，判定表法是分析和表达多逻辑条件下执行不同操作的情况的有效工具。这里通过一个简单的案例来认识和判定表的构成。如果问题项为真，就表示存在这样的情况。比如问题"觉得疲倦?"是 1，表示本人目前的状态确实是"疲倦"。请根据情况在相应的列中填入"√"。请先填写表 7-10。

表 7-10　阅读指南表

选项		规 则							
		1	2	3	4	5	6	7	8
问题	觉得疲倦?	1	1	1	1	0	0	0	0
	感兴趣吗?	1	1	0	0	1	1	0	0
	糊涂吗?	1	0	1	0	1	0	1	0
建议	重读								
	继续								
	跳下一章								
	休息								

不难发现，很多人都会如表 7-11 所示填写。

表 7-11　填完后的阅读指南表

选项		规 则							
		1	2	3	4	5	6	7	8
问题	觉得疲倦?	1	1	1	1	0	0	0	0
	感兴趣吗?	1	1	0	0	1	1	0	0
	糊涂吗?	1	0	1	0	1	0	1	0
建议	重读					√			
	继续						√		
	跳下一章							√	√
	休息	√	√	√	√				

由这个简单的例子可知，判定表通常由四个部分组成，见表 7-12。

表 7-12　判定表构成示意表

条件桩	条　件	规	项
动作桩	动　作	则	项

1. 条件桩（Condition Stub）

列出了问题的所有条件。除了某些问题对条件的先后次序有特定要求外，通常条件的顺序是无关紧要的，可以任意调换。上面的案例中的条件桩就是罗列的三个问题，如"觉得疲倦?"。

2. 动作桩（Action Stub）

列出了问题可能采取的动作，这些动作的排列顺序一般也没有具体的要求。上面的案例中的动作桩就是针对三个问题罗列的四个建议，如"重读"。

3. 条件项（Condition Entry）

针对条件桩给出的条件列出所有可能的取值。如果有三个条件，就会有 2^3 种取值的组合。可以按照相关的顺序依次进行罗列，如 "111" "110" "101" 等，直至 "000"。

4. 动作项（Action Entry）

和条件项紧密相关，列出在条件项的各种取值情况下应该采取的相应动作。

判定表中贯穿条件项和动作项的一列就是一条规则。如在表 7-11 中的第 1 列（以灰底列为第 1 列）就是一条规则，它表示如果觉得疲倦、感兴趣和糊涂，就会采取休息的动作。这张表中总共有 8 条规则。

二、判定表的化简

观察表 7-11 中的第 1 列和第 2 列，有没有发现不论条件 3 的取值是什么，动作都是休息。也就是说，如果表中两条或多条规则具有相同的动作，就可以考虑将判定表进行化简，也即将规则进行合并。化简后的判定表见表 7-13。

表 7-13 化简后的判定表

选 项		规 则
		1
问题	觉得疲倦？	1
	感兴趣吗？	1
	糊涂吗？	—
建议	重读	
	继续	
	跳下一章	
	休息	√

同样道理，也可以将 3、4 两列，7、8 两列依次进行化简，并重新编制规则的序号。化简后的判定表见表 7-14。

表 7-14 最终完成化简的判定表

选 项		规 则			
		1	2	3	4
问题	觉得疲倦？	1	0	0	0
	感兴趣吗？	-	1	1	0
	糊涂吗？	-	1	0	-
建议	重读		√		
	继续			√	
	跳下一章				√
	休息	√			

三、判定表建立的步骤

接下来，通过一个具体的案例来了解判定表的具体实施步骤。

比如，打印机能否打印出正确的内容，有多个影响因素，包括驱动程序、纸张、墨粉等。为了简化问题，这里不考虑中途断电、卡纸等因素的影响。

1）列出所有的条件和动作。

条件桩：

① 驱动程序是否正确？

② 是否有纸张？

③ 是否有墨粉？

动作桩：这里动作桩主要有两种，即打印正确内容和各类错误提示，并且假定：优先警告没有纸张，然后警告没有墨粉，最后警告驱动程序不对。

① 打印内容。

② 提示没有纸张。

③ 提示没有墨粉。

④ 提示驱动程序不对。

2）确定规则的个数。假如有 n 个条件，每个条件有两个取值（0，1），故有 2^n 种规则。本案例中条件共有 3 个，规则的个数为 $2^3 = 8$。

3）填入条件项。

4）填入动作项。填完后形成的判定表见表 7-15。

表 7-15　打印机问题的判定表

选　项		规　则							
		1	2	3	4	5	6	7	8
条件	驱动程序是否正确？	1	1	1	1	0	0	0	0
	是否有纸张？	1	1	0	0	1	1	0	0
	是否有墨粉？	1	0	1	0	1	0	1	0
动作	打印内容	√							
	提示没有纸张			√	√			√	√
	提示没有墨粉		√				√		
	提示驱动程序不对					√			

5）化简判定表。化简后的判定表见表 7-16。

表 7-16　打印机问题化简后的判定表

选　项		规　则			
		1	2	3	4
条件	驱动程序是否正确？	1	1	0	—
	是否有纸张？	1	1	1	0
	是否有墨粉？	1	0	1	—
动作	打印内容	√			
	提示没有纸张				√
	提示没有墨粉		√		
	提示驱动程序不对			√	

【案例描述】

软件的需求规格说明为：

文件名的第一个字符必须是 A 或 B，第二个字符必须是数字。如满足上述条件，则修改文件。若第一个字符不为 A 或 B，输出错误信息 X；若第二个字符不为数字，则输出错误信息 Y。

【案例分析】

上例中，针对不同逻辑条件的组合，会产生不同的操作，适合用判定表来设计测试用例。可以按照判定表的步骤，分析并列出所有的条件和动作，并填入条件项和动作项，而后对判定表进行化简，最后设计出测试用例。

【案例实现】

① 分析软件规格需求，列出所有的条件和动作。

本案例中的条件总共为 3 个，分别是：第一个字符是 A，第二个字符是 B，第三个字符是数字。动作也有三种：修改文件、输出错误信息 X、输出错误信息 Y。

② 确定规则的个数。本案例中规则的个数为 $2^3 = 8$。

③ 填入条件项后，判定表见表 7-17。

表 7-17 文件修改问题的判定表 1

选 项		规 则							
		1	2	3	4	5	6	7	8
条件	第一个字符是 A	1	1	1	1	0	0	0	0
	第一个字符是 B	1	1	0	0	1	1	0	0
	第二个字符是数字	1	0	1	0	1	0	1	0
动作	修改文件								
	输出错误信息 X								
	输出错误信息 Y								

④ 填入动作项。动作项的填入需要分析软件的需求后仔细填写。比如，第一列第一个字符既是 A 又是 B，显然不可能具备，这时要在动作中增加一行"不可能"。再比如，第三列，条件"101"表明第一个字符是 A 并且第二个字符是数字，这时对应的动作就应该是"修改文件"。其他的动作项也依此类推填入表中，填完之后的表格见表 7-18。

表 7-18 文件修改问题的判定表 2

选 项		规 则							
		1	2	3	4	5	6	7	8
条件	第一个字符是 A	1	1	1	1	0	0	0	0
	第一个字符是 B	1	1	0	0	1	1	0	0
	第二个字符是数字	1	0	1	0	1	0	1	0
动作	修改文件			√		√			
	输出错误信息 X							√	√
	输出错误信息 Y				√		√		√
	不可能	√	√						

⑤ 化简判定表，合并相似规则或者相同动作。比如表 7-18 中的第一、二两列，动作是一样的，这时就可以检查下导致此动作的条件中是否有相似之处，不难发现不管条件三的取值如何，都不影响这个动作的发生，因此可以进行化简。同样道理，检查其他各列是否有相

同的情况，最后化简完成的判定表见表 7-19。

表 7-19　文件修改问题化简后的判定表

选　项		规　则						
		1	2	3	4	5	6	7
条件	第一个字符是 A	1	1	1	0	0	0	0
	第一个字符是 B	1	0	0	1	1	0	0
	第二个字符是数字	—	1	0	1	0	1	0
动作	修改文件		√		√			
	输出错误信息 X						√	√
	输出错误信息 Y			√		√		√
	不可能	√						

⑥ 根据判定表设计测试用例。

由于表 7-19 第一列的情况不可能发生，因此总共可以设计六条用例，分别见表 7-20。

表 7-20　文件修改问题的测试用例

测试用例编号	输入数据	预期结果	测试用例编号	输入数据	预期结果
1	A1	修改文件	4	Bq	输出信息 Y
2	Aq	输出信息 Y	5	28	输出信息 X
3	B8	修改文件	6	wr	输出信息 X，输出信息 Y

【拓展案例】

维修机器的问题描述为："对于功率大于 50 马力（1 马力 = 0.735 kW）的机器，并且维修记录不全或已经运行 10 年以上的机器，应给予优先的维修处理。"请使用判定表法设计相关的测试用例。

【案例小结】

使用判定法能够将复杂的问题按照各种可能的情况全部列举出来，简明并避免遗漏。因此，利用判定表能够设计出完整的测试用例集合。在一些数据处理问题中，某些操作的实施依赖于多个逻辑条件的组合，即，针对不同逻辑条件的组合值，分别执行不同的操作。判定表很适合处理这类问题。

案例 4　使用因果图法设计自动售货机软件的测试用例

【预备知识】

一、因果图法

因果图法是一种根据输入条件的组合、约束关系和输出条件的因果关系设计测试用例的方法，它适合于检查程序输入条件涉及的各种组合情况，一般和判定表结合使用。因果图使用图示的方法清晰地表述了原因和结果之间的逻辑

因果图法 1

关系，以及原因之间的约束关系。例如，案例 3 中的文件修改问题的因果图如图 7-7 所示。

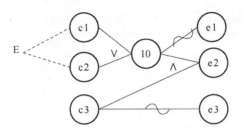

图 7-7　文件修改问题的因果图

一般因果图中常用的符号见表 7-21。

表 7-21　因果图中使用的常见符号

编号	符号	备注
1	○	原因或者结果，原因用 c 表示，结果用 e 表示
2	——————	连接原因和结果
3	----------------------	连接原因与约束或者结果与约束
4	V	表示原因之间的逻辑关系"或"
5	∧	表示原因之间的逻辑关系"与"
6	~	表示逻辑关系"非"

原因和结果一般会有四种关系，具体如下所示。

1. 恒等

如果原因为 True，必定导致结果为 True；反之，如果原因为 False，必定导致结果为 False。如图 7-8 所示。

2. 非

如果原因为 True，导致结果为 False；反之，如果原因为 False，导致结果为 True。如图 7-9 所示。

图 7-8　恒等关系　　　　　图 7-9　非关系

3. 或

如果某个原因为 True，导致结果为 True；如果所有的原因为 False。导致结果为 False。如图 7-10 所示。

4. 与

如果某个原因为 False，导致结果为 False；如果所有的原因为 True，导致结果为 True。如图 7-11 所示。

因果图法 2

在实际问题中，原因之间或者结果之间可能会存在某些依赖关系，这个称为"约束"。主要有下面五种，其中（1）～（4）是输入条件的约束，（5）是输出条件的约束。

1）E 约束（Exclusive or）。表示两个或两个以上原因不会同时成立，两个中最多有一个可能成立，如图 7-12 所示。

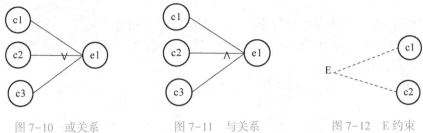

图 7-10　或关系　　　　　图 7-11　与关系　　　　　图 7-12　E 约束

例如，登录百度账号的时候，除了用传统的账号和密码外，还可以使用 QQ、新浪微博等方式。如果将后三种登录方式作为原因的话，它们之间就存在着 E 约束。登录不能同时使用短信、QQ 和新浪微博，但可能既不使用短信，也不使用 QQ，也不使用新浪微博，而是使用了账号和密码的方式，如图 7-13 所示。

2）I 约束（In）。表示多个原因中至少有一个必须成立，如图 7-14 所示。

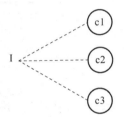

图 7-13　百度账号的登录　　　　　图 7-14　I 约束

例如，在一份大学生网购调查问卷中（http://www.wenjuan.com/lib_detail_full/51dfd6899b9fbe6fc37051ea），有如图 7-15 所示的选项，询问大家一般在哪些网站购物。

这里可以同时选择多个选项，但是不能一个都不选。

3）O 约束（Only）。两个或者两个以上的原因中必须有一个，且仅有一个成立，如图 7-16 所示。

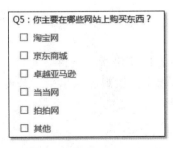

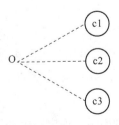

图 7-15　网购调查问卷中的 I 约束　　　　图 7-16　O 约束

例如，人的性别不是男，就是女，不会存在既不是男也不是女的人。

4）R 约束（Request）。原因 c1 出现时，原因 c2 也必须出现；c1 不出现时，c2 不可能出现，如图 7-17 所示。

例如，填写 QQ 注册表单的过程中，需要选择省份和相应的地区，这时选定某个省份（如北京）后，地区后面会出现其对应的地区名称，如图 7-18 所示。这里的省份和地区这两个原因中就存在着 R 约束。

5）M 约束。结果 e1 为 1，则结果 e2 必为 0；当 e1 为 0 时，e2 的值不确定。如图 7-19 所示。

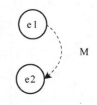

图 7-17　R 约束　　　　　　　　图 7-18　R 约束范例　　　　　　　图 7-19　M 约束

二、因果图法的基本步骤

采用因果图法设计测试用例的步骤：

① 分析软件规格说明描述中，哪些是原因（即输入条件或输入条件的等价类），哪些是结果（即输出条件），并给每个原因和结果赋予一个标识符。

② 分析软件规格说明中的语义，找出原因与结果之间对应的关系，并根据这些关系画出因果图。

③ 由于语法或环境限制，有些原因与原因之间、原因与结果之间的组合情况不可能出现，为表明这些特殊情况，在因果图上用一些记号表明约束或限制条件。

④ 将因果图转换为判定表。

⑤ 将判定表中的每一列取出来作为依据，设计测试用例。

【案例描述】

设计一款处理单价为 1 元 5 角的盒装饮料的自动售货机软件。若投入 1 元 5 角硬币，按下"可乐""雪碧"等按钮，相应的饮料就送出来。若投入的是 2 元硬币，在送出饮料的同时，退还 5 角硬币。

因果图法 3

【案例分析】

1）分析案例说明，列出原因和结果。

根据需求，可以分析出，自动售货机的业务中一共存在 4 个条件和 4 个结果，分别是：

原因：

① 投入 1 元 5 角硬币；

② 投入 2 元硬币；

③ 按下"可乐"按钮；

④ 按下"雪碧"按钮。

结果：

① 退还 5 角硬币；

② 送出"可乐"饮料；

③ 送出"雪碧"饮料。

整理之后的原因和结果见表 7-22。

表 7-22　自动售货机的原因和结果

原因编号	原因	结果编号	结果
c1	投入 1 元 5 角硬币	e1	退还 5 角硬币
c2	投入 2 元硬币	e2	送出"可乐"饮料
c3	按下"可乐"按钮	e3	送出"雪碧"饮料
c4	按下"雪碧"按钮		

2）分析原因和结果的对应关系，并画出因果图。

比如，以分析送出"可乐"饮料的原因和结果为例。当投入 1 元 5 角硬币并按下"可乐"按钮时，可以送出可乐饮料；投入 2 元硬币并按下"可乐"按钮时，也会送出可乐饮料，绘制的因果图如图 7-20 所示。

这时不难发现，这两组连线中有共同部分，即从 c3 指向 e2 的一条线，因此，为了减少原因至结果的线条，避免后续绘图中存在过多的交叉线，可以设置一个中间节点 m1，表示已经投币，从而将因果图改成如图 7-21 所示。

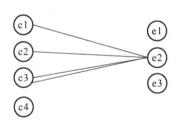

图 7-20　自动售货机的因果图 1

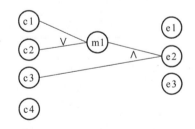

图 7-21　自动售货机的因果图 2

后面继续分析原因和结果的关系，补充完善因果图，最后完成的因果图如图 7-22 所示。其中又增加了一个中间节点 m2，表示已经按了按钮。

3）在因果图上标识原因之间的约束条件。在此案例中，原因 c1 和 c2 不能同时满足，因此符合 E 约束；同理，原因 c3 和 c4 也不能同时满足，因此也符合 E 约束，完善后的因果图如图 7-23 所示。

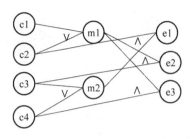

图 7-22　自动售货机的因果图 3

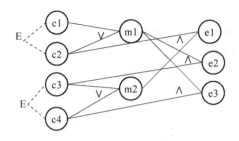

图 7-23　自动售货机的因果图 4

4）将因果图转换为判定表，见表 7-23。

表 7-23　自动售货机的判定表

选项		规则															
		1	2	3	4	5	6	7	8	9	10	11	12	13	14	15	16
条件	投入 1 元 5 角硬币	1	1	1	1	1	1	1	1	0	0	0	0	0	0	0	0
	投入 2 元硬币	1	1	1	1	0	0	0	0	1	1	1	1	0	0	0	0
	按下"可乐"按钮	1	1	0	0	1	1	0	0	1	1	0	0	1	1	0	0
	按下"雪碧"按钮	1	0	1	0	1	0	1	0	1	0	1	0	1	0	1	0
中间节点	m1	1	1	1	1	1	1	1	1	1	1	1	1	0	0	0	0
	m2	1	1	1	0	1	1	1	0	1	1	1	0	1	1	1	0
结果	退还 5 角硬币										√	√					
	送出"可乐"饮料						√					√					
	送出"雪碧"饮料							√					√				
	不可能	√	√	√	√	√				√				√			

5）将判定表的每一列取出来作为依据，设计好的测试用例见表 7-24。

表 7-24　自动售货机的测试用例

测试用例编号	输入数据	预期结果	备注（规则）
01	投入 1 元 5 角硬币，按下"可乐"按钮	送出"可乐"饮料	6
02	投入 1 元 5 角硬币，按下"雪碧"按钮	送出"雪碧"饮料	7
03	投入 1 元 5 角硬币，不按钮	系统不做处理	8
04	投入 2 元硬币，按下"可乐"按钮	送出"可乐"饮料，退还 5 角硬币	10
05	投入 2 元硬币，按下"雪碧"按钮	送出"雪碧"饮料，退还 5 角硬币	11
06	投入 2 元硬币，不按钮	系统不做处理	12
07	按下"可乐"按钮不投币	系统不做处理	14
08	按下"雪碧"按钮不投币	系统不做处理	15

【拓展案例】

使用因果图法分析中国象棋中走马的实际情况，马走日字形（邻近交叉点无棋子），遇

到对方棋子可以吃掉，遇到本方棋子不能落到该位置。（注：这里忽略吃的子是对方老将、游戏结束的情况）

【案例分析】

象棋走马的规则为：

① 如果落点在棋盘外，则不移动棋子；

② 如果落点与起点不构成日字形，则不移动棋子；

③ 如果落点处有己方棋子，则不移动棋子；

④ 如果在落点方向的邻近交叉点有棋子（绊马腿），则不移动棋子；

⑤ 如果不属于①~④条，且落点处无棋子，则移动棋子；

⑥ 如果不属于①~④条，且落点处为对方棋子，则移动棋子并除去对方棋子。

【案例实现】

1）分析走马规则，列出原因和结果。

原因：

① 落点与起点构成日字；

② 落点方向的邻近交叉点无棋子；

③ 落点在棋盘上；

④ 落点处无棋子；

⑤ 落点处为对方棋子；

⑥ 落点处为己方棋子。

结果：

① 移动棋子；

② 移动棋子，并除去对方棋子；

③ 不移动棋子。

整理之后的原因和结果见表7-25。

表7-25　中国象棋走马的原因和结果

原因编号	原因	结果编号	结果
c1	落点与起点构成日字	e1	移动棋子
c2	落点方向的邻近交叉点无棋子	e2	移动棋子，并除去对方棋子
c3	落点在棋盘上	e3	不移动棋子
c4	落点处无棋子		
c5	落点处为对方棋子		
c6	落点处为己方棋子		

2）分析原因和结果的对应关系，并画出因果图。这里增加了中间节点10，表示可以移动棋子必须具备的基本条件，如图7-24所示。

3）在因果图上标识原因之间的约束条件。这里的c4、c5和c6之间存在着E约束，而结果e1、e2和e3之间存在着O约束，将这些在因果图中补充完整后的图如图7-25所示。

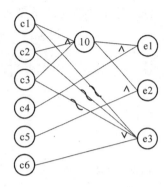

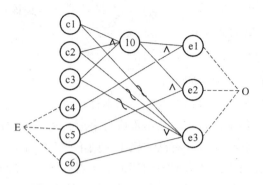

图 7-24　中国象棋走马的因果图 1　　　　　图 7-25　中国象棋走马的因果图 2

【案例小结】

因果图法能够帮助我们按照一定步骤，高效地选择测试用例，设计多个输入条件组合用例；因果图分析还能为我们指出软件规格说明描述中存在的问题。但是它也存在着一些缺点：

① 输入条件与输出结果的因果关系，有时难以从软件需求规格说明书得到。

② 即使得到了这些因果关系，也会因为因果关系复杂导致因果图巨大，测试用例数目极其庞大。

案例 5　使用场景法设计网上银行支付交易系统的测试用例

【预备知识】

1. 场景法

场景法是通过运用场景来对系统的功能点或业务流程进行描述，从而提高测试效果的一种方法。使用用例场景来测试需求是指模拟特定场景边界发生的事情，通过事件来触发某个动作的发生，观察事件的最终结果，从而用来发现需求中存在的问题。通常以正常的用例场景分析开始，然后再着手其他的场景分析。场景法一般包含基本流和备选流，从一个流程开始，通过描述经过的路径来确定过程，经过遍历所有的基本流和备选流来完成整个场景，如图 7-26 所示。

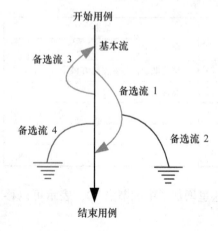

图 7-26　场景法示意图

基本流：采用直黑线表示，是经过用例的最简单的路径。

备选流：采用不同颜色表示，一个备选流可能从基本流开始，在某个特定条件下执行，然后重新加入基本流中，如图 7-26 中的备选流 3；也可以起源于另一个备选流，如备选流 2；或终止用例，不再加入基本流中，如备选流 2 或备选流 4。

注意：

① 基本流是主流，备选流是支流。

② 一个业务只存在一个基本流；基本流只有一个起点、一个终点。

③ 备选流可以起始于基本流，也可以起始于备选流；备选流的终点，可以是一个流程的出口，也可以回到基本流，还可以汇入其他备选流。

④ 如果在流程图中出现了两个不相上下的基本流，一般需要把它们分别当作一个业务看待。

遵循图 7-26 中的每个经过用例的可能路径，可以确定不同点的用例场景。从基本流开始，再将基本流和备选流结合起来，可以确定表 7-26 所示的用例场景。

表 7-26　场景法示意图的用例场景

场景	基本流	备选流	场景	基本流	备选流
场景 1	基本流		场景 5	基本流	备选流 3、备选流 1
场景 2	基本流	备选流 1	场景 6	基本流	备选流 3、备选流 1、备选流 2
场景 3	基本流	备选流 1、备选流 2	场景 7	基本流	备选流 4
场景 4	基本流	备选流 3	场景 8	基本流	备选流 3、备选流 4

注意，为方便起见，场景 5、6、8 只描述了备选流 3 执行一次的情况，实际情况可能要比这个复杂许多。

2. 场景法的设计步骤

① 根据说明，描述出程序的基本流及各项备选流；

② 根据基本流和各项备选流生成不同的场景；

③ 对每一个场景生成相应的测试用例；

④ 对生成的所有测试用例重新复审，去掉多余的测试用例。测试用例确定后，对每一个测试用例确定测试数据值。

【案例描述】

表 7-27 和表 7-28 对网上银行支付交易系统的基本流和备选流进行了描述。

表 7-27　网上银行支付交易系统的基本流表

步骤	步骤名称	步骤描述
A1	网上订购商品	用户登录网站，订购所需商品，单击"网上银行"进行支付
A2	输入银行卡信息	输入银行卡号和密码
A3	校验银行卡信息	系统对银行卡号和密码进行校验
A4	金额验证 1	系统确认订单金额不大于卡内余额
A5	金额验证 2	系统确认订单金额不大于银行卡网上可支付额度
A6	银行卡扣款	支付成功，系统从银行卡中扣除相应金额，返回订单号

表7-28　网上银行支付交易系统的备选流表

编号	名称	备选流描述
B	密码不正确	在基本流A3步骤中，密码不正确（且密码输入尚未超过三次），重新加入基本流A2；否则退出基本流
C	银行卡内余额不足	在基本流A4步骤中，系统判断银行卡内余额不足以支付订单，退出基本流
D	银行卡网上可支付额度不够	在基本流A5步骤中，系统判断银行网上可支付额度小于订单金额，退出基本流

问题1：

假定输入的银行卡号是正确的，不考虑备选流内循环情况，使用场景法设计测试用例，指出所涉及的基本流和备选流。基本流用字母A表示，备选流用题干中描述对应编号表示。

问题2：

请针对描述以上设计的用例场景，依次将银行卡号、初次输入密码、最终输入密码、卡内余额、银行卡可支付额度等信息填入表7-29中。其中V（Valid）表示这个条件必须是有效的才可以执行用例，I（Invalid）用于表明这种条件下将激活所需的备选流，n/a（Not applicable）表示这个条件不适用于测试用例。

表7-29　测试用例表

场景ID号	银行卡号	初次输入密码	最终输入密码	卡内余额	银行卡可支付额度
C01					
C02					
……	……	……	……	……	……

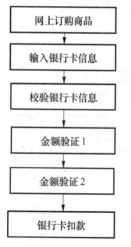

图7-27　网上银行支付交易系统基本流

【案例分析】

场景法首先需要确定基本流和备选流，在基本流和备选流已经确定的前提下，可以进一步设计场景。每个场景覆盖了在该案例下不同触发顺序与处理结果形成的事件流，最后得出所有的测试用例。例如，可以设计以下场景，如果没有特殊的情况发生，可以顺利完成网上银行支付行为。应该由基本流A构成，具体如图7-27所示。

如果在支付的过程中，遇到密码不对的情况，则可以用到基本流A和备选流B构成场景A、B。其他情况也依此类推。

根据设计好的场景，就可以对应地进行测试用例的设计，比如针对只包括基本流的场景，应该选择正确的银行卡号、正确的输入密码、卡内余额应该大于订单的额度、银行卡的可支付额度也大于可支付的额度，见表7-30。

表 7-30　网上银行支付交易系统测试用例

场景 ID 号	银行卡号	初次输入密码	最终输入密码	卡内余额	银行卡可支付额度
C01	V	V	n/a	V	V

其中用 V 表示有效数据元素，I 表示无效数据元素，n/a 表示不适用。C01 表示"成功支付"用例。

【案例实现】

最终可以形成表 7-31 所示场景表。

表 7-31　网上银行支付交易系统场景表

场景编号	场景描述	基本流	备选流
1	成功支付	A	
2	密码不正确	A	B
3	银行卡内余额不足	A	C
4	银行卡网上可支付额度不够	A	D
5	密码不正确并且银行卡内余额不足	A	BC
6	密码不正确并且银行卡网上可支付额度不够	A	BD

最终设计的测试用例见表 7-32。

表 7-32　网上银行支付交易系统测试用例（完整）

场景 ID 号	银行卡号	初次输入密码	最终输入密码	卡内余额	银行卡可支付额度	预期结果
C01	V	V	n/a	V	V	扣除购物金额，购物成功，用例结束
C02	V	I	I	n/a	n/a	连续 3 次密码错误，显示警告信息，用例结束
C03	V	V	n/a	I	n/a	卡内余额不足，提示警告信息，用例结束
C04	V	V	n/a	V	I	网上支付额度不够，提示警告信息，用例结束
C05	V	I	V	I	n/a	多次输入密码，最终成功；卡内余额不足，提示警告信息，用例结束
C06	V	I	V	V	I	多次输入密码，最终成功；网上支付额度不够，提示警告信息，用例结束

【拓展案例】

表 7-33 和表 7-34 是对电子不停车收费系统（ETC）的基本流和备选流的描述。

表 7-33　电子不停车收费系统的基本流表

步骤	步骤描述
A1	用例开始，ETC 准备就绪，自动栏杆放下
A2	ETC 与车辆通信，读取车辆信息
A3	对车辆拍照
A4	根据公式计算通行费用

步骤	步骤描述
A5	查找关联账户信息，确认账户余额大于通行费用
A6	从账户中扣除该费用
A7	显示费用信息
A8	自动栏杆打开
A9	车辆通过
A10	自动栏杆放下，ETC回到就绪状态

表 7-34　电子不停车收费系统的备选流表

编号	名称	描述
B	读取车辆信息出错	在基本流 A2 步骤，ETC 读取车辆信息错误（重复读取 5 次），不够 5 次则返回 A2；否则，显示警告信息后退出基本流
C	账户不存在	在基本流 A5 步骤，在银行系统中不存在该账户信息，退出基本流
D	账户余额不足	在基本流 A5 步骤，账户余额小于通行费用，显示账户余额不足警告，退出基本流
E	账户状态异常	在基本流 A5 步骤，账户已销户、冻结或由于其他原因而无法使用，显示账户状态异常信息，退出基本流

使用场景法设计测试用例，指出所涉及的基本流和备选流。基本流用 A 字母编号表示，备选流用表 7-34 中对应的字母编号表示。例如：

T01：A

T02：A、B

根据设计的测试用例，依次将初次读取车辆信息、最终读取车辆信息、账户号码、账户余额和账户状态等信息填入表 7-35 中。表中行代表各个测试用例，列代表测试用例的输入值，用 V 表示有效数据元素，I 表示无效数据元素，n/a 表示不适用。T01 表示"成功通过"的用例，T02 表示"密码不正确"的用例。

表 7-35　电子不停车收费系统测试用例

测试用例编号	初次读取车辆信息	最终读取车辆信息	账户号码	账户余额	账户状态	预期结果
T01	V	n/a	V	V	V	扣除通行费，车辆顺利通过，用例结束
T02	I	I	n/a	n/a	n/a	连续 5 次读取失败，显示警告信息，用例结束
……	……	……	……	……	……	……

【解答】

根据电子不停车收费系统已知的基本流和备选流来设计场景，每个场景覆盖一种在该案例中事件的不同触发顺序与处理结果形成的事件流。比如基本流 A 和备选流 C 进行组合，可以形成场景 T03，表示在基本流 A5 步骤（查找关联账户信息），在银行系统中不存在该账户信息，退出基本流。依此类推，可以组合成的场景有：

T01：A

T02：AB

T03：AC

T04：AD

T05：AE

T06：ABC

T07：ABD

T08：ABE

设计出的测试用例见表 7-36。

表 7-36　电子不停车收费系统完整的测试用例

测试用例编号	初次读取车辆信息	最终读取车辆信息	账户号码	账户余额	账户状态	预期结果
T01	V	n/a	V	V	V	扣除通行费，车辆顺利通过，用例结束
T02	I	I	n/a	n/a	n/a	连续 5 次读取失败，显示警告信息，用例结束
T03	V	n/a	I	n/a	n/a	账户不存在，显示警告信息，用例结束
T04	V	n/a	V	I	n/a	账户余额不足，显示警告信息，用例结束
T05	V	n/a	V	V	I	账户状态异常，显示警告信息，用例结束
T06	I	V	I	n/a	n/a	多次读取车辆信息，最终成功；账户不存在，显示警告信息，用例结束
T07	I	V	V	I	n/a	多次读取车辆信息，最终成功；账户余额不足，显示警告信息，用例结束
T08	I	V	V	V	I	多次读取车辆信息，最终成功；账户状态异常，显示警告信息，用例结束

【拓展学习】

一、其他黑盒测试方法

1. 错误推测法

错误推测法是指，在测试程序时，人们可以根据经验或直觉推测程序中可能存在的各种错误，从而有针对性地编写检查这些错误的测试用例的方法。

错误推测方法的基本思想：列举出程序中所有可能有的错误和容易发生错误的特殊情况，根据它们选择测试用例。例如，在网页中，Tab 键一般都是按照从上至下、从左到右的顺序运行的，如果不是这样的方式，就可以认为是一个缺陷。这样的用例都是依据测试人员的经验设计出来的。

2. 正交试验法

正交试验法是研究多因素、多水平的一种试验法。它利用正交表来对试验进行设计，通过少数的试验替代全面试验，根据正交表的正交性从全面试验中挑选适量的、有代表性的点进行试验，这些有代表性的点具备了"均匀分散，整齐可比"的特点。一般只讨论各因素相互独立的正交试验法，各因素相互影响的正交试验法在设计测试用例时通常用不到，所以不提。

3. 功能图法

功能图是一个黑盒、白盒混合用例设计方法。用功能图可以形象地表示程序的功能说明。功能图由状态迁移图和逻辑功能模型构成。

① 状态迁移图用于表示输入数据序列及其相应的输入数据。在状态迁移图中，由输入数据和当前状态决定输出数据和后续状态。

② 逻辑功能模型用于表示状态中输入条件和输出条件之间的对应关系。逻辑功能模型只适合于描述静态说明，输出数据仅由输入数据决定。测试用例则由测试中经过的一系列状态和每个状态中必须依靠输入/输出数据满足的一对条件组成。

二、黑盒测试技术的综合使用策略

① 首先进行等价类划分。包括输入条件和输出条件的等价类划分。将无限测试变成有限测试，这是减少工作量和提高测试效率的最有效的方法。

② 在任何情况下都必须使用边界值分析方法。经验表明，用这种方法设计出的测试用例发现程序错误的能力最强。

③ 可以用错误推测法追加一些测试用例，这需要测试工程师的智慧和经验。

④ 对照程序逻辑，检查已经设计出的测试用例的逻辑覆盖程度，如果没有达到要求的覆盖标准，应当再补充足够的测试用例。

⑤ 如果程序的功能说明中含有输入条件的组合情况，则一开始就可以选用因果图法和决策表法。

⑥ 对于参数配置类的软件，要用正交试验法选择较少的组合方式达到最佳效果。

⑦ 功能图法也是很好的测试用例设计方法，可以通过不同时期条件的有效性，设计不同的测试数据。

⑧ 对于业务流程清晰的软件，使用场景法贯穿整个测试用例过程。

总之，应该在设计用例时综合使用各种测试方法。

【案例小结】

场景法是黑盒测试中重要的测试用例设计方法。目前多数软件系统都用事件触发来控制业务流程，事件触发时的情景便形成了场景，场景的不同触发顺序构成用例。场景法通过场景描述业务流程（包括基本流和备选流），设计用例遍历软件系统功能，验证其正确性。

练习与实训

一、选择题

1. 黑盒测试是通过软件的外部表现来发现缺陷和错误的测试方法，具体来说，黑盒测试用例设计技术包括（　　）等。

A. 等价类划分、边界值分析法、因果图法、错误推测法、判定表驱动法

B. 等价类划分、边界值分析法、因果图法、正交试验法、符号法

C. 等价类划分、边界值分析法、因果图法、功能图法、基本路径法

D. 等价类划分、边界值分析法、因果图法、静态质量度量法、场景法

2. 以下关于等价类划分法的叙述中，不正确的是（　　）。

A. 如果规定输入值 string1 必须是/0 结束，那么得到两个等价类，即有效等价类 {strinstring1 以/0 结束}、无效等价类 {string1 string1 不以/0 结束}

B. 如果规定输入值 int1 取值为 1、−1 两个数之一，那么得到 3 个等价类，即有效等价类 {int1 int1=1} 和 {int1 int1=−1}、无效等类价 {int1 int1 不等于−1 或 1}

C. 如果规定输入值 int2 取值范围为−10~9，那么得到两个等价类，即有效等价类 {int2 −10<=int2<=9}、无效等价类 {int2 int2<−10 或者>9}

D. 如果规定输入值 int3 为质数，那么得到两个等价类，即有效等价类 {int3 int3 是质数}、无效等价类 {int3 int3 不是质数}

3. 在某大学学籍管理信息系统中，假设学生年龄的输入范围为 16~40，则根据黑盒测试中的等价类划分技术，下面划分正确的是（　　）。

A. 可划分为 2 个有效等价类，2 个无效等价类

B. 可划分为 1 个有效等价类，2 个无效等价类

C. 可划分为 2 个有效等价类，1 个无效等价类

D. 可划分为 1 个有效等价类，1 个无效等价类

4. 下列不属于功能测试用例构成元素的一项是（　　）。

A. 测试数据　　　　　B. 实测结果

C. 测试步骤　　　　　D. 期望结果

5. （　　）测试用例设计方法既可以用于黑盒测试，也可以用于白盒测试。

A. 边界值分析法　　　　　　　　　B. 基本路径法

C. 正交试验设计法　　　　　　　　D. 逻辑覆盖法

6. 黑盒测试中，（　　）是根据输出对输入的依赖关系设计测试用例的。

A. 基本路径法　　　　B. 等价类　　　　C. 因果图　　　　D. 功能图法

7. 用边界值分析法，假定 X 为整数，10≤X≤100，那么 X 在测试中应该取（　　）边界值。

A. X=10，X=100　　　　　　　　B. X=9，X=10，X=100，X=101

C. X=10，X=11，X=99，X=100　　D. X=9，X=10，X=50，X=100

8. 下面为 C 语言程序，边界值问题可以定位在（　　）。

```
int data(3),
int i,
for(i=1,i<=3,i++)
data(i)=100
```

A. data(0)　　　　　B. data(1)　　　　　C. data(2)　　　　　D. data(3)

9. 针对电子政务类应用系统的功能测试，为设计有效的测试用例，应（　　　）。

A. 使业务需求的覆盖率达到 100%

B. 利用等价类法模拟核心业务流程的正确执行

C. 对一个业务流程的测试用例设计一条验证数据

D. 经常使用边界值法验证界面输入值

10. 以下关于白盒测试与黑盒测试的关联，描述错误的是（　　　）。

A. 黑盒测试与白盒测试是设计测试用例的两种基本方法

B. 在集成测试阶段采用黑盒测试与白盒测试相结合的方法

C. 黑盒测试比白盒测试更有效

D. 应用系统负载压力测试一般采用黑盒测试方法

二、填空题

1. 若一个程序读入三个整数 A、B、C，要满足都是正整数，其中任意两个数相加大于第三个数。这个程序要打印出信息，说明这个三字数是不同的、两个相同的，还是全相同的。利用等价类划分法，需要＿＿＿＿个测试用例。

2. 经验证明，在功能测试用例设计方法中，＿＿＿＿是发现程序错误能力最强的。

3. 因果图的基本原理是通过画＿＿＿＿图，将用自然语言描述的＿＿＿＿转换为＿＿＿＿，最后为转换后的每列设计一个测试用例。

4. SQL 注入是一种常用的攻击方法，它的原理是：当应用程序＿＿＿＿，就会产生 SQL 注入漏洞。

5. 判定表通常由四个部分组成，分别是＿＿＿＿、＿＿＿＿、＿＿＿＿和＿＿＿＿。

三、简答题

1. 场景法的设计步骤是怎样的？

2. 简述利用因果图导出测试用例需要经过哪几个步骤。

3. 什么是等价类？如何划分等价类？

4. 列举黑盒设计测试用例的各种方法。

四、分析设计题

1. 设有一个档案管理系统，要求用户输入以年月表示的日期。假设日期限定在 1990 年 1 月—2049 年 12 月，并规定日期由 6 位数字字符组成，前 4 位表示年，后 2 位表示月。现用等价类划分法设计测试用例，来测试程序的"日期检查功能"。（不考虑 2 月的问题）

2. 某软件的一个模块的需求规格说明书中描述：

（1）年薪制员工：严重过失，扣年终风险金的 4%；过失，扣年终风险金的 2%。

（2）非年薪制员工：严重过失，扣当月薪资的 8%；过失，扣当月薪资的 4%。

请绘制出判定表，并设计相应的测试用例。

3. 有一个处理单价为 1 元的盒装饮料的自动售货机软件，若投入 1 元币，按下"可乐""雪碧"或"红茶"按钮，相应的饮料就送出来；若投入的是 2 元币，在送出饮料的同时，退还 1 元币。表 7-37 是用判定表法设计的部分测试用例，1 表示执行该动作，0 表示不执行该动作，则表中 A~H 处，应按序填入的数值为（　　　）。

表 7-37　自动售货机软件的判定表

用例序号		1	2	3	4	5
输入	投入 1 元币	1	1	0	0	0
	投入 2 元币	0	0	1	0	0
	按"可乐"按钮	1	0	0	0	0
	按"雪碧"按钮	0	0	0	1	0
	按"红茶"按钮	0	0	1	0	1
输出	退还 1 元币	A	1	E	G	0
	送出"可乐"按钮	B	0	0	0	0
	送出"雪碧"按钮	C	0	0	H	0
	送出"红茶"按钮	D	0	F	0	0

4. 表 7-38 和表 7-39 是对某 IC 卡加油机应用系统的基本流和备选流的描述。

表 7-38　IC 卡加油机应用系统基本流

序号	用例名称	用例描述
1	准备加油	客户将 IC 加油卡插入加油机
2	验证加油卡	加油机从加油卡的磁条中读取账号代码，并检查它是否属于可以接收的加油卡
3	验证黑名单	加油机验证卡账户是否属于黑名单，如果属于黑名单，加油机吞卡
4	输入加油量	客户输入需要购买的汽油数量
5	加油	加油机完成加油操作，从加油卡中扣除相应金额
6	返回加油卡	退还加油卡

表 7-39　IC 卡加油机应用系统备选流

序号	用例名称	用例描述
B	加油卡无效	在基本流 A2 过程中，该卡不能够识别或是非本机可以使用的 IC 卡，加油机退卡，并退出基本流
C	卡账户属于黑名单	在基本流 A3 过程中，判断该卡账户属于黑名单，例如：已经挂失，加油卡吞卡退出基本流
D	加油卡账面现金不足	系统判断加油卡内现金不足，重新加入基本流 A4，或选择退卡
E	加油机油量不足	系统判断加油卡内油量不足，重新加入基本流 A4，或选择退卡

（1）使用场景法设计测试案例，指出场景涉及的基本流和备选流，基本流用字母 A 表示，备选流用题干中描述的相应字母表示。

（2）本例中的测试用例包含场景编号、场景、账号、是否黑名单卡、输入油量、账面金额、加油机油量、预期结果等，其中 V 表示有效数据元素，I 表示无效数据元素，n/a 表示不适用。例如，C01 表示"成功加油"基本流。请按上述规定为其他应用场景设计用例，将信息填入表 7-40。

表 7-40　IC 卡加油机应用系统测试用例

场景编号	场景	账号	是否黑名单卡	输入油量	账面金额	加油机油量	预期结果
C01	场景1：成功加油	V	I	V	V	V	成功加油
C02							
……	……	……	……	……	……	……	……

（3）假如每升油 4 元人民币，用户的账户金额为 1 000 元，加油机内油量足够，那么在 A4 输入油量的过程中，请运用边界值分析方法为 A4 选取合适的输入数据（即油量，单位：升）。

5. 某航空公司进行促销活动，会员在指定日期范围内搭乘航班将获得一定奖励，奖励分为四个档次，由乘机次数和点数共同决定，见表 7-41。其中，点数与票面价格及购票渠道有关，规则见表 7-42。

表 7-41　促销奖励

乘机次数	点数	奖励档次	奖励
≥20	≥200	1	国内任意航段免票 2 张
≥15	≥150	2	国内任意航段免票 1 张
≥10	≥100	3	280 元国内机票代金券 2 张
≥7	≥70	4	180 元国内机票代金券 2 张

表 7-42　点数累计规则

票面价	官网购票	手机客户端购票
每满 100 元	1 点	1.2 点

航空公司开发了一个程序来计算会员在该促销活动后的奖励，程序的输入包括会员在活动期间在官网购票的金额 A、手机客户端购票金额 B 和乘机次数 C，程序的输出为本次活动奖励档次 L。其中，A、B、C 为非负整数，A、B 的单位均为元，L 为 0~5 之间的整数（0 表示无奖励）。

（1）采用等价类划分法对该程序进行测试，要求对输入/输出均进行等价类划分，等价类表见表 7-43，请对表 7-43 中的 [1] ~ [4] 空进行补充。

表 7-43　等价类表

输入/输出	有效等价类	编号	无效等价类	编号
乘机次数 C	[1]	1	非整数	9
			负整数	10
官网购票金额 A	非负整数	2	非整数	11
			负整数	12
手机客户端购票金额 B	非负整数	3	非整数	13
			[2]	14

输入/输出	有效等价类	编号	无效等价类	编号
	1	4		
	2	5		
奖励档次 L	3	6		
	[3]	7		
	[4]	8		

（2）根据以上等价类表设计的测试用例见表 7-44，请对表 7-44 中的 [1]~[9] 空进行补充。

表 7-44　测试用例

编号	输入			覆盖等价类（编号）	预期输出 L
	C	A	B		
1	0	0	0	[1]	[2]
2	[3]	20 000	0	1，2，3，4	1
3	15	[4]	0	1，2，3，5	2
4	[5]	10 000	0	1，2，3，6	3
5	7	[6]	0	[7]	4
6	[8]	0	0	9，2，3	N/A
7	−1	0	0	10，2，5	[9]
8	0	A	0	11，2，3	N/A
9	0	−1	0	12，2，3	N/A
10	0	0	A	13，2，3	N/A
11	0	0	−1	14，2，3	N/A

（3）对于本案例的黑盒测试来说，以上测试方法有哪些不足？

第三篇
测 试 工 具

工作任务 8

使用单元测试工具

【学习导航】

1. 知识目标

- 掌握单元测试的基本概念
- 了解桩模块和驱动模块的作用
- 掌握桩测试和驱动测试的方法
- 掌握 Eclipse 和 JUnit 编写单元测试的流程
- 掌握 JUnit 的基本框架和结构

2. 技能目标

- 能够使用 Eclipse 进行基于 Java 语言的单元测试
- 能够使用 JUnit 编写简单的测试代码

【任务情境】

小李同学通过前面任务的学习，已经会使用白盒测试的基本方法来设计测试用例。但是，在实施测试的时候，有时也需要掌握一些测试工具来提高测试效率。小李用 Java 语言编写了简易的计算器程序，那么该如何对这个程序进行测试呢？通过本任务的学习，就会使用 JUnit 框架来进行单元测试了。

【任务实施】

案例 1　认识单元测试

【预备知识】

一、单元测试概述

1. 单元测试的概念

单元测试也叫模块测试，是指对软件中的最小可测试单元进行检查和验证。对于单元测试中单元的含义，一般来说，要根据实际情况去判定其具体含义，如 C 语言中单元指一个函数，Java 中的单元指一个方法或类，图形化的软件中可以指一个窗口或一个菜单等。总的来说，单元就是人为规定的最小的被测功能模块。单元测试是在软件开发过程中要进行的最低级别的测试活动，软件的独立单元将在与程序的其他部分相隔离的情况下进行测试。

单元测试是由程序员自己来完成，最终受益的也是程序员自己。程序员有责任编写功能代码，同时也有责任为自己的代码进行单元测试，也就是说，程序员有确保自己编写的软件单元准确的责任。对于程序员来说，如果养成了对自己写的代码进行单元测试的习惯，不但可以写出高质量的代码，还能提高编程水平。

2. 单元测试任务

① 模块接口测试；

② 模块局部数据结构测试；

③ 模块边界条件测试；

④ 模块中所有独立执行通路测试；

⑤ 模块的各条错误处理通路测试。

3. 单元测试的依据

由于单元测试所测试的不仅仅是代码，还要测试接口、局部数据结构、独立路径、边界条件等，它的主要依据是详细设计说明书。

二、驱动模块和桩模块

单元测试中的被测单元往往不是一个可以独立运行的程序，因此，在执行单元测试阶段的动态测试时，应建立单元测试的环境，使被测模块能够运行起来，以达到对其进行测试的目的。在建立单元测试环境的过程中，人们很可能面临开发驱动模块（Driver）和桩模块（Stub）的任务。

驱动模块是用来代替被测单元的上层模块的。驱动模块能接收测试数据，调用被测单元，也就是将数据传递给被测单元，最后打印测试的执行结果。驱动模块可以理解为被测单元的主程序。

桩模块是指模拟被测试的模块所调用的模块，而不是软件产品的组成部分。在集成测试前，要为被测模块编制一些模拟其下级模块功能的"替身"模块，以代替被测模块的接口，接收或传递被测模块的数据，这些专供测试用的"假"模块称为被测模块的桩模块。

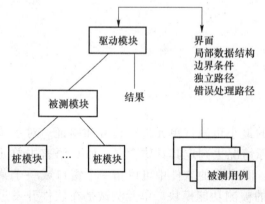

图 8-1　单元测试环境

建立单元测试的环境，需完成以下工作：

① 构造最小运行调度系统，即构造被测单元的驱动模块；

② 模拟被测单元的接口，即构造被测单元调用的桩模块；

③ 模拟生成测试数据及状态，为被测单元运行准备动态环境。

单元测试环境可用图 8-1 简要表示。

比如，要测试以下程序段的正确性，需要构造被测单元的驱动模块。

```
int max(int x,int y){
    int z;
    if(x>y)
        z=x;
    else
        z=y;
    return z;
}
```

以 Java 程序为例，需要创建一个类，将被测方法放入同一个类文件 Test. java 中，并在 main( ) 方法中调用。

```
public class Test {
    static int   max(int x,int y){
            int z;
            if(x>y)
                z=x;
            else
                z=y;
            return z;
        }
    public static void main(String[ ] args) {
            int result;
            result=max(5,8);
            System.out.println("5 和 8 的最大值是:"+result);
        }
}
```

也可以将被测单元封装在独立的类中，在测试类中创建被测类的对象，并通过调用被测类对象的方法进行测试。

被测单元的类文件 Max. java：

```
public class Max {
    int   max(int x,int y){
            int z;
            if(x>y)
                z=x;
            else
                z=y;
            return z;
        }
}
```

驱动模块的类文件 Test1. java：

```
public class Test1 {
    public static void main(String[] args) {
        int result;
        Max m = new Max();
        result = m.max(5, 8);
        System.out.println("5 和 8 的最大值是:"+result);
    }
}
```

图 8-2　运行结果

两种方式运行的结果相同，如图 8-2 所示。

本案例中，根据被测单元的情况，编写了驱动模块，进行了测试。在编写的驱动模块中，通过给定实参 5 和 8 来调用被测单元。

【案例描述】

根据下面的方法，编写桩模块来测试程序。

```
public static void main(String[] args) {
    int year,leap1;
    Scanner input = new Scanner(System.in);
    System.out.println("请输入一个年份:");
    year = input.nextInt();
    leap1 = leapyear(year);
    if (leap1 == 1)
        System.out.println(year+" is a leap year.");
    else
        System.out.println(year+" is not a leap year.");
}
```

【案例分析】

本案例中的被测单元是一个主函数，需要构造被测单元的桩模块。

在 Java 中，可以创建一个方法作为桩模块，被测单元通过调用这个方法来测试程序。

【案例实现】

被测单元与桩模块放在同一个类文件 LeapYear. java 中。

```
import java.util.Scanner;
public class LeapYear {
    static int leapyear(int year){
        if(year%4==0&&year%100!=0 || year%400==0)
            return 1;
```

```
        else
            return 0;
    }
    public static void main(String[] args) {
        int year,leap1;
        Scanner input = new Scanner(System.in);
        System.out.println("请输入一个年份:");
        year = input.nextInt();
        leap1 = leapyear(year);
            if (leap1 == 1)
                System.out.println(year+"is a leap year.");
            else
                System.out.println(year+"is not a leap year.");
    }
}
```

运行的结果如图 8-3 所示:

本案例中,针对被测程序,编写了桩模块,进行了桩测试。在编写的桩模块中,通过定义类的一个方法 int leapyear(int year),使被测单元能顺利调用,从而测试了该单元的正确性。当然,这里编写的桩模块实现类似判断闰年的功能,也可以简单处理,即能返回被测驱动模块所需要的值即可。

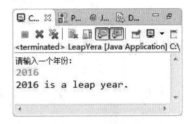

图 8-3 运行结果

【拓展案例】

① 根据下面的方法,编写驱动模块来测试程序的正确性。

```
float Max(float a,float b,float c){
    float t;
    if (a>b) {
        t=a;
        } else {
        t=b;
        }
        if (c>t) {
            t=c;
        }
        return t;
}
```

【解答】

本拓展案例可以创建一个类，包含一个主函数 main( )，调用以上程序代码即可；也可以将 Max( ) 方法放入一个名为 Max. java 的文件中，则编写的驱动模块 TestMax1. java 如下：

```java
import java.util.Scanner;
public class TestMax1 {
    public static void main(String[] args) {
        float num1,num2,num3,result;
        Scanner input =new Scanner(System.in);
        System.out.println("请输入第一个整数:");
        num1 =input.nextFloat();
        System.out.println("请输入第二个整数:");
        num2 =input.nextFloat();
        System.out.println("请输入第三个整数:");
        num3 =input.nextFloat();
        Max max =newMax();
        result =max.Max(num1, num2, num3);
        System.out.println("运行结果:"+result);
    }
}
```

② 根据下面的代码，编写桩模块来测试程序。

```java
public class PrimeTest {
    public static void main(String[] args) {
        Prime prime =new Prime();
        Scanner input =new Scanner(System.in);
        System.out.println("请输入一个整数:");
        int num =input.nextInt();
        Boolean result =prime.isPrime(num);
        System.out.println("运行结果:"+result);
    }
}
```

【解答】

本拓展案例可以创建一个类 Prime，并设计一个方法 isPrime 返回是否是素数的结果，代码无须真正实现判断是否是素数。参考代码如下：

```java
public class Prime{
    public Boolean isPrime(int num){
        if(num==1){
```

```
                    return false;
                }
            return true;
        }
    }
```

【案例小结】

单元测试（unit testing）是指对软件中的最小可测试单元进行检查和验证。经验表明，一个尽责的单元测试将会在软件开发的某个阶段发现很多的 bug，并且修改它们的成本也很低。在软件开发的后期阶段，bug 的发现和修改将会变得更加困难，并要消耗大量的时间和开发费用。

案例2 使用测试工具 JUnit 进行单元测试

使用 JUnit 进行
单元测试

【预备知识】

目前，有很多单元测试工具及框架可供选择，这有助于提高单元测试的自动化程度，且大都支持测试驱动开发，如本案例介绍的 JUnit。

一、JUnit 简介

JUnit 是一个 Java 语言的单元测试框架。它由 Kent Beck 和 Erich Gamma 建立，逐渐成为源于 Kent Beck 的 sUnit 的 xUnit 家族中最为成功的一个。JUnit 有它自己的 JUnit 扩展生态圈。只要 JUnit 继承 TestCase 类，就可以用 JUnit 进行自动测试了。

之所以众多的开发人员选择将 JUnit 作为单元测试的工具，是因为它具有很多优点。如 JUnit 是开源工具，它可以将测试代码和产品代码分开，避免了开发和测试工作的混乱。JUnit 的测试代码非常容易编写且功能强大。由于 JUnit 的测试方法可以自动运行，并且使用以 assert 为前缀的方法自动对比开发者的期望值和被测方法实际运行结果，然后返回给开发者一个测试成功或者失败的简明测试报告以提供及时的反馈。JUnit 易于集成到开发的构建过程中，在软件的构建过程中完成对程序的单元测试。JUnit 的测试包结构便于组织和集成运行，支持图形交互模式和文本交互模式。

二、JUnit 的安装

JUnit 是以 jar 文件的形式发布的，其中包括了所有必需的类。安装 JUnit，需要做的工作就是把 jar 文件放到编译器能够找到的地方，如果不使用 IDE，而是从命令行直接调用 JDK，则必须让 CLASSPATH 包含 JUnit 的 jar 包所在路径。

由于目前使用 Java 语言进行编码工作时，使用的 IDE 基本都为 Eclipse，而 Eclipse 与 JUnit 都是开源软件，并且 Eclipse 集成了 JUnit，因此无须单独安装。

【案例描述】

对一个 Java 类进行单元测试。该类为 Caculator，实现简单的加、减、乘、除等功能，采用 JUnit 测试 Caculator 类的各种方法。被测单元的代码如下：

```
public class Caculator {
    public int add(int a,int b){
        return a+b;
    }
    public int sub(int a,int b){
        return a-b;
    }
    public int multiply(int a,int b){
        return a*b;
    }
    public int divide(int a,int b){
        return a/b;
    }
}
```

【案例分析】

该被测单元为一个完整的 Java 类，包含了 4 种方法。JUnit 的一个测试用例对应一种测试方法，要创建测试，必须编写对应的测试方法，并且每种测试方法要做一些断言，断言主要用于比较实际结果与预期结果是否相等。

【案例实现】

① 在 Eclipse 中依次单击"File"→"New"→"Java Project"菜单，新建一个 Java 项目，打开"New Java Project"对话框，并将其命名为 JUnitTest，如图 8-4 所示。单击"Finish"按钮，关闭对话框。

图 8-4　创建 Java 项目

② 选择项目名称"JUnitTest"并右击，依次选择"Build Path"→"Add Libraries…"，弹出"Add Library"对话框，如图 8-5 所示。

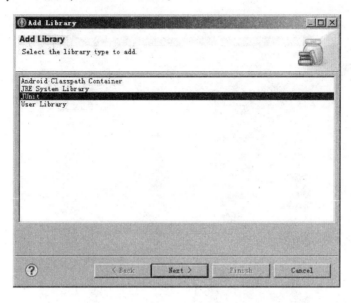

图 8-5 为项目添加 JUnit 库

③ 单击"Next"按钮，可以选择 JUnit 的版本，然后单击"Finish"，将 JUnit 引入当前项目中。

④ 选择"src"，将 Caculator. java 复制到项目中，如图 8-6 所示。

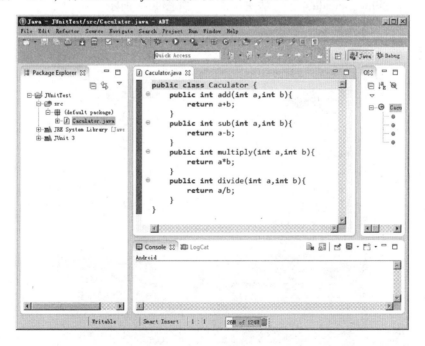

图 8-6 被测单元

⑤ 右键单击 Caculator 类，在弹出的快捷菜单中选择 "New" → "JUnit Test Case"，弹出 "New JUnit Test Case" 对话框，系统会自动将新建的 JUnit Test Case 命名为 CaculatorTest，如图 8-7 所示。

图 8-7 新建 JUnit 测试用例

⑥ 单击 "Next" 按钮后，系统会自动列出 Caculator 类中所包含的方法，勾选所需测试的 add、sub、multiply、divide 4 个方法进行测试，如图 8-8 所示。

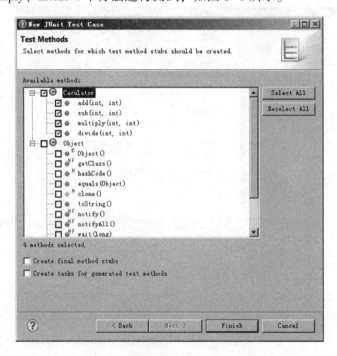

图 8-8 选择需要测试的方法

⑦ 单击"Finish"按钮。Eclipse 会自动生成名为 CaculatorTest 的新类，代码中包含一些空的测试用例，如图 8-9 所示。

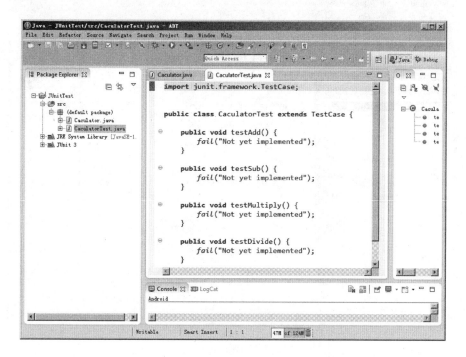

图 8-9　自动生成的测试框架

⑧ 将 testAdd( ) 方法进行以下修改，并将其他方法注释掉。

```
public void testAdd() {
    Caculator ca = new Caculator();     //定义一个被测类对象,命名为 ca
    int result;                         //定义一个整型变量,存储实际结果
    result = ca.add(2,3);               //调用 add 方法求两个数的和
    //调用 assertEquals 方法判断预期结果 5 与实际结果是否相符
    assertEquals(5,result);
}
```

⑨ 在 CaculatorTest 类上单击右键，在弹出的快捷菜单中选择"Run As"→"JUnit Test"命令，或者单击 ▶ 按钮，运行测试代码。进度条呈绿色，提示测试运行通过，运行结果如图 8-10 所示。

若将测试代码中的 testAdd( ) 方法的预期结果从 5 修改为 6，也就是将语句修改为 assertEquals(6,result)；重新运行测试，则会出现实际结果和预期结果不同，从而测试失败的情况，运行结果如图 8-11 所示。

【拓展案例】

补充完成上述案例中未完成的测试方法（testSub、testMultiply 和 testDivide），并进行测试。

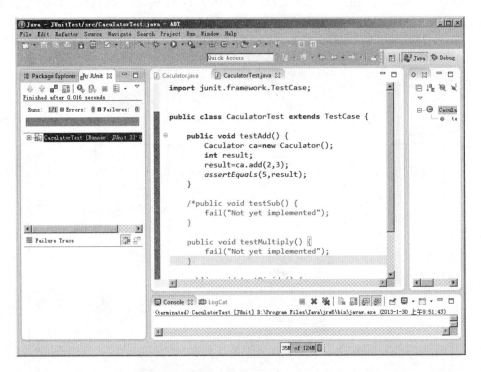

图 8-10　测试用例的运行结果（一）

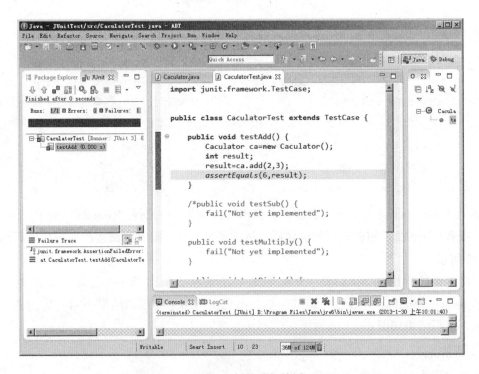

图 8-11　测试用例的运行结果（二）

【解答】

修改的代码如下所示：

```
public void testSub() {
    Caculator ca = new Caculator();
    int result;
    result = ca.sub(3, 4);
    assertEquals(-1, result);
}
public void testMutiply() {
    Caculator ca = new Caculator();
    int result;
    result = ca.multiply(2, 3);
    assertEquals(6, result);
}
public void testDivide() {
    Caculator ca = new Caculator();
    int result;
    result = ca.divide(6, 3);
    assertEquals(2, result);
}
```

运行结果如图 8-12 所示。

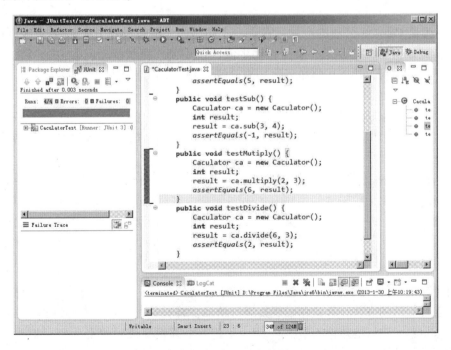

图 8-12　测试用例的运行结果（三）

【思政园地】

代码规范是企业为了提高代码的质量，减少软件缺陷的产生，对编程方式做出的需要编程人员共同遵守的规范和准则。代码规范可以促进团队成员之间的合作，方便技术的交流和代码审查工作的开展。具体来说，它的作用如下：

1. 保证代码风格的一致性

随着软件产业的发展壮大，现在的软件规模呈指数级增长。在软件的整个生命周期中，软件一般需要团队合作开发完成，如果大家都遵守代码规范，整个软件的代码风格就会保持一致。

2. 降低软件的维护成本

软件维护是软件生命周期中时间最长的阶段，而由于人员的调动，维护人员很可能不是原来编写程序的人员，如果当时编程的时候遵守代码规范，代码的可读性就会提升，后期维护人员的工作时间就会大大缩短，降低维护的成本。

3. 有利于程序员的自我成长

软件编程绝不是个人英雄主义，而是团队智慧的结晶。如果程序员在编写代码时不顾他人的感受，不写空行、不写注释等，那么写出的代码只能是一堆垃圾；反之，如果程序员养成良好的习惯，严格遵守规范，那么代码的可复用性和可维护性就高很多，程序员个人也能在团队中得到更多的认可。

最后，强调一下，评价代码的质量，不是在需求明确且不发生变化的情况下能够运行就可以了，而是在发生变化的情况下是否仍然保持稳定。

【拓展学习】

其他常见单元测试工具介绍

1. C/C++语言开发的首选利器——C++Test

C++Test 是 Parasoft 公司的产品。它是一个功能强大的自动化 C/C++单元级测试工具，可以自动测试任何 C/C++函数、类，自动生成测试用例、测试驱动函数或桩函数，在自动化的环境下极其容易、快速地将单元级的测试覆盖率达到100%。

2. .Net 环境单元测试的首选利器—— nUnit

nUnit 是 xUnit 家族的第4个主打产品，完全由 C#语言来编写，并且编写时充分利用了许多 .NET 的特性，比如反射、客户属性等。它被集成在 Visual Studio 中，适合所有 .NET 语言。

3. 常见的 Python 单元测试框架——Unittest

Unittest 是 Python 自带的单元测试框架，它提供了创建测试用例、测试套件及批量执行的方案，使用该框架前，需要使用 import unittest 命令进行导入。该框架还适用于 Web 自动化测试用例的执行，并且提供了丰富的断言方法，能够判断测试用例是否通过，最终生成测试结果。

【案例小结】

利用传统的编程方式进行单元测试是一件很麻烦的事情，需要重新写一个程序，在该程序中调用需要测试的方法，并且仔细观察运行结果，看看是否有错。正因为如此麻烦，所以程序员们编写单元测试的热情不是很高。JUnit 是一个开发源代码的 Java 测试框架，用于编写和运行可重复的测试。单元测试包大大简化了进行单元测试所要做的工作。

练习与实训

一、选择题

1. 单元测试时，调用被测模块的是（　　　）。

A. 桩模块　　　　　　　B. 驱动模块　　　　　　C. 通信模块　　　　　　D. 代理模块

2. 软件测试是软件质量保证的重要手段，（　　　）是软件测试的最基础环节。

A. 功能测试　　　　　　B. 单元测试　　　　　　C. 结构测试　　　　　　D. 验收测试

3. 在 JUnit 中，testXxxx( )方法就是一个测试用例，测试方法是（　　　）。

A. private void testXxxx( )　　　　　　　　　B. public void testXxxx( )

C. public float testXxxx( )　　　　　　　　　D. public int testXxxx( )

4. 单元测试中设计测试用例的依据是（　　　）。

A. 概要设计说明书　　　　　　　　　　　　B. 用户需求规格说明书

C. 项目计划说明书　　　　　　　　　　　　D. 详细设计说明书

5. 程序设计语言一般可划分为低级语言和高级语言两大类，与高级语言相比，用低级语言开发的程序具有（　　　）等特点。

A. 开发效率高，运行效率高　　　　　　　　B. 开发效率高，运行效率低

C. 开发效率低，运行效率高　　　　　　　　D. 开发效率低，运行效率低

6. 下列关于单元测试的描述中，正确的是（　　　）。

A. 单元测试又称模块测试，属于白盒测试，是最小单位的测试

B. 单元测试又称白盒测试，属于软件测试，是最小单位的测试

C. 单元测试又称软件测试，属于黑盒测试，是最小单位的测试

D. 单元测试又称模块测试，属于黑盒测试，是最大单位的测试

7. 集成测试通常是在单元测试的基础上进行的，它需要将所有模块按照设计要求组装成系统，其中增殖组装不包括（　　　）。

A. 自顶向下的增殖方式　　　　　　　　　　B. 自底向上的增殖方式

C. 混合增殖方式　　　　　　　　　　　　　D. 一次性组装方式

8. 编码规范是程序编写过程中必须遵循的规则，一般会详细规定代码的语法规则、语法格式等，它包括的内容很多，如（　　　）。

A. 排版、注释、标识符命名、可读性、变量、函数与过程定义、可测性、程序效率等

B. 字体、标识符命名、可读性、变量、函数与过程、可测性、程序效率等

C. 代码创建人、注释、函数与过程、可测性、程序效率等

D. 排版、标识符命名、可读性、变量、函数与过程、可测性等

9. （　　　）不是单元测试的内容。

A. 模块接口测试　　　B. 有效性测试　　　C. 路径测试　　　　D. 边界测试

10. （　　　）不是集成测试的任务。

A. 把各个模块连接起来，验证穿越模块间的数据是否会丢失

B. 一个模块的功能是否会对另一个模块的功能产生影响

C. 各个子模块的功能组合起来是否达到预期的父功能

D. 局部数据结构是否有问题

软件测试技术任务驱动式教程（第2版）

二、填空题

1. 单元测试是指对软件中的_____可测试单元进行检查和验证。

2. 在单元测试阶段，应使用白盒测试方法和黑盒测试方法对被测单元进行测试，其中以使用_____的方法为主。

3. JUnit 是一套框架，只要继承_____类，就可以用 JUnit 进行自动测试了。

4. JUnit 是一个开发源代码的_____测试框架，用于编写和运行可重复的测试。

5. JUnit 是以_____的形式发布的，其中包括了所有必需的类。

三、简答题

1. 什么是单元测试？什么是集成测试？

2. 什么是驱动模块？什么是桩模块？

3. 集成测试的任务是什么？

四、分析设计题

1. 使用 JUnit 编写如下被测单元的测试代码：

```java
public class Test {
        public int   work( int x,int y,int z){
                int k = 0;
                int j = 0;
                if((x>3) && (z<10)){
                        k = x * y-1;
                        j = k-z;
                }
                if((x==4) || (y>5)){
                        j = x * y+10;
                }
                j = j % 3;
                return j;
        }
}
```

2. 使用 JUnit 编写一个是否为素数的测试代码，被测单元代码如下：

```java
public class NumberUtil {
    public Boolean isPrime( intnum){
        for(int i =2;i<Math.sqrt(num);i++){
            if(num% i == 0){
                return false;
            }
        }
        return true;
    }
}
```

使用 JUnit 进行
参数化测试

3. 使用 JUnit 对计算器程序进行参数化测试。

— 140 —

工作任务 9

使用功能测试工具

【学习导航】

1. 知识目标

- 了解手动测试与自动化测试的优缺点
- 理解自动化测试的原理
- 了解 QTP 的测试流程
- 理解对象库的作用

2. 技能目标

- 会正确录制脚本
- 能看懂 QTP 的脚本
- 会插入检查点
- 会对脚本进行参数化

【任务情境】

小李同学开发了一款简单计算器，需要测试计算器加减法运算是否正确、数字按钮功能是否正常等。为了使后续计算器版本更新时，测试更加高效，现在准备使用自动化测试工具 QuickTest Professional（QTP）进行功能测试。那么如何使用 QTP 完成自动化测试呢？

【任务实施】

案例 1　手工测试与自动化测试的对比

【预备知识】

随着软件行业的发展，手工测试显示出越来越多的弊端。首先就是效率比较低，这在软件产品的研发后期尤其明显，因为随着产品的日趋完善，功能日渐增多，很容易遗漏需要测试和检查的内容。加上产品发布日期日益临近，重复进行回归测试的难度加大，很难在短时间内完成大面积的测试覆盖。其次，手工测试还存在精确性问题，尤其是大量数据需要检查时，手工的比较和搜索不仅存在效率问题，还容易出错。最后，软件测试人员的精神状态也会直接影响到软件测试的效率与正确性。

针对以上手工测试的不足，自动化测试的运用将大大提高测试效率。这一点尤其体现在回归测试上。测试的可复用性与一致性，让测试后的软件更有信任度。一些手工测试困难或不可能进行的测试（如大量用户的测试），以及更多更烦琐的测试可以交给工具去测试，更好地利用了资源。

自动化工具的优势在于可部分替代人工测试，之所以能重复不断执行，能精确判断数值和字符对象，原因是自动化测试工具将测试用例用脚本形式自动执行，如自动产生数据、自动打开应用程序、自动查找控件、自动输入数据、自动操作控件、自动收集测试结果、自动与预期结果进行对比等。

【案例描述】

某公司项目的特征是开发周期短、需求变化频繁、并行开发项目较多、项目规模以中小型为主。近期若干项目同时进入测试阶段，由于测试人员严重不足，测试工作进展缓慢，为了缓解该现象，公司领导做出如下决定：采购自动化功能测试软件，实现功能测试自动化，使有限的人力通过自动化软件的辅助快速提高工作效率。试回答以下问题：

① 请分析并比较自动化测试与手工测试的优缺点。

② 自动化测试实施的成本是什么？

③ 针对本公司情况，请分析该领导决定是否合适，说明理由。

【案例分析】

虽然自动化测试具有高效、不易出错等优点，但是手工测试有其不可替代的地方，因为人具有很强的智能判断能力，而工具相对机械，缺乏思维能力；并且在使用自动化测试工具实施测试前，需要考虑该项目是否适合使用自动化测试，以及自动化测试的成本问题。

【案例实现】

【问题1】

自动化测试优点：

① 对程序的回归测试更方便。由于回归测试的动作和用例是事先设计好的，测试期望结果也是可预料的，将回归测试自动运行，可以极大地提高测试效率，缩短回归测试时间。

② 可以运行更多更烦琐的测试。自动化的一个明显的好处是可以在较短的时间内运行更多的测试。

③ 可以执行一些手工测试困难或不可能进行的测试。比如，对于大量用户的测试，无法让足够多的测试人员同时进行测试，但是却可以通过自动化测试模拟同时有许多用户，从而达到测试的目的。

④ 更好地利用资源。将烦琐的任务自动化，可以提高准确性和测试人员的积极性，将测试技术人员解放出来，让他们能够将更多精力投入在测试用例的设计上。

⑤ 测试具有一致性和可重复性。由于测试是自动执行的，每次测试的结果和执行的内容的一致性是可以得到保障的，从而达到测试的可重复的效果。

⑥ 测试的复用性。由于自动测试通常采用脚本技术，这样就有可能只需要做少量的甚至不做修改，实现在不同的测试过程中使用相同的用例。

⑦ 增加软件信任度。由于测试是自动执行的，所以不存在执行过程中的疏忽和错误问题，完全取决于自动化测试的设计质量。

自动化工具本身并无想象力，自动化测试的缺点有：

① 测试用例设计：测试人员的经验和对错误的猜测能力是工具不可替代的。

② 界面和用户体验测试：人类的审美观和心理体验是工具不可模拟的。

③ 正确性的检查：人们对是非的判断和逻辑推理能力是工具不具备的。

【问题2】

$$自动化测试实施成本＝前期开发成本＋后期维护成本$$

其中，前期开发成本包括人力成本、时间成本、工具软硬件成本和人员培训成本；后期维护成本则包括软件变化、扩展性、健壮性、可调试性和未知风险等引发的成本。

【问题3】

不合适。

适合引入自动化测试的情况：①增量式开发、持续集成型项目，时间周期长；②需求变更不频繁；③系统中的测试对象基本可以正常识别；④系统中不存在大批量第三方控件；⑤需要反复测试，如可靠性测试需要进行上千次的系统测试。像上述公司这种情况，由于开发周期短、需求变化频繁，又没有明确的自动化测试计划、措施和管理的条件，应当避免开展自动化测试。另外，公司的并行项目多且以中小型为主，无须太多的脚本复用，自动化测试根本无法体现高效的功能，脚本的开发与维护反而会占去很大一部分时间。

从成本上来说，除了购置工具外，还需考虑测试人员熟练使用工具的培训成本与脚本编辑维护的时间耗费。如果强行使用自动化测试，既增加了成本，又延误了项目的进度。

【案例小结】

从上述案例可以看出，自动化测试与手工测试各有优势。如果在进行手工测试的情况下，总结出相对稳定的功能，为这些功能模块写测试用例和自动化测试脚本，通过该部分的自动重复，可提高效率；而在自动化测试中，部分自动化完成不了的工作，手工测试却能弥补。所以，适当地使用手工测试与自动化测试，可以更好地保证测试的质量。

案例2 使用 QTP 录制及回放测试脚本

【预备知识】

QTP 录制和回放脚本

一、QTP 的简介

QTP 是 QuickTest Professional 的简称，以 VBScript 为脚本语言的 QTP，最早由 Mercury 公司开发，2006 年被惠普收购后，正式名字变为 HP QuickTest Professional software。它是一种自动化功能测试工具，主要用于回归测试。目前的版本更新为 UTF。由于 QTP 9.2 版本功能强大且操作比较灵活，比较适合新手学习，下面就以这个版本来介绍它的使用方法。

二、QTP 的操作界面

在测试开始之前，先认识下 QTP 9.2 的主窗口界面，如图9-1所示。
① 标题栏：显示当前打开的测试的名称。
② 菜单栏：显示 QuickTest 的命令菜单。
③ 文件工具栏：协助管理测试。
④ 测试工具栏：协助完成测试流程。

标题栏
菜单栏
文件工具栏
测试工具栏
调试工具栏
操作工具栏

Insert 工具栏   视图工具栏   工具工具栏   编辑工具栏

测试窗格

数据表

状态栏

ActiveScreen

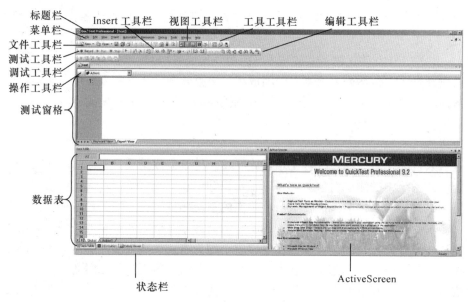

图 9-1　QTP 9.2 的主界面

⑤ 调试工具栏：协助完成调试的工具。

⑥ 操作工具栏：用于查看单项操作或整个测试流的详细信息。

⑦ Insert 工具栏：用于增加 Action、事务等的快捷按钮。

⑧ 视图工具栏：用于显示数据表、ActiveScreen 的快捷按钮。

⑨ 工具工具栏：包含选项设置、语法检查和对象探测的快捷按钮。

⑩ 编辑工具栏：用于对脚本编辑的快捷按钮。

⑪ 测试窗格：包含"关键字视图"和"专家视图"选项卡。

⑫ 数据表：实现对测试进行参数化。

⑬ 状态栏：显示 QuickTest 应用程序的状态。

⑭ ActiveScreen：当在录制会话过程中执行某个特定步骤时，提供出现的应用程序的快照。

三、QTP 自动化测试的基本过程

QTP 进行功能测试的测试流程大致分为以下几个步骤：

① 制订测试计划；

② 创建测试脚本；

③ 增强测试脚本功能；

④ 运行测试；

⑤ 分析测试结果。

【案例描述】

录制计算器加法运算的脚本，并回放脚本。

【案例分析】

QTP 的测试是通过脚本的执行实现自动化的。将测试的步骤、数据及结果的判断等内容写进脚本后，当脚本运行时，所有的测试就被自动执行了。QTP 的脚本使用的是 VBScript

语言，可以直接在专家视图里编写，也可以通过录制的方式生成后再完善。

　　QTP 利用对象识别、鼠标和键盘监控机制来记录测试脚本。测试人员只需要模拟用户的操作，像执行手工测试的步骤一样操作被测应用程序的界面即可。

QTP 录制与
回放脚本

【案例实现】

　　1. 新建测试项目

　　① 双击"QuickTest Professional"图标打开 QTP 应用程序，会弹出如图 9-2 所示的"Add-in Manager"对话框。测试计算器无须更改插件，直接单击"OK"按钮。

　　② 在弹出的 QTP 开启方式选择对话框中可以选择进入方式，如图 9-3 所示。这里选择"Blank Test"选项，开启一个空测试，就进入了 QTP 的主界面。

图 9-2　"Add-in Manager"对话框　　　　　　图 9-3　在 QTP 中选择进入方式

　　③ 在 QTP 的主界面上单击"File"菜单下的"Save"命令，可以保存测试项目。QTP 保存脚本的默认路径是 C:\Program Files\Mercury Interactive\QuickTest Professional\Tests，所有的内容存放在以测试名称命名的文件夹里。

　　2. 录制脚本

　　① 单击 QTP 主界面上的菜单"Automation"下的"Record and Run Settings…"选项，会弹出"Record and Run Settings"对话框，可以根据需要选择其中的录制方式录制脚本。鉴于不同录制方式会产生不同的脚本与操作，举例使用第 2 种模式 Record and run only on 下的 Applications specified below 模式录制，如图 9-4 所示。单击 ＋ 按钮后，在弹出的"Application Details"对话框中选择应用程序所在的位置，如图 9-5 所示。单击"Application Details"对话框中"OK"按钮，并单击"Record and Run Settings"对话框中的"确定"按钮。

　　② 单击测试工具栏上 ● Record 按钮开始录制脚本，程序会自动打开计算器程序。

　　③ 按顺序单击"1""+""2""=""C"按钮，最后关闭计算器程序。

　　④ 单击 QTP 测试工具栏上的 ■ Stop 按钮停止脚本录制。

　　⑤ 单击"保存"按钮，保存脚本。

录制好的脚本可以通过关键字视图和专家视图两种方式查看。

图 9-4 "Record and Run Settings" 对话框   图 9-5 "Application Details" 对话框

关键字视图下的脚本比较容易理解，通常包含 Item、Operation、Value 和 Documentation 几项。Item 表示被测系统中的对象，根据所属的窗口层次以树形结构分层，如按钮 "1" 在计算器窗口内，因此显示在计算器的子节点上。Operation 为对该对象执行的操作，如单击、关闭等。可以右击表格的表头，在弹出的快捷菜单中选择 "Comment"。在增加的注释列中写入注释内容，如图 9-6 所示。

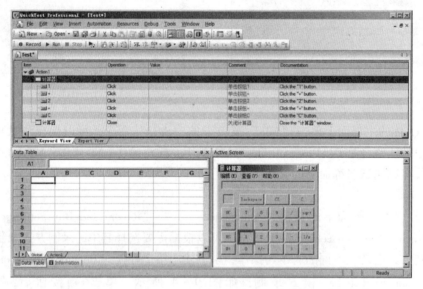

图 9-6 在关键字视图中增加注释

专家视图是全部脚本语言的呈现。其语法格式是：对象类型(对象名称). 操作。英文单引号后面表示注释。每一行对应了测试人员的一步操作。可以更改录制和运行的选项为 "Record and run test on any open Windows-based application"，并使用 SystemUtil 来打开计算器，修改后的脚本如图 9-7 所示。

3. 回放脚本

① 单击测试工具栏的 ▶ Run 按钮，可以进行脚本回放。

② 回放前，先设置测试结果存储位置，如图 9-8 所示。New run results folder 表示选择一

个目录用于存储测试结果文件；Temporary run results folder 表示测试结果存放到默认的目录中，并且覆盖该目录中上一次的测试结果。单击"确定"按钮，QTP 就去自动执行脚本了。

图 9-7　专家视图的脚本

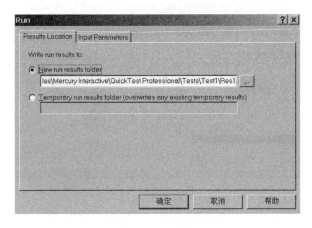

图 9-8　运行设置

③ 脚本执行结束，会自动弹出如图 9-9 所示的执行结果。测试迭代处的结果为"Done"，则说明测试脚本回放正常。

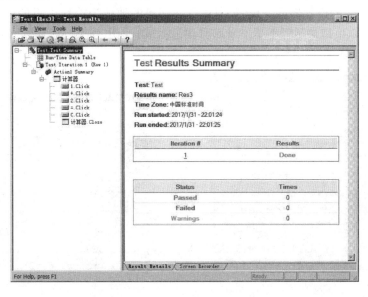

图 9-9　脚本回放结果

脚本回放是之前手工测试的再现。为了便于一系列脚本的衔接自如，需要在脚本结束前将被测系统窗口恢复到录制脚本前的状态。比如，录制的脚本是针对被测系统某个界面进行的操作，那么需要保证系统该界面的状态在录制脚本前后是一致的。为了保证这一点，需要养成在脚本结束前将系统的状态恢复原状的习惯。

【拓展案例】

PHP 开发的论坛系统前台有登录功能，如图 9-10 所示。请录制登录的脚本，要求能够正常回放。（注：PHP 论坛系统是在网上下载并安装的 PHP+MySQL 的开源论坛系统。如果没有该系统，使用一般的论坛系统也是可以的。）

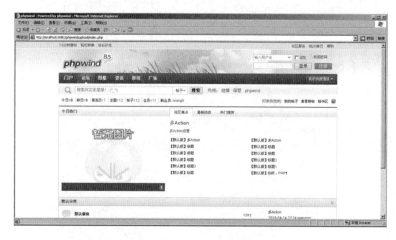

图 9-10　PHP 论坛首页

【解答】

论坛是个网站，打开 QTP 时要勾选 Web 插件才能正常工作。如果开启 QTP 时没有弹出选择插件的界面，在 "Tool" → "Options" 的 "General" 选项卡下，勾选 "Display Add-in Manager on startup" 即可，如图 9-11 所示。由于加载了 Web 插件，在录制方式选择对话框中，多了一页 Web 的设置界面，设置 QTP 自动开启的地址为论坛主页的网址，如图 9-12 所示，然后就可以正常录制脚本了。录制时注意：最后退出登录，恢复被测系统的状态，再停止脚本。

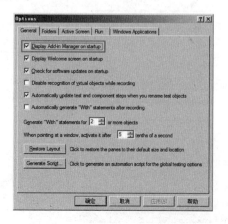

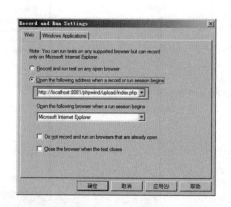

图 9-11　工具菜单中的选项设置　　　　图 9-12　带 Web 插件的录制与运行设置

【拓展知识】

一、脚本（script）

脚本是使用一种特定的描述性语言，依据一定的格式编写的可执行文件，又称作宏或批处理文件。脚本是批处理文件的延伸，是一种纯文本保存的程序，一般来说，计算机脚本程序是确定的一系列控制计算机进行运算操作动作的组合，在其中可以实现一定的逻辑分支等。

二、QTP 录制和运行脚本的设置

在设置 Windows 应用程序的录制和运行界面中，可以选择两种录制程序的方式。

（1）Record and run test on any open Windows-based application

这种录制方式会记录所有在系统中出现的应用程序。

（2）Record and run only on

这种录制方式可以进一步指定录制和运行所针对的应用程序，避免录制一些无关紧要的、多余的界面操作。这种方式有 3 种设置选项。

① Applications opened by QuickTest：录制和运行由 QTP 开启的程序。

② Applications opened via the Desktop（by the Windows shell）：录制和运行通过"开始"菜单选择启动的应用程序，或者在 Windows 文件浏览器中双击可执行文件启动的应用程序，或者在桌面双击快捷方式图标启动应用程序。

③ Applications specified below：可指定录制或运行添加到列表中的应用程序。设置为该选项的情况下，当录制或运行开始时，会自动开启列表中的应用程序。

【案例小结】

脚本是自动化测试的基础，需要了解脚本的不同录制方式，以确保脚本正常录制。在脚本录制结束前，需要将被测系统恢复到原来状态。对录好的脚本，可以通过关键字视图或专家视图进行修改和调整。录制完成的脚本要确保能够正常回放。

案例 3　认识对象库

【预备知识】

QTP 在录制脚本的时候，是如何识别对象的？在回放脚本的时候，又是如何在被测应用中准确定位到这个对象的？下面一起来了解一下 QTP 管理测试对象的机制。

认识对象库

每个应用中的对象都有它特有的属性，可以借助 Object Spy 工具查看对象的属性。单击"Tools"→"Object Spy"，弹出"Object Spy"对话框，如图 9-13 所示。

选择其中的手形按钮 ，此时 QTP 自动被最小化，鼠标变成手形。选中计算器中的某个按钮（如按钮"2"），这个按钮的属性就显示在"Object Spy"对话框中了，如图 9-14 所示。

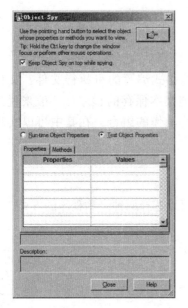

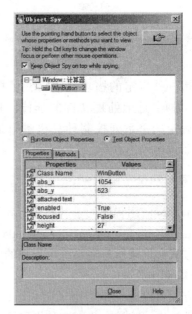

图 9-13 "Object Spy" 对话框　　　　　图 9-14 新对象的属性

QTP 录制脚本时,会自动获取被操作对象的属性信息，然后将对象连同它的属性信息存放在自己的对象仓库（Object Repository）中。每个测试都对应着至少一个对象仓库，测试人员在新建或打开一个测试的同时，也加载了相应的对象仓库。QTP 在回放脚本时，首先会在对象仓库中找到对象，然后根据对象仓库中描述的对象属性，在被测应用中定位到该对象，再执行相应的动作。

【案例描述】

在案例 2 的测试项目中，将计算器程序中的 "3" "4" 等其他对象添加到对象库中。

【案例分析】

查看对象仓库，发现 QTP 录制脚本时，将按钮 "1" "+" "2" "=" "C" 自动添加到了对象库，如图 9-15 所示。而没有操作过的对象，如按钮 "3"，在对象库里是没有的。如果需要使用到这些对象，就需要手动地将其添加到对象库中。

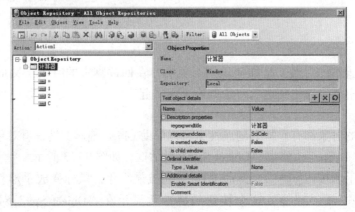

图 9-15 "计算器" 程序的对象仓库

【案例实现】

方法一：手动打开计算器程序，逐个添加对象到对象库。

① 单击菜单"Resources"→"Object Repository"，或在工具栏上单击 按钮，在弹出的"Object Repository"对话框中，单击 按钮。

② 对象库窗口自动最小化后，鼠标变成手形，单击计算器程序中的按钮"3"，在弹出的"Object Selection"对话框中单击"OK"按钮即可完成按钮"3"的添加，如图9-16所示。图9-17为更新后的对象库，其中增加了对象按钮"3"。

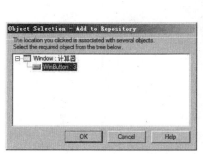

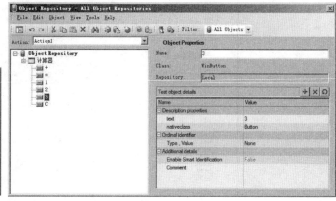

图9-16 将按钮"3"添加至对象库   图9-17 添加了按钮"3"的对象库

③ 重复上面两个步骤，完成将其他对象添加入库的操作。

④ 关闭"Object Repository"对话框，并保存测试脚本。

方法二：整个窗口的对象全部添加。

如果一个应用程序窗口中要添加的对象非常多，可以采用下面的方法一次性添加整个窗口的所有对象入库。

① 单击菜单"Resources"→"Object Repository"，或在工具栏上单击 按钮，在弹出的"Object Repository"对话框中，单击 按钮。

② 鼠标变成手形后，单击计算器窗口的标题栏，在图9-18所示的"Object Selection"对话框中单击"OK"按钮。

③ 在弹出的"Define Object Filter"对话框中，选择"All object types"，如图9-19所示。

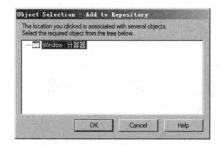

图9-18 添加对象库时选择窗口标题   图9-19 选择添加所有对象

④ 单击"OK"按钮。完成所有对象的入库工作。更新后的对象库如图 9-20 所示。可以发现，在对象库中，除了增加了其他按钮对象，还增加了菜单对象，以及显示结果的文本框对象等。

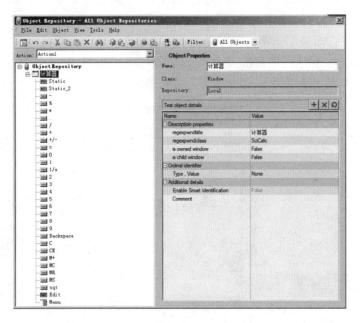

图 9-20　添加计算器程序的所有对象到对象库

⑤ 关闭"Object Repository"对话框，并保存测试脚本。

【拓展案例】

打开 PHP 论坛系统的首页，将导航栏中的对象一一添加到对象库中，并将其他的对象全部添加到对象库中。

【解答】

采用方法一，打开测试项目的对象库，使用"Add Objects to Local"按钮，将导航栏的对象一一添加，如图 9-21 所示。

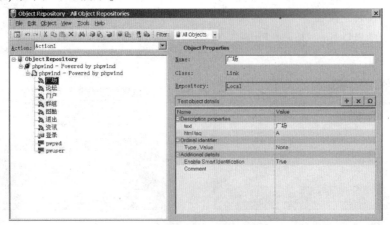

图 9-21　添加论坛导航栏中的对象

采用方法二，鼠标变成手形后单击论坛的标题栏，选择"All object types"。整个网页上的对象非常多，且页面内容不同，对象也会不同，图 9-22 所示为更新后的对象库。

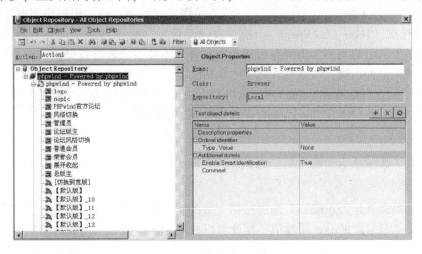

图 9-22　添加页面所有对象后的对象库

【案例小结】

对象仓库是 QTP 脚本回放的重要支持，可以手动地添加对象入库，为后续的脚本完善提供了必要的保障。

案例 4　插入检查点

【预备知识】

仅仅录制操作步骤的脚本是远远不够的，还需要判断测试是否成功，即完成实际结果与预期结果的判断，这样的测试才有意义。检查点就是用于完成这项任务的。为了提高适用性，QTP 常用的检查点有标准检查点、文本检查点、文本区域检查点、图像检查点、可访问性检查点、数据库检查点等。

插入检查点

① 标准检查点（Standard Checkpoint）：检查对象的属性，如可以检查某个按钮是否被选取。

② 文本检查点（Text Checkpoint）：检查网页或窗口中的文字内容是否正确。

③ 文本区域检查点（Text Area Checkpoint）：检查网页或窗口中的文字是否在指定的区域显示。

④ 图像检查点（Image Checkpoint）：检查应用程序或网页中的图像的值，如可以检查所选图像的源文件是否正确。

⑤ 可访问性检查点（Accessibility Checkpoint）：对网站区域属性进行识别，以检查是否符合可访问性规则的要求。

⑥ 数据库检查点（Database Checkpoint）：检查由应用程序访问的数据库的内容，如使用数据库检查点来检查网站上包含航班信息的数据库内容。

⑦ 页面检查点（Page Checkpoint）：检查网页的特性，如可以检查加载页面所需的时间，或者检查网页是否包含损坏的链接。

⑧ 位图检查点（Bitmap Checkpoint）：检查位图格式的网页或应用程序区域。

⑨ 表检查点（Table Checkpoint）：检查表内部信息，假设被测试应用程序中包含一个表，该表列出了从纽约到旧金山所有可用航班。可以添加一个表检查点，以检查该表中的第一个航班的时间是否正确。

⑩ 输出值检查（Output Value）：如输出网页中某一图片的属性。

⑪ XML 检查点（XML Checkpoint）：检查 XML 文件数据内容。

【案例描述】

为计算器加法运算添加检查点，测试计算器加法运算是否正确。

【案例分析】

判断计算器运算是否正确，是通过按钮上方的文本框中的计算结果值进行对比的。文本框内的值是文本框对象的 text 属性值，因此可以使用标准检查点来完成结果的比对。

因为是在按下"="按钮，计算器完成计算后，才将实际结果与预期结果进行对比的，所以检查点要插在按下"="按钮的后面，按下"C"按钮的前面。

【案例实现】

准备工作：打开案例 3 的测试项目。

检查点的添加有两种方法：一种是在录制脚本的时候直接插入检查点；另一种是在 Active Screen 窗口中右击添加。下面以第二种方法为例，插入标准检查点。

① 在专家视图中，将光标定位在操作按钮"C"，即第 6 行脚本上。

② 鼠标移到"Active Screen"对话框中，在显示计算器结果"3"的文本框上右击，在弹出的快捷菜单中选择"Insert Standard CheckPoint…"选项，如图 9-23 所示。

③ 在弹出的"Object Selection"对话框中，单击"OK"按钮，如图 9-24 所示。

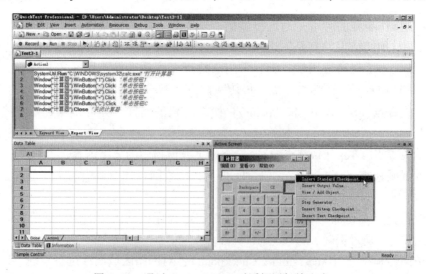

图 9-23　通过 Active Screen 对话框添加检查点

④ 在弹出的"Checkpoint Properties"对话框中，更改 text 属性的该值为"3"，这里填写的是预期结果，如图 9-25 所示。此处的 Insert statement 选项可以选择插入检查点的位置。

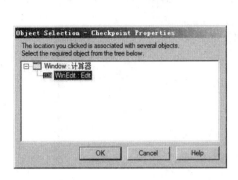

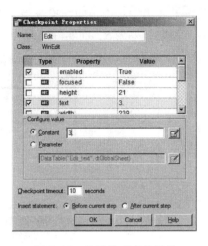

图 9-24　选择添加检查点的对象　　　　　　图 9-25　设置检查点的属性

⑤ 单击"OK"按钮，并保存测试脚本。这样，检查点就插入完成了。

在专家视图中可以看到增加了一行脚本，如图 9-26 所示。切换到关键字视图，发现同样增加一行。运行脚本后得到的测试报告如图 9-27 所示，显示 1 个检查点通过测试。

图 9-26　添加完检查点后的专家视图

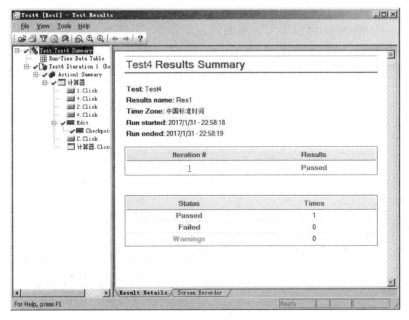

图 9-27　计算器程序测试通过的报告

如果将上述第④步中预期结果改为 5，重新运行测试，得到的测试报告如图 9-28 所示。可以看到，预期结果为 5，而实际结果为 3，因此测试没有通过。

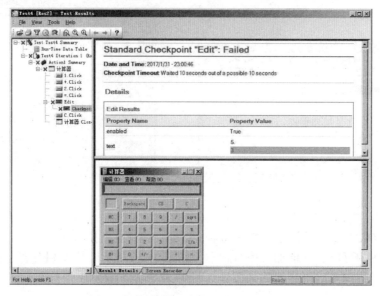

图 9-28　计算器程序测试未通过的报告

【拓展案例】

在 PHP 论坛系统正常登录的脚本中插入检查点，校验登录后的用户名与登录时输入的用户名是否一致。

【解答】

先录制登录脚本，并使用 Active Screen 添加检查点。光标定位在脚本中链接"退出"按钮的行，在 Active Screen 的用户名处右击，选择"Insert Standard CheckPoint…"选项，如图 9-29 所示。将 innertext 属性作为校验的值，如图 9-30 所示，插入检查点，再运行脚本即可完成测试。

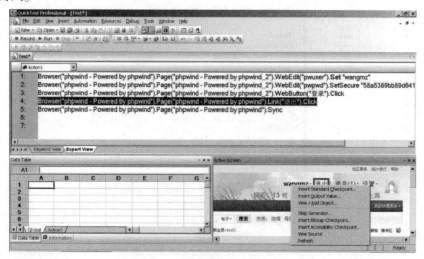

图 9-29　为论坛系统插入检查点

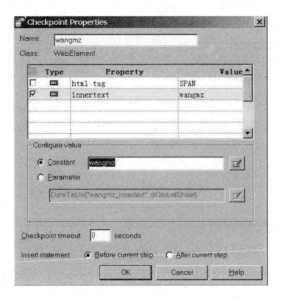

图 9-30 检查点属性设置

【案例小结】

检查点用于判断实际结果与预期结果是否一致，使得自动化测试变得有意义。检查点有很多类型，标准检查点可以检查对象的各个属性，因而比较常用。测试脚本运行结束，所有检查点的结果都会显示在测试结果报告上，如果有错误，也可以一一查看详情。

案例 5 参数化脚本

【预备知识】

增加检查点只是让工具完成测试，并没有体现高效的优势。自动化测试工具的优势在于，快速地执行所有的测试用例，这就要靠参数化来实现了。将某个对象的具体值进行参数化，将测试用例部分的输入数据作为一个个的参数值，通过 QTP 一次次地迭代运行，将所有的测试用例都执行一遍，可以获得所有的测试结果。

参数化脚本

关键字视图中的参数化比较简单，下面以 QTP 自带的航班预订系统的登录为例，一起学习参数化。

① 录制正常登录的脚本：打开 flight4a. exe，输入用户名与密码均为"mercury"，单击"OK"按钮，待打开订票窗口后关闭系统程序，停止录制。录制好的脚本优化后如图 9-31 所示。

② 切换到关键字视图，选中用户名的 Value 值，如图 9-32 所示。

③ 单击后面的 ⊡ 小按钮，在弹出的"Value Configuration Options"对话框中单击"Parameter"单选按钮，修改放在 DataTable 的数据表中的变量名为"username"，该变量默认存放在 GlobalSheet 中，如图 9-33 所示，单击"OK"按钮，在 DataTable 的 GlobalSheet 中，就会出现 username 列。这样就完成了用户名的参数化。

图 9-31　专家视图中的登录脚本

图 9-32　关键字视图的登录操作

④ 同理，可以完成密码的参数化，变量命名为 password。在 DataTable 的 GlobalSheet 中，就会出现 password 列。

⑤ 在 DataTable 的 username 和 password 列中还可以输入更多的测试数据，如图 9-34 所示，这样参数化就完成了。对应专家视图的代码如图 9-35 所示。

图 9-33　用户名的参数化

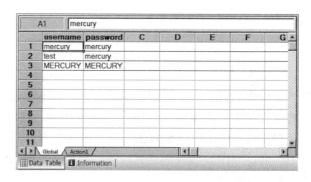

图 9-34　输入参数后的 DataTable 数据表

图 9-35　航班订票系统参数化后的代码

⑥ 运行脚本，可以观察脚本的执行，以及参数化后的测试结果。

【案例描述】

要求使用表 9-1 所示的测试用例，测试计算器是否能够正确地完成运算。

表 9-1　计算器程序的测试用例

测试用例编号	测试步骤	输入数据	预期结果
1		第一个数：1 运算符：+ 第二个数：5	6
2	1. 单击第一个数 2. 单击运算符 3. 单击第二个数 4. 单击 "=" 5. 关闭计算器程序	第一个数：7 运算符：+ 第二个数：8	15
3		第一个数：9 运算符：- 第二个数：4	5
4		第一个数：2 运算符：- 第二个数：6	-4

【案例分析】

由于计算器程序中的数字按钮的文本对应的是 WinButton 对象的 text 属性值，所以使用关键字视图方式的参数化不容易实现，需要在专家视图中通过编码的方式完成参数化。

【案例实现】

准备工作：打开案例 4 的测试项目。

1）在专家视图中，将按钮 "1" 的对象名称值改写为 "DataTable（"num1"，dtGlobalSheet）"，表示该按钮的值使用 DataTable 中 Global 表中 num1 列中的值，如图 9-36 所示。

2）双击 DataTable 数据表 Global 表中第一列 "A"，在弹出的 "Change Parameter Name" 对话框的文本框中输入 "num1"，该 "num1" 与步骤 1）中的 "num1" 对应，如图 9-37 所示。单击 "OK" 按钮，关闭对话框。

图 9-36　对第一个数进行参数化

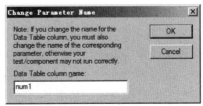

图 9-37　设置第一列的名称

3）同理，完成操作运算符 "op" 和第二个运算数 "num2" 的参数化及列的命名，完成后如图 9-38 所示。

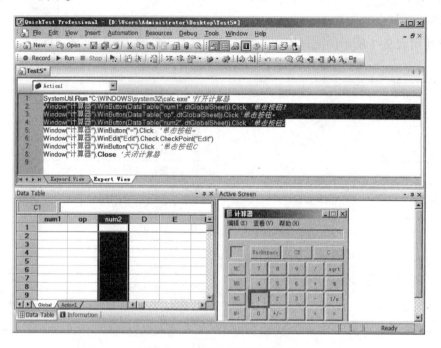

图 9-38　完成参数化后的效果

4）将测试用例的输入数据依次填入 Global 表中，如图 9-39 所示。

图 9-39　填入数据后的 DataTable 表

注意：确保这些数字与运算符按钮对象已经在对象库中，如果没有，则需先添加到对象库中，如图 9-40 所示。

5）检查点的参数化。

① 将光标定位在第 6 行代码的"Check CheckPoint("Edit")"处并右击，在弹出的快捷菜单中选择"Checkpoint Properties…"选项。

② 在弹出的"Checkpoint Properties"对话框中，单击"Parameter"单选按钮，再单击后面的编辑 按钮，如图 9-41 所示。

③ 可以在弹出的"Parameter Options"对话框中的"Name"下拉框内选择检查点的预期结果。但是由于还没有在 DataTable 中输入预期结果列，所以在此手动输入变量名"result"，如图 9-42 所示。单击"OK"按钮，DataTable 中就会新增 result 列。

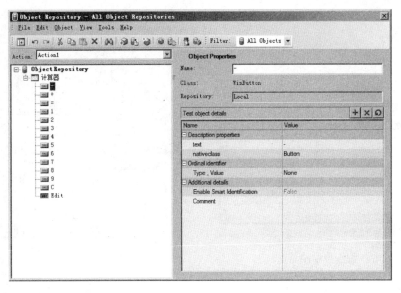

图 9-40 抓取对象后的计算器程序对象库

图 9-41 检查点的参数化

图 9-42 参数的设置

④ 单击"Checkpoint Properties"对话框中的"OK"按钮，结束检查点的参数化设置。

⑤ 在 DataTable 表 result 列中输入预期结果，如图 9-43 所示。

⑥ 设置迭代的次数。单击菜单"File"→"Setting…"，在弹出的"Test Settings"对话框中选择"Run"选项卡，单击"Run on all rows"单选按钮，确保脚本运行所有的测试行，如图 9-44 所示。单击"确定"按钮，并保存测试脚本。

⑦ 单击工具栏上的"Run"按钮，运行脚本执行测试，并查看测试结果，如图 9-45 所示。从测试报告中不难发现，测试迭代共执行了 4 次，通过次数为 4，失败与警告次数均为 0。

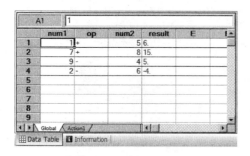

图 9-43　数据表中的测试用例

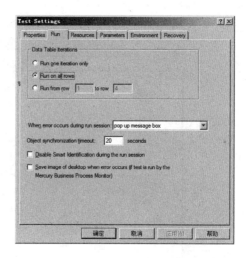

图 9-44　测试运行迭代设置

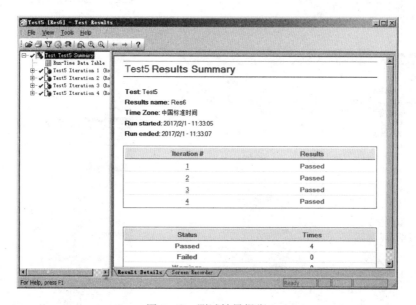

图 9-45　测试结果报告

【拓展案例】

将案例4的拓展案例中的账号、密码和检查点分别进行参数化，并运行测试。

【解答】

准备工作：在PHP论坛的网站上注册至少三个账号。

① 用户名和密码的参数化。可以采用本案例预备知识介绍的方法，在关键字视图内单击对应的 按钮，完成 username 和 password 的参数化，如图 9-46 所示。

② 检查点参数化。在关键字视图或专家视图插入检查点行的适当位置右击，选择"Checkpoint Properties…"设置参数化。在"Parameter Options"对话框的"Name"下拉框中，选择"username"，如图 9-47 所示。这样设置的意义是，在运行测试时，将登录后抓取到的对象的 innertext 值与 DataTable 中的 username 进行对比，从而完成实际结果与预期结果

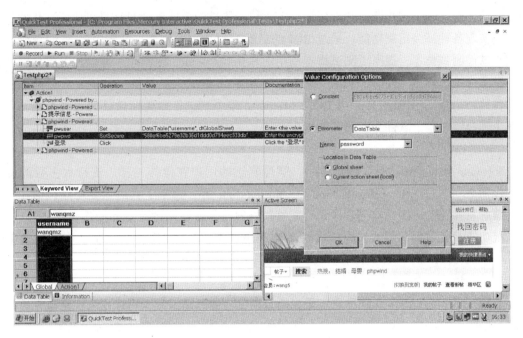

图 9-46   关键字视图内的参数化

的对比。

③ 在 DataTable 中填入多个账号与密码，如果设置测试迭代次数无误，即可运行测试。

【案例小结】

可以在关键字视图中通过按钮设置参数化，或者直接在专家视图中通过编码的方式完成参数化。

通过参数化可以将测试用例加载到脚本上，再通过检查点完成预期结果与实际结果的对比，从而自动地完成测试。

【拓展学习】

QTP 是一款比较常见的自动化测试工具，可代替人工重复性的手动测试，主要用于回归测试和软件更新版本的测试。使用此工具时，需要事先确定好需要测试的

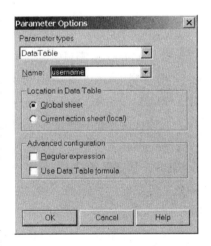

图 9-47   检查点的参数化

功能、操作步骤、输入数据和预期结果。它提供了符合许多应用软件环境的功能测试和回归测试的自动化，采用关键字驱动的理念以简化测试用例的创建和维护。它主要可以测试用户的操作过程，对用户的屏幕操作流程进行录制，自动生成功能测试和回归测试用例。专业的测试者也可以通过提供的内置脚本和调试环境来取得对测试和对象属性的完全控制。除此之外，市场上还有非常多的自动化测试工具，比如：

1. Rational Function Tester

这是一款先进的、自动化的功能和回归测试工具，它适用于测试人员和 GUI 开发人员。

它可以简化测试新手的复杂的测试任务，上手快；测试专家能够通过选择工业标准化的脚本语言，实现各种高级定制功能。通过 IBM 的最新专利技术，例如，基于 Wizard 的智能数据驱动和软件测试技术，提高了测试脚本重用的 ScriptAssurance 技术等，可以大大提高脚本的易用性和可维护能力。同时，它第一次为 Java 和 Web 测试人员提供了和开发人员同样的操作平台（Eclipse），并通过提供与 IBM 的 Rational 整个测试生命周期软件的完美集成，实现了一个平台统一整个软件开发团队的能力。

2. Selenium

Selenium 测试直接运行在浏览器中，就像真正的用户在操作一样。支持大多数的浏览器，包括 IE（7、8、9）、Mozilla Firefox、Mozilla Suite 等。这个工具的主要功能包括：测试浏览器的兼容性（可测试应用程序是否能够很好地工作在不同浏览器和操作系统之上）；测试系统功能（创建回归测试，检验软件功能和用户需求）；支持自动录制动作和自动生成 . NET、Java、Perl 等不同语言的测试脚本。

3. AutoRunner

AutoRunner 是上海泽众软件自主研发的自动化功能测试工具，可以用来代替重复的手工测试。主要用于：功能测试、回归测试等工作的自动化。它采用数据驱动和参数化的理念，通过录制用户对被测系统的操作，生成自动化脚本，然后让计算机执行自动化脚本，达到提高测试效率，降低人工测试成本的目的。

4. AdventNet QEngine

AdventNet QEngine 是一个应用广泛且独立于平台的自动化软件测试工具，可用于 Web 功能测试、Web 性能测试、Java 应用功能测试、Java API 测试、SOAP 测试、回归测试和 Java 应用性能测试。支持对使用 HTML、JSP、ASP、. NET、PHP、JavaScript/VBScript、XML、SOAP、WSDL、e-commerce、传统 C/S 等开发的应用程序进行测试。此工具用 Java 开发，因此便于移植和提供多平台支持。

5. SilkTest

SilkTest 是业界领先的、用于对企业级应用进行功能测试的产品，可用于测试 Web、Java 或是传统的 C/S 结构。SilkTest 提供了许多功能，使用户能够高效率地进行软件自动化测试。这些功能包括：测试的计划和管理；直接的数据库访问及校验；灵活、强大的脚本语言，内置的恢复系统（Recovery System）；具有使用同一套脚本进行跨平台、跨浏览器和技术进行测试的能力。

6. QA Run

QA Run 测试的实现方式是通过鼠标移动、键盘单击操作被测应用，从而得到相应的测试脚本，对该脚本可以进行编辑和调试。在记录的过程中，可针对被测应用中所包含的功能点进行基线值的建立，换句话说，就是在插入检查点的同时建立期望值。在这里检查点是目标系统的一个特殊方面在一特定点的期望状态。通常，检查点在 QARun 提示目标系统执行一系列事件之后被执行。检查点用于确定实际结果与期望结果是否相同。

7. Test Partner

Test Partner 是一个自动化的功能测试工具，它专为测试基于微软、Java 和 Web 技术的复杂应用而设计。它使测试人员和开发人员都可以使用可视的脚本编制和自动向导来生成可重复的测试，用户可以调用 VBA 的所有功能，并进行任何水平层次和细节的测试。Test Partner 的脚本开发采用通用的、分层的方式来进行。没有编程知识的测试人员也可以通过 Test Partner 的可视化导航器来快速创建测试并执行。通过可视的导航器录制并回放测试，每一个测试都将被展示为树状结构，以清楚地显现测试通过应用的路径。

练习与实训

一、单选题

1. 自动化测试与手动测试相比较，不能带来的好处是（　　）。

A. 缩短软件开发测试周期　　　　　　　　B. 不需要了解任何编程语言

C. 提高测试效率，充分利用硬件资源　　　D. 增强测试稳定性和可靠性

2. QTP 默认使用（　　）语言编写程序来加强代码的功能。

A. Java　　　　　　　B. C　　　　　　　C. VBScript　　　　　　　D. 以上均可

3. 自动化功能测试的设计步骤为（　　）。

① 画出业务流程图

② 根据业务流程分解业务功能

③ 可以被复用的功能也要分解出来

④ 按照路径覆盖的思想，组织测试用例

⑤ 挑选自动化测试工具，如 QTP

⑥ 配置监控资源，并执行测试脚本

A. ①②③④　　　　　　　　　　　　　　B. ①②⑤⑥

C. ②④⑤⑥　　　　　　　　　　　　　　D. ②③④⑥

4. 软件手工测试在现阶段条件下有不可替代性，但是与自动测试相比，其又有明显的局限性，这些局限性包括（　　）。

① 通过手工测试无法做到覆盖所有代码路径

② 功能测试用例往往具有一定的重复性

③ 自动化测试更好实施

④ 相对自动化测试，手工测试需要大量的实施培训

⑤ 性能测试需要模拟大的压力时，手工测试无法实现

⑥ 如果大量测试用例需要在短时间内完成，手工测试几乎做不到

A. ①③⑤⑥　　　　B. ①②⑤⑥　　　　C. ②④⑤⑥　　　　D. ②③④⑥

5. 下列不属于功能自动化测试工具主要功能的是（　　）。

A. 当应用被开发完成或应用升级时，测试工具支持测试脚本的编辑、扩展和执行

B. 确保应用能够按照预期设计执行而将业务处理过程记录到测试脚本中

C. 保证测试脚本可重复使用，贯穿于应用的整个生命周期

D. 测试脚本的并发操作

6. 下列关于 QTP 两种脚本视图的描述中，错误的是（　　）。

A. 两种视图不是相互独立的，一处改动会影响另一处的记录

B. 专家视图中的一行语句，一定能在关键字视图中找到相应的步骤

C. 通过关键字视图，无法删除专家视图中的步骤

D. 它们都是记录操作步骤的脚本，只是记录的方式不同而已

7. 关于 QTP 回放原理，下列顺序正确的是（　　）。

① 根据关键属性信息在被测程序中定位该对象

② 从对象仓库中找到该对象

③ 从脚本中获得对象名称

④ 根据脚本中录入的动作和取值执行相应的操作

A. ③①②④　　　　　B. ①②③④　　　　　C. ③②①④　　　　　D. ②③①④

8. 如果要测试一个 B/S 架构的系统，在启动 QTP 时，需要注意（　　）。

A. 在插件管理页面中需要勾选 ActiveX 插件

B. 在插件管理页面中需要勾选 Visual Basic 插件

C. 在插件管理页面中需要勾选 Web 插件

D. 在插件管理页面中需要勾选 Java 插件

9. QTP 业务操作及执行流程的顺序是（　　）。

①录制　②打开浏览器　③回放　④打开 QTP

A. ④①②③　　　　　B. ④②③①　　　　　C. ②①④③　　　　　D. ④②①③

10. 下列关于文本检查点与文本区域检查点，描述正确的是（　　）。

A. 文本检查点与文本区域检查点，被操作对象一致

B. 文本检查点与文本区域检查点，被操作对象不一致

C. 使用文本检查点实现的检查，不可以使用文本区域检查点代替

D. 对 Web 控件可以使用文本区域检查点

二、填空题

1. 按测试工具的用途分类，一般可以分为测试管理工具、自动化功能测试工具和＿＿＿＿＿＿等。

2. 按测试工具的收费方式，可以分为商业测试工具、免费测试工具和＿＿＿＿＿＿。

3. QTP 的基本功能包括两大部分：一部分是提供给初级用户使用的关键词视图，另一部分是提供给熟悉 VBScript 脚本编写的自动化测试工程师使用的＿＿＿＿＿＿。

4. QTP 中的检查点有标准检查点、图像检查点、位图检查点和＿＿＿＿＿＿等。

5. VBScript 是一种面向对象的可视化程序设计语言，对象的三要素是＿＿＿＿＿＿、＿＿＿＿＿＿和＿＿＿＿＿＿。

三、问答题

1. 手工测试与自动化测试的优缺点分别是什么？

2. QTP 自动化测试的基本过程是什么？

3. 数据驱动测试的一般步骤是什么？

4. QTP 中 Object Spy 的作用是什么？

5. 自动化测试工程师的基本素质和技能要求是什么？

四、分析设计题

1. 录制两位数加法的脚本，要求计算 45+70 的和，重置后单击退出。保存代码并回放，查看运行结果。

2. 录制航班预定系统的脚本，具体要求如下：

（1）录制航班预订系统的登录、退出的脚本。

（2）对输入的账号与密码进行参数化，至少三个用户。

（3）设置迭代次数。

（4）回放脚本。

工作任务 10

使用性能测试工具

【学习导航】

1. 知识目标

- 理解性能测试的基本概念
- 熟悉 LoadRunner 的各项组件
- 理解事务、场景的概念
- 知道性能测试的基本流程

2. 技能目标

- 会使用虚拟用户生成器录制脚本
- 会进行脚本的参数化
- 会设计场景
- 能够分析性能测试的运行结果

【任务情境】

性能测试在软件测试工作中占的比重越来越大，近年来备受重视。小李在公司实习的时候，接触到了性能测试方面的概念，在同事的帮助下慢慢学会了 LoadRunner 的使用方法，可以使用该工具对网上订票系统进行性能测试、录制脚本并模拟多个用户上网订票，生成测试结果报告，并查看测试结果。

【任务实施】

案例 1　理解性能测试的意义

【预备知识】

性能测试的基本概念

一、功能测试与性能测试的关系

软件的性能和功能都源自用户的需求。性能就是在空间和时间资源有限的条件下，软件系统是否能正常工作。下面以邮件系统为例，对比功能需求和性能需求。

功能需求：邮件系统能够支持收发以 30 种语言为标题和正文的邮件，并支持粘贴 10 MB 的邮件附件。

性能需求：邮件系统能够在 2 GB RAM/1 GHz CPU 的服务器上，支持 10 000 个注册用户，日均处理 10 000 封邮件，响应时间不超过 5 s/封。

性能和功能的主要区别是，功能关注软件"做什么"，而性能则关注软件"做得如何"。

二、衡量性能测试的指标

1. 并发用户数

关于并发用户数，有两种常见的错误观点：一种是将并发用户数理解为使用系统的全部用户的数量，理由是这些用户可能同时使用系统；另外一种观点是将用户在线数理解为并发用户数。实际上，在线用户不一定会和其他用户发生并发。例如，正在浏览网页信息的用户，对服务器是没有任何影响的。但是，用户在线数是统计并发用户数的主要依据之一。

并发主要针对服务器而言，是否并发的关键是看用户的操作是否对服务器产生了影响。因此，对并发用户数的正确理解是，在同一时刻与服务器进行交互的在线用户数。这些用户的最大特征是和服务器发生了交互，这种交互既可以是单向传送数据的，也可以是双向传送数据的。计算平均并发用户数和并发用户数的峰值可以采用以下的公式：

① 平均并发用户数：$C = nL/T$；

② 并发用户数峰值：$C' \approx C + 3 \times \sqrt{C}$。

说明：

● 公式①中，C 是平均并发用户数；n 是 login session 的数量；L 是 login session 的平均长度；T 是指考察的时间段长度。

● 公式②给出了并发用户数峰值的计算公式，其中 C' 指并发用户数的峰值，C 是公式①中得到的平均并发用户数。该公式的得出是假设用户的 login session 产生符合泊松分布而估算得到的。

假设有一个 OA 系统，该系统有 3 000 个用户，平均每天大约有 400 个用户要访问该系统。对一个典型用户来说，一天内从登录到退出该系统的平均时间为 4 小时，在一天的时间内，用户只在 8 小时内使用该系统。根据公式①和公式②，可以得到：

$$C = 400 \times 4/8 = 200$$

$$C' \approx 200 + 3 \times \sqrt{200} \approx 242$$

2. 响应时间

响应时间就是用户感受软件系统为其服务所耗费的时间。比如用户访问一个 JSP 开发的网站，响应时间就是从用户单击了一个链接开始，到这个页面完全在浏览器里展现出来的这一段时间间隔。这个看起来很简单，但其实在这段时间内，软件系统从客户端到服务器端经过了一系列的处理，如图 10-1 所示。

响应时间又可以细分为：

① 服务器端响应时间，这个时间指的是服务器完成交易请求执行的时间，不包括客户端到服务器端的反应（请求和耗费在网络上的通信时间）。服务器端响应时间可以度量服务器的处理能力。

② 网络响应时间，也可以理解为数据传输时间，这是网络硬件传输交易请求和交易结果所耗费的时间。

③ 客户端响应时间，这是客户端在构建请求和展现交易结果时所耗费的时间，对于普通的瘦客户端 Web 应用来说，这个时间很短，通常可以忽略不计；但是对于胖客户端 Web 应用来说，比如 Java Applet、AJAX，由于客户端内嵌了大量的逻辑处理，耗费的时间有可

能很长，从而成为系统的"瓶颈"。

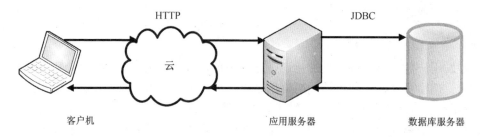

图 10-1　响应时间示意图

客户感受的响应时间其实等于客户端响应时间、服务器端响应时间、网络响应时间之和。

对于用户响应时间，通常应该遵循"3-5-8 原则"。简单理解，就是当用户能够在 3 s 以内得到响应时，会感觉系统的响应很快；当用户在 3~5 s 得到响应时，会感觉系统的响应速度还可以；当用户在 5~8 s 得到响应时，会感觉系统的响应速度很慢，但是还可以接受；而当用户在超过 8 s 后仍然无法得到响应时，会感觉系统糟透了，或者认为系统已经失去响应，从而选择离开这个 Web 站点，或者发起第二次请求。

3. 吞吐量（Throughput）

吞吐量是指在一次性能测试过程中网络上传输的数据量的总和。具体来说，软件系统在一定时间内处理多少个事务/请求/单位数据等。比如，数据库的吞吐量指的是一段时间内，不同 SQL 语句的执行数量；网络的吞吐量指的是在网络上传输的数据流量。吞吐量的大小由负载（用户的数量）或行为方式来决定。例如，下载文件比浏览网页需要更高的网络吞吐量。

4. 吞吐率

吞吐量/传输时间，就是吞吐率。通常用来指单位时间内网络上传输的数据量，也可以指单位时间内处理的客户端请求数量，它是衡量网络性能的重要指标。

但是从用户或业务角度来看，吞吐率也可以用"请求数/秒""页面数/秒""业务数/小时或天""访问人数/天""页面访问量/天"来衡量。例如，在银行卡审批系统中，可以用"千件/小时"来衡量系统的业务处理能力。

5. TPS（Transaction Per Second）

TPS 是指每秒钟系统能够处理的交易或事务的数量。它是衡量系统处理能力的重要指标。TPS 是 LoadRunner 中重要的性能参数指标。

6. 点击率（Hit Per Second）

每秒钟用户向 Web 服务器提交的 HTTP 请求数。这个指标是 Web 应用特有的指标：Web 应用是"请求-响应"模式，用户发出一次申请，服务器就要处理一次，所以"点击"是 Web 应用能够处理交易的最小单位。如果把每次点击定义为一次交易，点击率和 TPS 就是一个概念。不难看出，点击率越大，对服务器的压力也越大。点击率只是一个性能参考指标，重要的是分析点击时产生的影响。

需要注意的是，这里的点击不是指鼠标的一次"单击"操作，因此，在一次"单击"操作中，客户端可能向服务器发出多个 HTTP 请求。

7. 资源利用率

资源利用率指的是对不同系统资源的使用程度，例如，服务器的 CPU 利用率、磁盘利用率等。资源利用率是通过分析系统性能指标来改善性能的主要依据，因此，它是 Web 性能测试工作的重点。

资源利用率主要针对 Web 服务器、操作系统、数据库服务器、网络等，是测试和分析"瓶颈"的主要参数。在性能测试中，要根据需求采集具体的资源利用率参数来进行分析。

三、性能测试的类型

1. 负载测试

负载测试指的是最常见的验证一般性能需求而进行的性能测试。负载测试主要是考察软件系统在既定负载下的性能表现。对负载测试可以有如下理解：

① 负载测试是站在用户的角度去观察一定条件下软件系统的性能表现。

② 负载测试的预期结果是用户的性能需求得到满足。此指标一般体现为响应时间、交易容量、并发容量、资源利用率等。

2. 压力测试

压力测试是为了考察系统在极端条件下的表现，极端条件可以是超负荷的交易量和并发用户数。注意，这个极端条件并不一定是用户的性能需求，可能要远远高于用户的性能需求。可以这样理解，压力测试和负载测试不同的是，压力测试的预期结果就是系统出现问题，而要考察的是系统处理问题的方式。比如，期待一个系统在面临压力的情况下能够保持稳定，处理速度可以变慢，但不能让系统崩溃。因此，压力测试能让我们识别系统的弱点和了解在极限负载下程序将如何运行。

在做软件压力测试时，往往要增加比负载测试更多的并发用户和交易。

3. 并发测试

验证系统的并发处理能力，一般是和服务器端建立大量的并发连接，通过客户端的响应时间和服务器端的性能监测情况来判断系统是否达到了既定的并发能力指标。负载测试往往会使用并发来创造负载，之所以将并发测试单独提出来，是因为并发测试往往涉及服务器的并发容量，以及多进程/多线程协调同步可能带来的问题。

4. 基准测试

当软件系统中增加一个新的模块时，需要做基准测试，以判断新模块对整个软件系统的性能影响。按照基准测试的方法，打开/关闭新模块测试至少各做一次。关闭模块时，将系统各个性能指标记下来作为基准（Benchmark），然后与打开模块状态下的系统性能指标作比较，以判断模块对系统性能的影响。

5. 稳定性测试

稳定性测试是测试系统在一定负载下运行长时间后是否会发生问题，和性能测试有关。软件系统的有些问题是不会一下子就暴露出来的，或者说是需要时间积累才能达到可以度量的程度。为什么会需要这样的测试呢？因为有些软件的问题只有在运行一天或一个星期甚至更长的时间才会暴露。这种问题一般是程序占用资源却不能及时释放引起的。比如，内存泄漏问题就是经过一段时间积累才会慢慢变得显著，在运行初期却很难检测出来；还有客户端和服务器在负载运行一段时间后，建立了大量的连接通路，却不能有效地复用或及时释放。

6. 可恢复测试

测试系统能否快速地从错误状态中恢复到正常状态。比如，在一个配有负载均衡的系统中，主机承受了压力无法正常工作后，备份机是否能够快速地接管负载。可恢复测试通常结合压力测试一起来做。

【案例描述】

某酒店预订系统有两个重要功能：检索和预订。检索功能根据用户提供的关键字检索出符合条件的酒店列表，预订功能是对选定的某一酒店进行预订。现需要对该系统执行负载压力测试。

该酒店预订系统的性能要求为：

① 交易执行成功率 100%；

② 检索响应时间在 3 s 以内；

③ 检索功能支持 900 个并发用户；

④ 预订功能支持 100 个并发用户；

⑤ CPU 利用率不超过 85%；

⑥ 系统要连续稳定运行 72 h。

酒店预订系统

请回答以下问题：

① 简述该酒店预订系统在生产环境下承受的主要负载类型。

② 对系统检索功能执行负载压力测试，测试结果见表 10-1。请指出响应时间和交易执行成功率的测试结果是否满足性能需求并说明原因。

表 10-1　检索功能测试结果

检索执行情况		
并发用户数	响应时间（平均值）/s	交易执行成功率/%
500	1.3	100
900	3.7	100
1 000	6.6	98

③ 对系统检索功能及预订功能执行负载压力测试，测试结果见表 10-2。请指出服务器资源利用情况——CPU 占用率的测试结果是否满足性能需求并说明原因。

表 10-2　系统测试结果

服务器资源利用情况		
并发用户数		CPU 占用率（平均值）/%
检索功能并发用户数	预订功能并发用户数	
500	50	35.5
900	100	87.3
1 000	120	92.6

④ 根据上述②和③的测试结果，试分析该系统可能存在的"瓶颈"。

【案例分析】

第①小题：根据给定的系统性能要求，应从 6 个性能指标出发，考虑并发用户、连续稳定运行 72 小时等关键词，对应性能测试的类型。

第②小题：表 10-1 的响应时间列对应性能指标②。不难发现，当并发用户数为 900 时，响应时间超过了 3 s；当用户数为 1 000 时，响应时间更是达到了 6.6 s。交易执行成功率对应性能指标①，不难发现，当并发用户数为 1 000 时，交易执行成功率下降到了 98%。而性能指标③要求检索功能达到 900 的并发用户，所以 3.7 s 的结果证明了不满足性能需求。

第③小题：将 CPU 占用率列与性能指标⑤对应，对比发现，当检索用户达到 900 和 1 000 时，CPU 占用率都超出了性能需求。而性能指标③、④要求检索功能达到 900、预订功能达到 100 的并发用户，所以 87.3% 的 CPU 占用率证明了不满足性能需求。

第④小题：应该结合②和③的结果进行分析。

【案例实现】

1）该酒店预订系统在生产环境下承受的主要负载类型有：

① 检索功能、预订功能并发用户的操作属于并发负载；

② 连续运行 72 h 属于疲劳强度负载；

③ 大量检索操作属于大数据量负载。

2）对系统检索功能执行负载压力测试，响应时间和交易执行成功率的测试结果不能满足性能需求。因为系统检索功能执行并发用户数为 900 时，其响应时间为 3.7 s，不满足检索响应时间在 3 s 以内的性能需求，交易执行成功率为 100% 满足性能需求。

而系统检索功能执行并发用户数为 1 000 时，虽然其响应时间为 6.6 秒，交易执行成功率为 98%，但系统检索的并发用户只要求到达 900，所以不算不满足性能需求。

3）测试结果不满足性能指标。因为在检索功能并发用户为 900、预订功能并发用户数为 100 时，CPU 占用率达到 87.3%，超过了 85%。

而要求检索功能并发用户为 900、预订功能并发用户数为 100，所以，在检索功能并发用户为 1 000、预订功能并发用户数为 120 时，CPU 占用率虽然达到 92.6%，但不能算不满足性能需求。

4）可能的"瓶颈"有：

① 没有采用合适的并发/并行策略；

② 数据库本身的设计或者优化不够；

③ 服务器网络带宽不足；

④ 服务器 CPU 性能不足。

【拓展案例】

性能测试在系统软件质量保证中起重要作用。某项目组对一个电子政务平台系统执行了负载压力测试，重点评估其效率质量特性中的时间特性和资源利用性两个质量子特性。性能需求可以概括为：业务成功率达到 100%；响应时间在 8 s 之内；服务器资源利用合理。测试环境逻辑部署如图 10-2 所示。

回答以下问题：

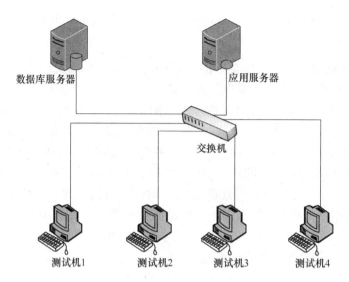

图 10-2　测试环境逻辑部署

① 请分别指出性能测试中负载测试与压力测试的目的。

② 请分别指出应用服务器和数据库服务器性能评价的关键指标。

③ 该电子政务平台的"文档审核"业务的测试结果见表 10-3，请具体说明测试结果是否满足性能需求。

表 10-3　性能测试结果

测试用例	总体情况		应用服务器资源利用率			数据库服务器资源利用率		
	并发用户数	平均响应时间/s	CPU/%	内存/ (Page in · s^{-1})	磁盘/%	CPU/%	内存 (Page in · s^{-1})	磁盘/%
1	5	5.4	1.2	0.1	9.1	29.8	6.1	14.6
2	10	5.8	13.3	2.5	21.3	60.3	36.7	27.5
3	40	21.4	15.4	2.9	34.4	91.4	98.8	41.7

④ 如 60 个用户并发执行"新立申请"业务的成功率为 80%，应用服务器内存页交换速率为 2 000 page in/s，数据库服务器 CPU 平均占用率达到 100%。请说明该业务的性能是否满足需求。假设系统中间件和数据库软件配置正确，请指出系统可能存在的性能"瓶颈"。

【解答】

1）负载测试模拟系统真实使用环境执行性能测试，考核系统在日常业务运行和高峰期运行期间的性能是否满足需求。压力测试模拟系统的性能极限点执行性能测试，采用发现系统的性能"瓶颈"点。

2）应用服务器关键指标：操作系统指标、缓存状况、连接池、执行队列等。数据库服务器关键指标：操作系统指标、缓存命中率、数据库进程占用的 CPU 时间、数据库进程使用的内存量、锁资源使用情况。

3）关键指标判断原则：

① 响应时间遵循 3/5/8 原则，大于 8 s 是不合理的；

② CPU 的占用率应小于 85%；

③ 内存页交换速率 page in/s 平均值不能大于 80，否则物理内存不足。

对测试结果的分析如下：

① 40 个用户并发平均响应时间为 21.4 s，超过 8 s，不满足需求；

② 40 个用户并发数据库服务器 CPU 平均占用率为 91.4%，超过 85%，不满足需求；

③ 内存页交换速率 page in/s 平均值为 98.8%，超过 80%，不满足需求。

4）60 个用户时，业务成功率没有达到 100%、应用内存页交换速率大于 80、数据库服务器 CPU 占用率大于 85%，3 个指标都不满足性能需求。

系统存在的性能"瓶颈"可能包括：

① 应用服务器的物理内存不足；

② 数据库服务器的 CPU 性能不足；

③ 数据库设计有问题或者没有优化。

【案例小结】

功能与性能是系统表现的不同侧面。软件的复杂性要求软件编写通过严格的性能测试，才能降低软件开发过程带来的风险。在进行性能测试前，必须要了解性能测试的相关术语，理解性能指标。并发用户数、响应时间、吞吐量、资源利用率等都是非常重要的性能指标，通过不同的性能测试方法可以得到这些性能数据，从而判断系统的性能，分析性能可能存在的"瓶颈"。

案例 2　录制及回放测试脚本

【预备知识】

从案例 1 的学习可知，只需通过适当的性能测试得到系统性能数据，就可以进行系统性能评价，并分析出系统瓶颈。那么如何进行性能测试呢？由于性能测试采用手动方式时，存在测试人员与客户机资源不足、缺乏合理的调度与同步并发等弊端，可以选择使用 LoadRunner 工具来实现性能测试。

LoadRunner 是一种预测系统行为和性能的负载测试工具，通过模拟上千万用户实施并发负载及实时性能监测的方式来确认和查找问题。LoadRunner 能够对整个企业架构进行测试。使用 LoadRunner 能够较大限度地缩短测试时间，优化性能和加速应用系统的发布周期。LoadRunner 适用于各种体系架构的自动负载测试，能预测系统行为并评估系统性能。

一、LoadRunner 的三大组件

1. 虚拟用户生成器（Virtual User Generator，VuGen）

虚拟用户生成器的主要作用是录制和调试脚本。测试人员被 LoadRunner 的 Vuser（虚拟用户）代替，测试人员执行的操作以 Vuser Script（虚拟用户脚本）的方式固定下来。一台计算机可以运行多个 Vuser，因此减少了性能测试对硬件的要求。

Vuser 在方案中执行的操作是用 Vuser 脚本描述的。Vuser 脚本记录了用户的动作，并且包含一系列度量并记录服务器性能的函数，从而方便计算性能指标。运行场景时，每个 Vuser 去执行 Vuser 脚本。就像一个真实的用户一边做操作，一边拿着秒表记录时间一样。

2. 控制器（Controller）

控制器的主要作用是设置场景参数，管理虚拟用户，组织、驱动、管理并监控负载测试，它是运行性能测试的司令部，负责生成性能测试场景，管理和协调多个虚拟用户。在实际运行时，Controller 运行任务分派给各个 Load Generator，同时还联机监测软件系统各个节点的性能，并收集结果数据，提供给 LoadRunner 的 Analysis。

3. 结果分析器（Analysis）

结果分析器的主要作用是生成测试报告，用于查看、分析和比较性能结果。

二、LoadRunner 的测试流程

LoadRunner 的测试流程一般如图 10-3 所示。

图 10-3　LoadRunner 的测试流程

① 规划测试：定义性能测试要求，例如并发用户数、典型业务流程和要求的响应时间。
② 创建脚本：在自动化脚本中录制最终用户活动。
③ 定义场景：使用控制器设置负载测试环境。
④ 运行场景：使用控制器驱动、管理并监控负载测试。
⑤ 分析结果：使用分析器创建图和报告并评估性能。

三、虚拟用户生成器 VuGen

在测试环境中，LoadRunner 在物理计算机上使用 Vuser 虚拟用户来代替实际用户，虚拟用户以一种可重复、可预测模拟典型的用户操作，对系统施加负载。

VuGen 用户界面如图 10-4 所示，包含多个区域，每个区域可以显示多个窗格。常用窗格的用途：
① 解决方案资源管理器（Solution Explorer）：可以在指定的解决方案中组织和管理多个脚本。
② 步骤工具箱（Steps ToolBox）：可以将 API 函数拖放到脚本中。
③ 编辑器：可以在此编辑脚本，还可以打开社区搜索、帮助文档和浏览器页面。
④ Output（输出）：可以查看代码生成、回放和录制的事件日志。

四、被测系统

被测系统是 LoadRunner 开发的时候自带的一个航班订票系统，该系统默认的用户名是 jojo，密码为 bean。也可以在使用该软件前，自行注册测试的账号，下面一起来熟悉一下该被测系统。

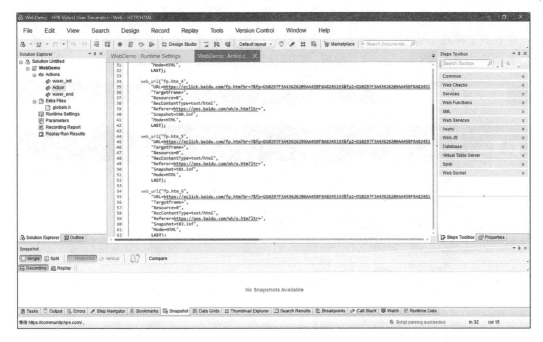

图 10-4　虚拟用户生成器的主界面

1. 启动 HP Web Tours 服务

可以通过双击 Web Tours 安装文件夹中的 StartServer. bat 文件来开启服务。

2. 打开样例程序

在浏览器地址栏中输入 "http://127.0.0.1:1080/WebTours/"，打开航班订票系统的首页，如图 10-5 所示。

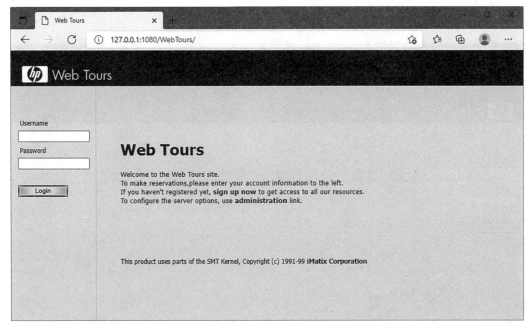

图 10-5　航班订票系统首页

3. 注册新用户

在首页上单击超链接"sign up now"，可以注册新用户。其中，用户名、密码、确认密码是必填项，单击"Continue…"按钮，即可注册，如图 10-6、图 10-7 所示。

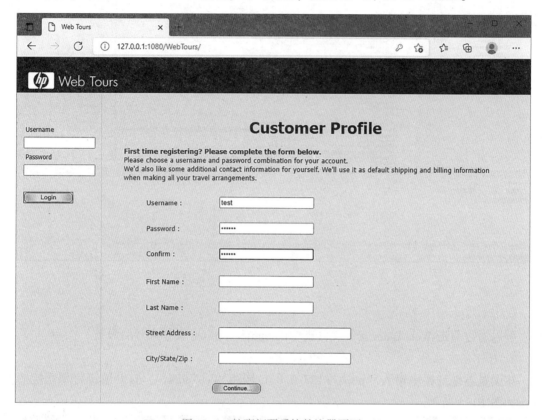

图 10-6　航班订票系统的注册页面

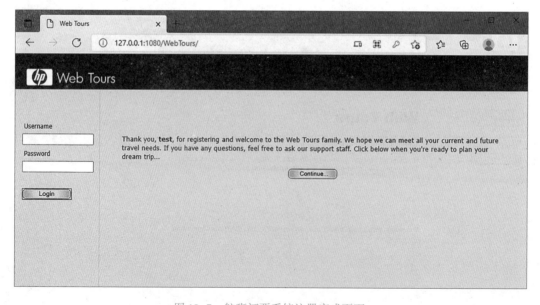

图 10-7　航班订票系统注册完成页面

4. 订票

① 打开航班订票系统的首页，用刚才注册的用户名 test 和密码 123456 进行登录，如图 10-8 所示。

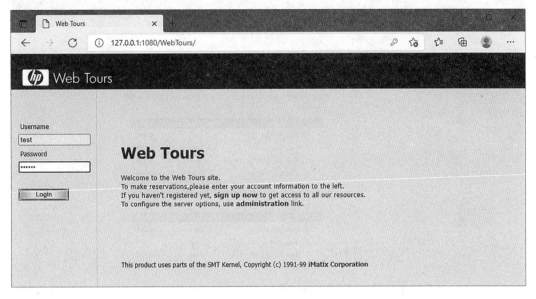

图 10-8　登录航班订票系统

② 单击"Login"按钮，成功登录后，单击左侧的"Flights"按钮，在始发地与目的地分别选择"Denver"和"Los Angeles"；在出发日期与返程日期中选择今天之后的日期。设置乘客的人数为 2，勾选返程票、选择舱位类型与座位位置，如图 10-9 所示。

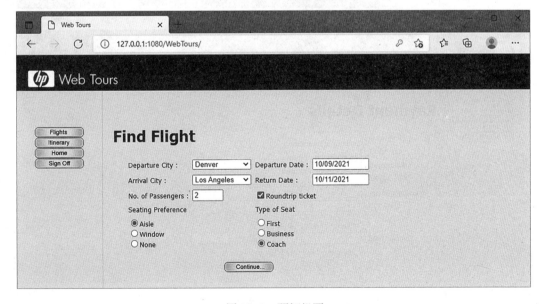

图 10-9　预订机票

③ 单击"Continue…"按钮后，可以看到两个城市间来回的机票信息，如图 10-10 所示。

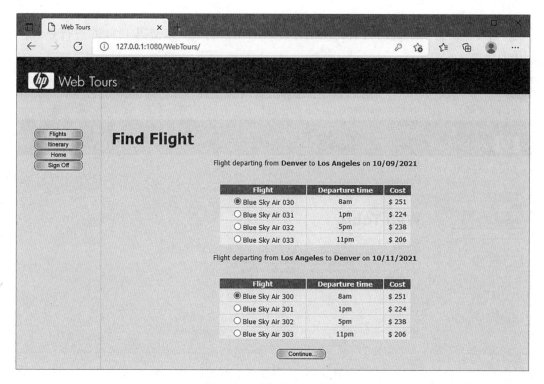

图 10-10　预订机票的信息

④ 继续单击"Continue…"按钮，进入付款页面，如图 10-11 所示。

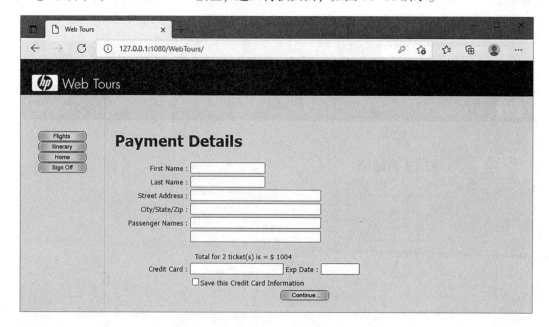

图 10-11　支付信息

⑤ 可以不填任何信息，直接单击"Continue…"按钮，就完成机票预定了。

⑥ 单击左侧"Itinerary"按钮，可以查看行程，也可以取消预订，如图 10-12 所示。

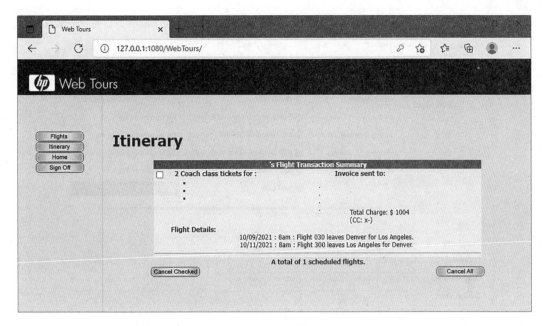

图 10-12 查看行程

【案例描述】

以航班订票系统为被测软件，录制登录、订票、取消订票及注销的脚本，查看并回放脚本。

【案例分析】

在熟悉了航班订票系统的注册、登录、订票等流程的基础上，使用 LoadRunner 的 VuGen 组件将用户操作过程录制成脚本。由于测试的是网页程序，因此选择 "Web-HTTP/HTML" 协议，将被测系统的网址设为 URL Address，将登录、订票、取消订票、注销等录制为脚本；最后查看并回放脚本。

【案例实现】

1. 录制脚本

（1）新建 LoadRunner 脚本

① 在 "开始" 菜单中单击 "Virtual User Generator"，打开虚拟用户生成器，单击 "File" → "New Script and Solution" 菜单。

LoadRunner 录制及回放脚本

② 在弹出的 "Create a New Script" 对话框中，选择 "Single Protocol" 的 "Web-HTTP/HTML" 协议，输入 "Script Name" 为 "test"，选择存放的脚本路径，如图 10-13 所示，单击 "Create" 按钮，新脚本就创建好了。

（2）设置录制选项

① 在工具栏上单击 按钮，打开 "Recording Options" 对话框。

② 在对话框的 "General" → "Recording" 中选择 "HTML-based script"，单击 "HTML Advanced…" 按钮，在弹出的 "Advanced HTML" 对话框的 "Script type" 中选择 "A script containing explicit URLs only"，如图 10-14 所示，单击 "OK" 按钮关闭对话框。

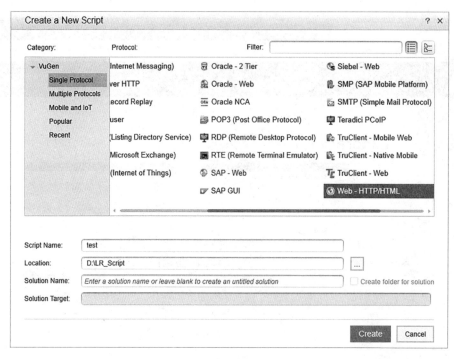

图 10-13　选择新建脚本的协议

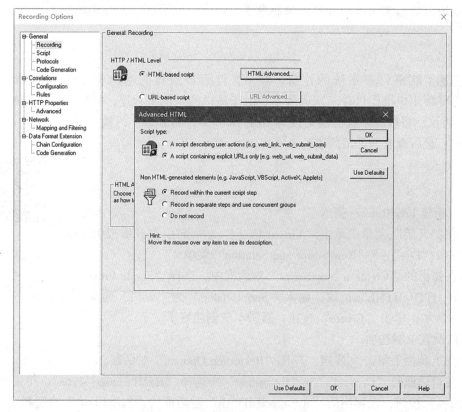

图 10-14　录制选项 Recording 设置

③ 在对话框的 "HTTP Properties" → "Advanced" 中勾选 "Support charset"，默认选择 "UTF - 8"；"Proxy recording settings" 勾选 "Use the LoadRunner Proxy to record a local application"，如图 10-15 所示。

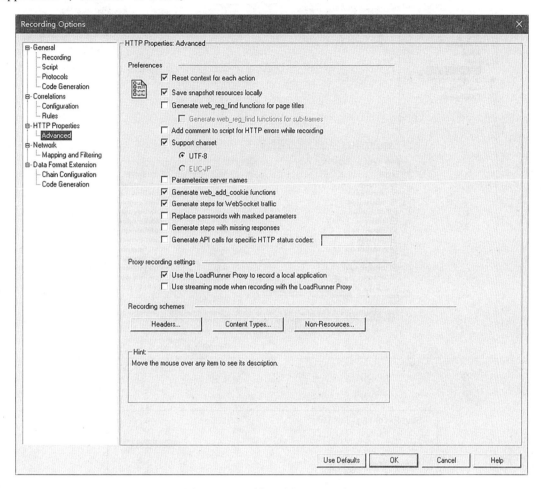

图 10-15　录制选项 Advanced 设置

④ 在对话框的 "Network" → "Mapping and Filtering" 中选择 "Socket level and WinINet level data"，如图 10-16 所示。

⑤ 单击 "OK" 按钮，关闭 "Recording Options" 对话框。

（3）开启录制

① 在工具栏上单击 ● 按钮，在弹出的 "Start Recording" 对话框中进行各项参数的设置。

② 将 "Record into action" 设置为 "vuser_init"，"URL Address" 设置为 "http://192. 168.1.29:1080/WebTours/"（192.168.1.29 为本机 IP）；将 "Working directory" 设置为 LoadRunner 的安装路径的 bin 文件夹，这里安装路径是 "D:\Program Files（x86）\HPE\ LoadRunner"，如图 10-17 所示。

也可以设置其他参数，例如更换 "Application" 的设置，即使用不同的浏览器进行脚本的录制，Windows 10 中默认使用了 "Microsoft Edge"。

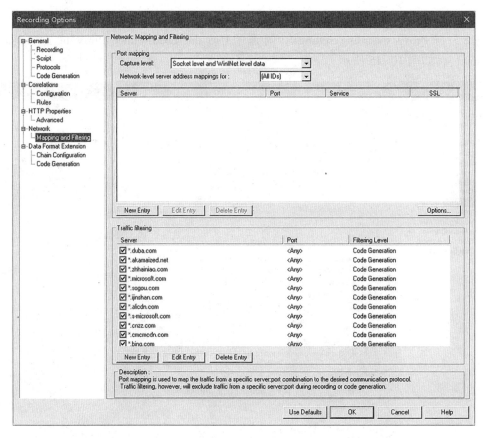

图 10-16 录制选项 Mapping and Filtering 设置

图 10-17 设置录制选项

③ 单击"Start Recording"按钮，LoadRunner 就开始脚本录制了。

（4）录制操作

在录制的状态下，进行如下操作：

① 待被测网站首页自动弹出后，输入事先注册好的用户名"test"和密码"123456"，单击"Login"按钮登录系统。

② 在"Recording…"工具栏上将事务切换为"Action"，单击工具栏上的 按钮添加注释"查询航班"，如图 10-18 所示。单击"OK"按钮，继续录制操作。

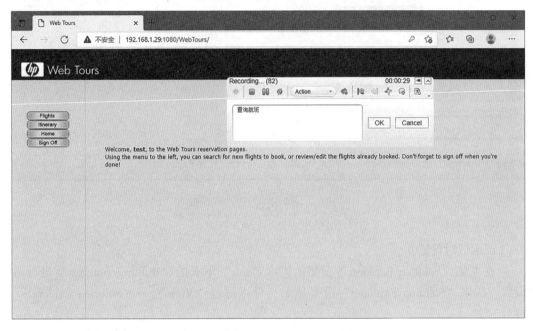

图 10-18 完成航班预定

③ 在网页上单击"Flights"按钮可以增加一个订单，始发地为"Denver"，目的地选择"Los Angeles"，勾选"Roundtrip ticket"，乘客人数为"2"，位置选择"Aisle"，单击"Continue…"按钮。

④ 在"Recording…"工具栏上单击 按钮，输入"订票"，单击"OK"按钮，继续录制操作。

⑤ 在网页上选择合适的航班，单击"Continue…"按钮。继续填写支付信息（也可以省略），单击"Continue…"按钮。

⑥ 在"Recording…"工具栏上单击 按钮，输入"查看行程并取消订单"，单击"OK"按钮，继续录制操作。

⑦ 在网页上单击"Itinerary"按钮，单击"Cancel All"按钮，删除所有订单。

⑧ 在"Recording…"工具栏上将事务切换为"vuser_end"。

⑨ 网页上单击"Sign Off"按钮，注销登录。关闭浏览器。

⑩ 在"Recording…"工具栏上单击 按钮，停止脚本录制。完成录制后的界面如图 10-19 所示。在"Solution Explorer"窗格中，显示"test"脚本的各个 Action，依次双击"vuser_init""Action"和"vuser_end"可查看录制的脚本。

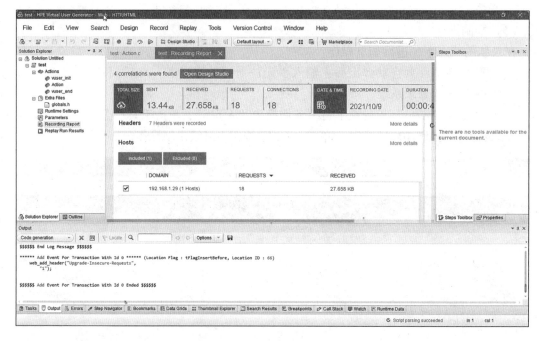

图 10-19　脚本录制停止后界面

2. 脚本回放

（1）运行时设置

① 在左侧"Solution Explorer"窗格的脚本"test"下双击"Runtime Settings"进行运行时设置。如果"Solution Explorer"没有显示，可以通过"View"→"Solution Explorer"菜单打开。

② 在运行时设置时，选择"General"→"Log"，在"Detail Level"中选择"Extended log"，勾选全部的 3 个选项；在"General"→"Think Time"中选择"Replay thinktime as recorded"。

③ 单击工具栏上的📁按钮保存设置。

（2）回放脚本

单击工具栏上的▶按钮回放脚本，脚本回放成功的界面如图 10-20 所示。"Output"窗格可以查看日志消息。

小技巧：

默认情况下，VuGen 回放的时候在后台运行测试，不显示脚本中的操作过程，也可以通过 Tools 菜单进行相关的设置。单击"Tools"→"Options"，在打开的"Options"对话框中选择"Scrpting"选项卡的"Replay"选项，勾选 During replay 中的"Show run-time viewer during replay"复选框，如图 10-21 所示。

【拓展案例】

本单元的拓展任务针对的被测软件为客户管理系统。在全球一体化、企业互动和以 Internet 为核心的时代，企业面临着如何发展潜在客户，如何将社会关系资源变为企业的销售和发展资源等一系列问题。在上述背景下，客户关系管理系统应运而生，系统以客户为中

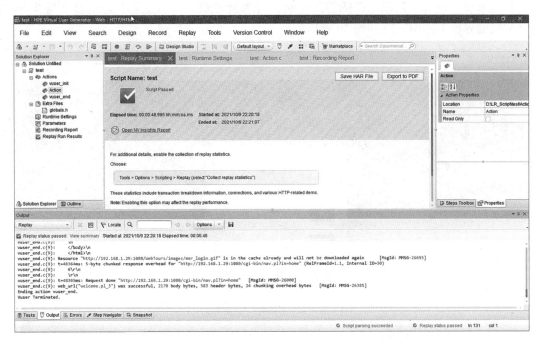

图 10-20　脚本的回放

图 10-21　回放选项设置

心，实现市场、销售、跟踪工作的管理平台，分为管理员、部门主管、普通员工等多种角色。系统的界面如图 10-22 和图 10-23 所示。

图 10-22　客户管理登录界面

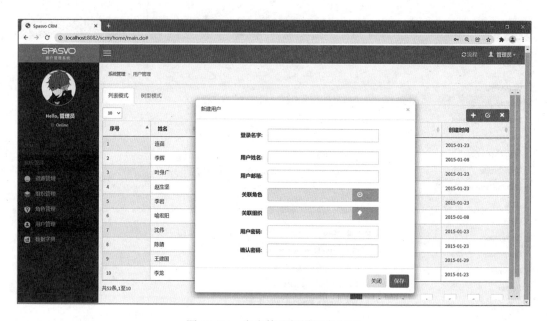

图 10-23　客户管理新增用户界面

使用 LoadRunner 工具对客户管理系统录制管理员登录、新增用户、管理员注销的脚本，测试脚本命名为 crm_script，将管理员登录的操作录制在 vuser_init 中，新增用户的操作录制在 Action 中，管理员注销的操作录制在 vuser_end 中，并能正确回放脚本。

【解答提示】

与飞机订票系统录制类似。首先新建单协议 Web-HTTP/HTML 脚本，并设置 URL

Address 为客户管理系统的登录网址，如图 10-24 所示。

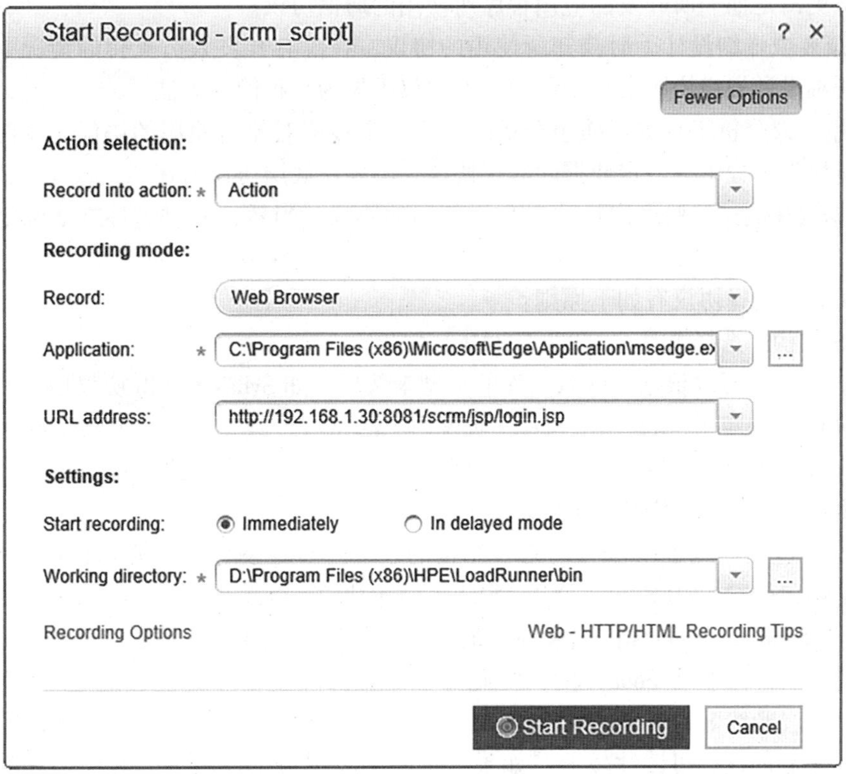

图 10-24　录制选项设置

录制过程中，为了便于后面理解 LoadRunner 请求，建议加上注释。依次进行如下操作：

① 在登录页面输入管理员登录的账号和密码。

② 进入用户管理页面，单击"新增用户"按钮，依次输入用户的各项信息。

③ 管理员注销并退出登录，关闭浏览器。

④ 回放脚本，查看脚本是否正确。

【拓展学习】

一、Vuser 脚本的开发过程

① 录制脚本：使用 VuGen 录制基本 Vuser 脚本。

② 增强脚本：通过在脚本中添加控制流语句和其他 LoadRunner API 函数来增强脚本。

③ 配置运行信息：设置迭代、日志和计时信息，规定脚本运行期间 Vuser 如何工作。

④ 运行脚本：以独立模式运行 Vuser 脚本，验证脚本的功能。

⑤ 脚本集成到场景：确认脚本可以正常工作后，可将其集成到场景。

二、LoadRunner 协议选择

使用 LoadRunner 录制脚本的第一步是选择协议。这里需要选择的协议指的是被测对象在应用层使用的协议。可以通过以下几种方法确定协议：

① 询问开发人员获知所使用的协议，通常这是最简单也是最直接的方法，因为没有人比开发人员更清楚他们所开发的应用程序所使用的通信协议。

② 从概要或详细设计手册获知所使用的协议，在没有开发人员支持的情况下，通过概要设计或详细设计规格说明书获知所使用的协议不失为一种简便方法。

③ 使用协议分析工具进行捕包分析，然后确定被测对象所使用的协议。在使用协议分析工具分析协议过程中，一定要摒除底层协议，不要被底层协议所迷惑。

④ 根据以往测试经验确定被测对象所使用的协议，当然，通过这种方法确定的协议不一定准确。

一般来说，选择协议有如下原则：

① B/S 结构，选择 Web（HTTP/HTML）协议。

② C/S 结构，可以根据后端数据库的类型来选择，如 SybaseCTLib 协议用于测试后台的数据库为 Sybase 的应用；MS SQL Server 协议用于测试后台数据库为 SQL Server 的应用；对于一些没有数据库的 Windows 应用，可选用 Windows Sockets 底层协议；使用了数据库但使用的是 ODBC 连接的数据则选择 ODBC 协议。

③ 对于有些使用纯 Java 编写的 C/S 结构的系统，不能录制，只能手工编写代码。同样不能录制的还包括 C、VB Script、VB、VBNet User 协议。

④ 对于 Windows Sockets 协议来说，最适合那些基于 Socket 开发的应用程序；但是由于网络通信的底层都是基于 Socket 的，因此几乎所有的应用程序都能够通过 Socket 来录制。可能有人会问，既然 Socket 都能录制下来，为什么还要那么多的协议？其实最主要的原因就是 Socket 录制的代码可读性较差，如果 Socket 的脚本可读性较高，其他协议就没有存在的必要性了。

⑤ 对于邮件来说，首先要看收邮件的途径。如果通过 Web 页面收发邮件，毫无疑问，选择协议时就需要选择 HTTP 协议；如果通过邮件客户端如 OutLook、FoxMail 等收发邮件，则需要根据操作不同而选择不同的协议。例如，发邮件时，可能要选择 SMTP；收邮件时，可能需要选择 POP3。

【案例小结】

虚拟用户生成器是开发 Vuser 脚本的工具，这里主要使用了录制及回放的功能。在录制前，需要针对应用程序的不同类型和通信协议来选择协议类型。LoadRunner 录制脚本的过程与手工操作相似，用户只需进行手动操作就可以了。生成的脚本可以通过 C 语言函数方式查看，并通过脚本回放确保脚本的正确性。

案例 3　增强脚本

【预备知识】

一、事务

事务是用户自定义的一个标识，是一个或多个业务操作的集合，例如访问并可能更新数据库中各种数据项的一个程序执行单元，可用来衡量不同的操作所花费的时间。在 LoadRunner 中，通过将一系列操作标记为事务，可以将它们指定为要评测的对象。LoadRunner 收集关于事务执行时间长度的信息，并将结果显示在用不同颜色标识的图和报告中。可以通过这些信息了解应用程序是否符合最初的要求。

插入事务可以在脚本录制过程中，或录制结束后通过工具栏的 🔚、🔚 快捷按钮或在 "View" → "Steps Toolbox" 中编写函数完成。将用户步骤标记为事务的方法是：在事务的第一个步骤前放置一个事务开始标记，并在最后一个步骤后面放置该事务结束标记。开始和结束事务的名称要统一。以下函数分别表示事务的开始和结束：

lr_start_transaction（transaction_name）：开始事务，参数为事务名称。

lr_end_transaction（transaction_name，status）：结束事务，第一个参数为事务名称，第二个参数为事务状态。事务状态如下：

- LR_AUTO：自动判断，判断返回状态码是不是 200。
- LR_PASS：事务执行成功，代码返回 PASS。
- LR_FAIL：事务执行失败，代码返回 FAIL。
- LR_STOP：事务异常中断，代码返回 STOP。

二、参数化

在模拟场景中，有一位用户预订机票并选择靠近过道的座位。但在实际生活中，不同的用户会有不同的喜好。要改进测试，需要检查用户选择不同的座位选项（靠近过道、靠窗或无）时，是否可以正常预订。为此，需要对脚本进行参数化，将录制脚本的实际值替换为参数。生成的 Vuser 将参数替换为来自数据源的值，可以是文件或内部生成的变量。

默认情况下，VuGen 使用 " { " 和 " } " 作为参数左、右分隔符。LoadRunner 参数类型包括文件参数类型、表参数类型、XML 参数类型和内部数据参数类型。

1. 文件参数类型

数据文件保存 Vuser 在脚本执行期间访问的数据。数据文件可以是本地或全局的。可以指定现有 ASCII 文件，使用 VuGen 新建文件或导入数据库文件。如果有许多值要用于参数，数据文件很有用。

数据文件中的数据以表的格式存储。一个文件可以包含许多参数的值。每列保存用于一个参数的数据，分隔符可以由逗号等进行标记。包含中文的参数文件需要保存为 UTF-8 文件类型。

2. 表参数类型

表参数类型专用于通过填充表单元格值进行测试的应用程序。文件类型为出现的每个参数填充一个单元格值，而表类型使用多行和多列作为参数值，类似于值数组。使用表类型时，可以用一个命令填充整个表。

3. XML 参数类型

用作 XML 结构中包含的多值数据的占位符。可以使用 XML 类型的参数将整个结构替换为单个参数。例如，名为 Address 的 XML 参数可替换联系人姓名、地址、城市和邮政编码。将 XML 参数用于此类型数据可使数据输入更加清晰，并使 Vuser 脚本参数化更简洁。建议将 XML 参数与 Web Service 脚本一同使用，或用于 SOA 服务。

4. 内部数据参数类型

Vuser 运行时，会自动生成内部数据。

- 自定义：可以指定参数数据类型。
- 日期/时间：当前日期/时间。可在"参数属性"对话框中指定格式和偏移。
- 组名称：Vuser 组名称。如果没有 Vuser 组，则该值始终为无。
- 迭代编号：当前迭代编号。
- Load Generator 名称：Vuser 脚本的 Load Generator（运行 Vuser 的计算机）的名称。
- 随机数字：指定值范围内的随机数字。
- 唯一编号：为每个 Vuser 分配一组要使用的编号。其指定起始值和块大小（为每个 Vuser 保留的唯一编号总数）。例如，如果指定起始值为 1 且块大小为 100，则第一个 Vuser 可以使用编号 1~100，第二个 Vuser 可以使用编号 101~200，依此类推。
- Vuser ID：场景运行期间，由 Controller 分配给 Vuser 的 ID 编号。从 VuGen 运行脚本时，Vuser ID 始终为−1。

使用文件中的值时，可以通过 VuGen 指定将源数据分配给参数的方式。数据分配方法有顺序、随机、唯一等，具体如下：

- 顺序：按顺序将数据分配给 Vuser。当运行的 Vuser 访问数据表时，它将获取下一行可用的数据。如果数据表中的值不够，VuGen 将返回表中的第一个值，并在循环中继续执行，直至测试结束。
- 随机：每次请求新的参数值时，从数据表中分配一个随机值。在 LoadRunner 中运行场景或在 HP Business Process Monitor 中运行脚本时，可以指定随机顺序的种子数。每个种子值代表执行测试时所用的一个随机值顺序。使用此种子值，为场景中的 Vuser 分配相同顺序的值。
- 唯一：给每个 Vuser 的参数赋唯一的序列值。需要确保表中有足够的数据。以供所有的 Vuser 及其迭代使用。如果有 20 个 Vuser 并希望执行 5 次迭代，则表中必须包含至少 100 个唯一值。如果用完了唯一值，VuGen 将根据当超出值时字段中的选项来执行操作。

对于文件、表和 XML 类型的参数，选择的数据分配方法和选择的更新方法均会影响场景运行期间 Vuser 用于替换参数的值。数据分配方法由选择下一行字段决定，更新方法由更新值的时间字段决定。表 10-4 总结了根据所选数据分配和更新属性时 Vuser 使用的值。

表 10-4　数据分配方法与更新方法对值的影响

更新方法	分配方法		
	顺序	随机	唯一
每次迭代	每次迭代时，Vuser 从数据表中获取下一个值	每次迭代时，Vuser 从数据表中获取新的随机值	每次迭代时，Vuser 从数据表中的下一个唯一位置获取值
每次出现（仅限数据文件）	每次参数出现时，Vuser 从数据表中获取下一个值，即使是在同一次迭代中	每次参数出现时，Vuser 从数据表中获取新的随机值，即使是在同一次迭代中	每次参数出现时，Vuser 从数据表中获取新的唯一值，即使是在同一次迭代中
一次	在第一次迭代中赋的值将用于每个 Vuser 的所有后续迭代	在第一次迭代中赋的随机值将用于该 Vuser 的所有迭代	在第一次迭代中赋的唯一值将用于该 Vuser 的所有后续迭代

三、检查点

运行测试时，常常需要验证某些内容是否出现在返回的页面上；内容检查验证脚本运行时 Web 页面上是否出现期望的信息。通常会插入两种类型的内容检查。

1. 文本检查

检查文本字符串是否出现在 Web 页面上。使用 web_reg_find( ) 函数在缓存中查找相应文本，该函数写在要查找内容的请求之前。例如：

```
web_reg_find("Search=Body",          //定义查找范围
"SaveCount=count",                   //定义查找计数变量名称
"Text=test",                         //定义查找内容
LAST);
```

2. 图像检查

检查图像是否出现在 Web 页面上。使用 web_image_check( ) 函数在缓存中查找相应内容，同样放在查找内容之前。例如：

```
web_image_check("web_image_check",   //函数名称
"Alt=",                              //图标说明
"Src=",                              //图片链接地址
LAST);
```

四、集合点

集合点是为了模拟严格意义上的并发而存在的。当测试并发用户数时，需要模拟多个用户恰好在同一时刻执行任务，通过创建集合点，配置多个用户同时执行操作，达到并发效果。当个别用户到达集合点时，需要进行等待，直到满足指定数量的用户后，才释放这些用户，同时进行下一步操作。

添加集合点可以在脚本录制过程中通过工具栏的 ✛ 快捷按钮或使用函数 lr_rendezvous (name) 完成，参数为集合点的名称。

【案例描述】

在案例 2 脚本的基础上增强脚本。

① 插入查询航班、订票、取消订票 3 个事务。

② 参数化订票始发地、目的地，以及所选的航班，模拟多次不同订票操作。

③ 插入检查点，校验生成订单的始发地与目的地是否正确。

④ 为查询航班操作添加集合点。

【案例分析】

案例脚本可分为登录、查询航班信息、订票、取消订单与注销几个操作，为了监测各个操作的性能，可以将脚本分为几个事务。例如，Actions 中的 "vuser_init" 就是登录，"vuser_end" 就是注销。"Action" 中包含了查询航班信息、订票与取消订单，可以根据录制脚本时添加的注释划分出需要的几个事务。

参数化有文件、随机数等方式，由于登录步骤放在了"vuser_init"，无法多次迭代，因此并不采用"用户名"与"密码"的参数化，而是选择订票的"始发地""目的地"及"所选航班"进行参数化，也可以较好地模拟用户的不同行为。"始发地"与"目的地"采用文件的方式给出参数值。"所选航班"的号码（如030）由"始发地"与"目的地"在网页列表中的位置顺序确定前两位，再给出4个选择，分别用0-3表示，如图10-25所示。往返的4个选项可分别采用随机数的方式获取，每次迭代更新。

Flight departing from **Denver** to **Los Angeles** on **10/11/2021**

Flight	Departure time	Cost
⦿ Blue Sky Air 030	8am	$ 251
○ Blue Sky Air 031	1pm	$ 224
○ Blue Sky Air 032	5pm	$ 238
○ Blue Sky Air 033	11pm	$ 206

Flight departing from **Los Angeles** to **Denver** on **10/13/2021**

Flight	Departure time	Cost
⦿ Blue Sky Air 300	8am	$ 251
○ Blue Sky Air 301	1pm	$ 224
○ Blue Sky Air 302	5pm	$ 238
○ Blue Sky Air 303	11pm	$ 206

Continue...

图 10-25　航班选择列表

　　使用文本检查点，校验行程里的订单始发地与目的地是否与订票时的一致。由于校验函数为注册型函数，因此必须放到相应请求的前面。

　　集合点的添加需要找到提交查询的请求，在该请求前添加集合点。

【案例实现】

　　在"Virtual User Generator"中打开已经录制好的"test"脚本。

1. 插入事务

增强脚本 1

　　① 在"Solution Explorer"窗格的"test"脚本中双击"Actions"中的"Action"，打开"Action. c"代码。

　　② 将光标定位于 Action 函数中"/＊查询航班＊/"注释行下方，单击工具栏中的"Start Transaction"按钮，在生成的代码行"lr_start_transaction("")"的括号内双引号中填入"Search"。

　　③ 将光标移到"/＊订票＊/"注释行上方，单击工具栏中的"End Transaction"按钮，在生成的代码行"lr_end_transaction("", LR_AUTO)"双引号内填入"Search"。注意，与上一步的事务名称保持一致。

　　④ 选择"View"→"Steps ToolBox"，打开"Steps ToolBox"窗格，在搜索框中搜索"lr_start_transaction"，在"Filter Results"中的"lr_start_transaction"函数处，按住鼠标左键不放，拖曳到"/＊订票＊/"注释行下方，在弹出的对话框内输入"Order"，如图10-26所示，单击"OK"按钮。

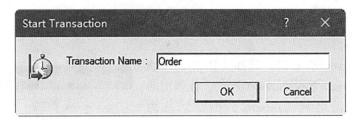

图 10-26　插入事务开始

⑤ 在"Steps ToolBox"窗格中搜索"lr_end_transaction",在"Filter Results"中的"lr_end_transaction"函数处,按住鼠标左键不放,拖曳到"/∗查看行程并取消订单∗/"注释行上方,输入事务名称为"Order",单击"OK"按钮。

⑥ 参照前面的方法,在"/∗查看行程并取消订单∗/"注释下方添加事务"Cancel"开始函数;在 Action 函数末尾"return 0;"行前添加事务"Cancel"结束函数。

2. 参数化

① 打开"Action"代码,在"Search"事务结束前,找到查询航班的请求,代码如下。找到需要参数化的始发地与目的地,分别为"Denver"和"Los Angeles"。

```
web_submit_data("reservations.pl",
"Action=http://192.168.1.29:1080/cgi-bin/reservations.pl",
"Method=POST",
"TargetFrame=",
"RecContentType=text/html",
"Referer=http://192.168.1.29:1080/cgi-bin/reservations.pl? page=
welcome",
"Snapshot=t4.inf",
"Mode=HTML",
ITEMDATA,
"Name=advanceDiscount", "Value=0", ENDITEM,
"Name=depart", "Value=Denver", ENDITEM,
"Name=departDate", "Value=10/11/2021", ENDITEM,
"Name=arrive", "Value=Los Angeles", ENDITEM,
"Name=returnDate", "Value=10/13/2021", ENDITEM,
"Name=numPassengers", "Value=2", ENDITEM,
"Name=roundtrip", "Value=on", ENDITEM,
"Name=seatPref", "Value=Aisle", ENDITEM,
"Name=seatType", "Value=Coach", ENDITEM,
"Name=findFlights.x", "Value=59", ENDITEM,
"Name=findFlights.y", "Value=12", ENDITEM,
"Name=.cgifields", "Value=roundtrip", ENDITEM,
"Name=.cgifields", "Value=seatType", ENDITEM,
```

```
"Name=.cgifields", "Value=seatPref", ENDITEM,
LAST);
```

② 选中"Denver"，右击，选择"Replace with Parameter"→"Create New Parameter…"，在弹出的对话框中输入变量名称"depart"，类型默认为"File"，如图 10-27 所示，单击"Properties…"按钮。

③ 在弹出的"Parameter Properties"对话框内，修改"File path"值为"dataParameter.dat"，如图 10-28 所示，单击"Close"按钮关闭该对话框。

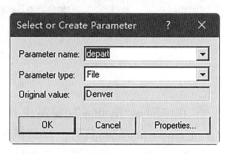

图 10-27　创建参数

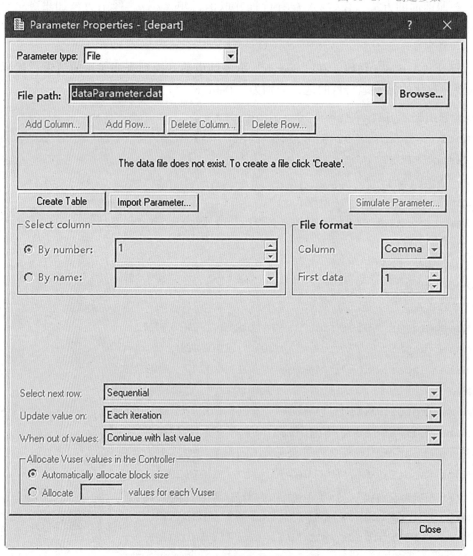

图 10-28　参数属性 File path 设置

④ 单击 "Select or Create Parameter" 对话框上的 "OK" 按钮，关闭该对话框。在弹出的询问是否将同一值均替换为该参数对话框上，单击 "No" 按钮，如图 10-29 所示。此时代码中原 "Denver" 的值变为 "｛depart｝"。

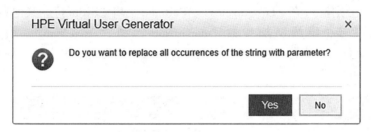

图 10-29　询问是否统一替换相同值

⑤ 在 "Solution Explorer" 窗格中，双击 "Parameters"。在 "Parameter List" 对话框中可以看到新增的 "depart" 参数。

⑥ 在 "Parameter List" 对话框中，单击 "Add Row…" 按钮，为参数表增加 2 行，分别输入 "London" 和 "Frankfurt"，其他值默认不变，如图 10-30 所示。

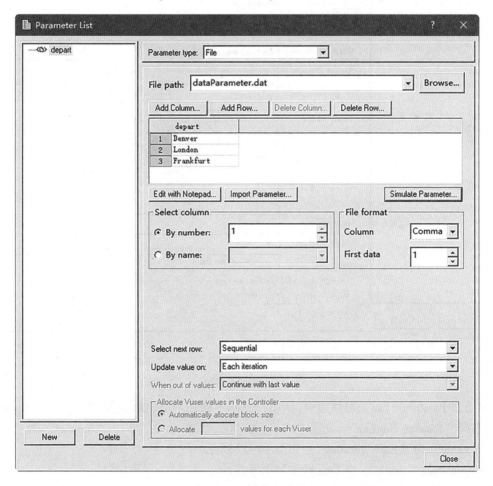

图 10-30　参数列表 1

⑦ 在"Parameter List"对话框中，单击"New"按钮，增加新参数"arrive"，"File path"选择"dataParameter.dat"。单击"Add Column…"按钮，在弹出的"Add new column"对话框上显示默认的列名 arrive，单击"OK"按钮后，参数表增加一列"arrive"。在"arrive"列中分别输入值"Los Angeles""Portland"和"Sydney"。其他默认不变。

⑧ 仿照第⑦步，继续增加参数"departNum"和"arriveNum"，均存放在"data Parameter.dat"文件中，值表示始发地与目的地在网页下拉列表中的位置。完成后如图 10-31 所示。

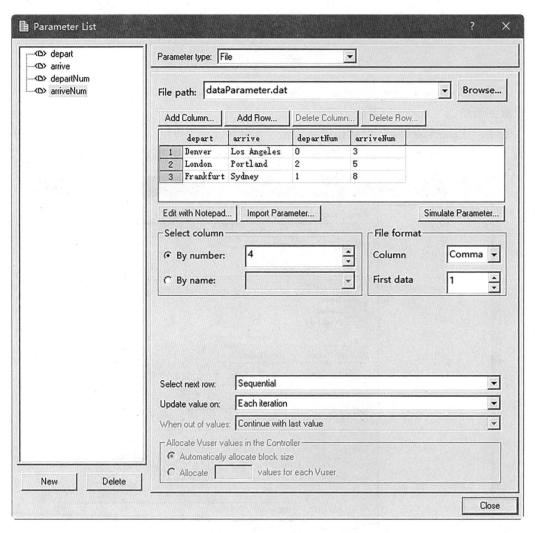

图 10-31 参数列表 2

⑨ 在"Parameter List"对话框中，单击"New"按钮，增加新参数"fleave"，"Parameter type"选择"Random Number"。设置"Min"为"0"，"Max"为"3"，"Number"为"%lu"，"Update value"为"Each iteration"，如图 10-32 所示。

⑩ 增加参数"fback"，参数设置参照第⑨步。

⑪ 单击"Close"按钮，完成参数列表设置。

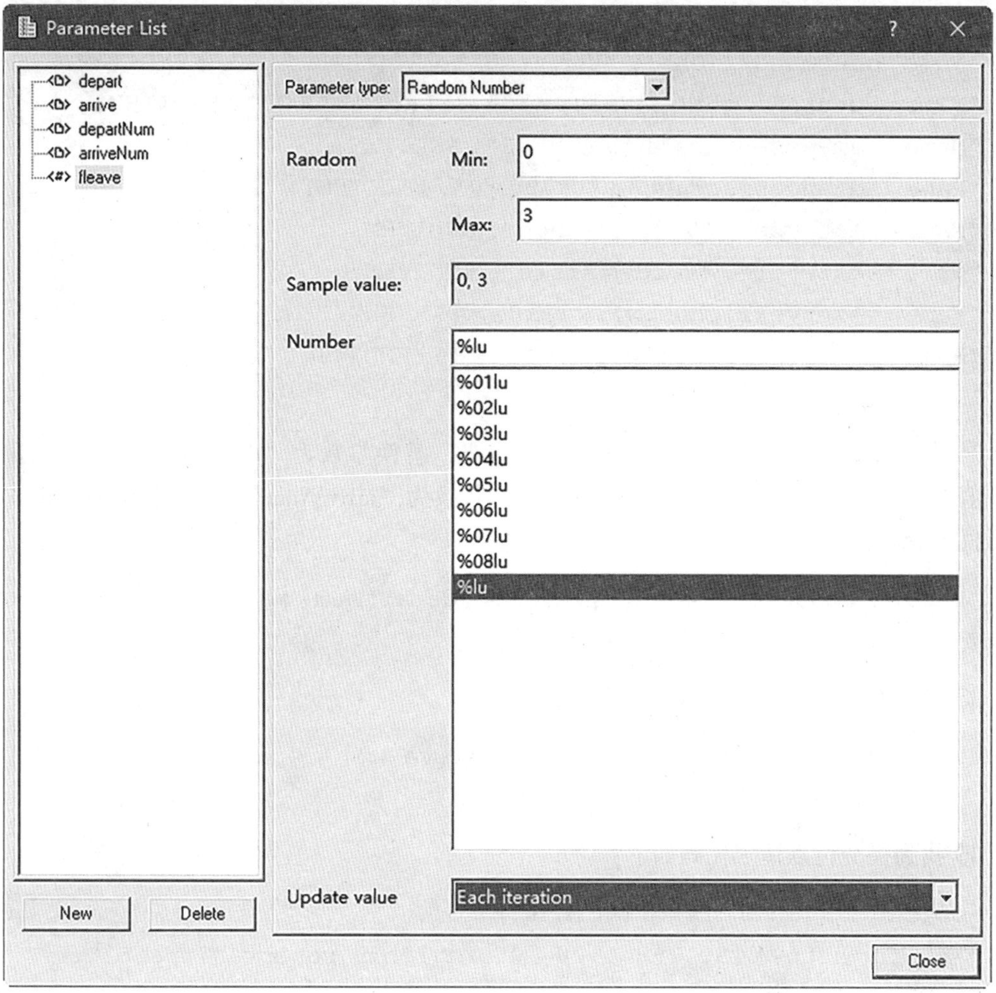

图 10-32　参数列表 3

⑫ 选中代码中的 "Los Angeles"，右击，选择 "Replace with Parameter" →
"arrive"，在询问替换统一值对话框上单击 "No" 按钮。

⑬ 在订票事务里找到订票请求，代码如下。里面的 "031" 与 "300" 是
选定的往返机票，要根据始发地与目的地的改变而改变。

增强脚本 2

```
web_submit_data("reservations.pl_2",
"Action=http://192.168.1.29:1080/cgi-bin/reservations.pl",
"Method=POST",
"TargetFrame=",
"RecContentType=text/html",
"Referer=http://192.168.1.29:1080/cgi-bin/reservations.pl",
"Snapshot=t5.inf",
"Mode=HTML",
```

```
ITEMDATA,
"Name=outboundFlight", "Value=031;224;10/11/2021", ENDITEM,
"Name=returnFlight", "Value=300;251;10/13/2021", ENDITEM,
"Name=numPassengers", "Value=2", ENDITEM,
"Name=advanceDiscount", "Value=0", ENDITEM,
"Name=seatType", "Value=Coach", ENDITEM,
"Name=seatPref", "Value=Aisle", ENDITEM,
"Name=reserveFlights.x", "Value=46", ENDITEM,
"Name=reserveFlights.y", "Value=8", ENDITEM,
LAST);
```

⑭ 在上面代码 "031" 处，选中 "0"，右击，替换参数为 "departNum"。在询问替换统一值对话框上单击 "No" 按钮。同理，"3" 替换为 "arriveNum"，"1" 替换为 "fleave"。该行代码变为：

```
"Name=outboundFlight", "Value={departNum}{arriveNum}{fleave};
224;10/11/2021", ENDITEM,
```

⑮ 在 "300" 处做相同操作，该行代码变为：

```
"Name=returnFlight", "Value={arriveNum}{departNum}{fback};251;
10/13/2021", ENDITEM,
```

⑯ 找到提交付款请求代码如下：

```
web_submit_data("reservations.pl_3",
"Action=http://192.168.1.29:1080/cgi-bin/reservations.pl",
"Method=POST",
"TargetFrame=",
"RecContentType=text/html",
"Referer=http://192.168.1.29:1080/cgi-bin/reservations.pl",
"Snapshot=t6.inf",
"Mode=HTML",
ITEMDATA,
"Name=firstName", "Value=", ENDITEM,
"Name=lastName", "Value=", ENDITEM,
"Name=address1", "Value=", ENDITEM,
"Name=address2", "Value=", ENDITEM,
"Name=pass1", "Value= ", ENDITEM,
"Name=pass2", "Value=", ENDITEM,
"Name=creditCard", "Value=", ENDITEM,
"Name=expDate", "Value=", ENDITEM,
```

```
"Name=oldCCOption", "Value=", ENDITEM,
"Name=numPassengers", "Value=2", ENDITEM,
"Name=seatType", "Value=Coach", ENDITEM,
"Name=seatPref", "Value=Aisle", ENDITEM,
"Name=outboundFlight", "Value=031;224;10/11/2021", ENDITEM,
"Name=advanceDiscount", "Value=0", ENDITEM,
"Name=returnFlight", "Value=300;251;10/13/2021", ENDITEM,
"Name=JSFormSubmit", "Value=off", ENDITEM,
"Name=buyFlights.x", "Value=47", ENDITEM,
"Name=buyFlights.y", "Value=11", ENDITEM,
"Name=.cgifields", "Value=saveCC", ENDITEM,
LAST);
```

其中，"031" 与 "300" 同样需要参数化。这两个值参数化后的代码与第⑭⑮步的代码相同。

3. 插入检查点

① 通过菜单 "View" → "Output" 打开 "Output" 窗格，在搜索栏内输入 "leaves" 查看日志。找到查看行程的信息，如图 10-33 所示，"leaves Denver for Los Angeles" 即为要校验的文本内容。

增强脚本 3

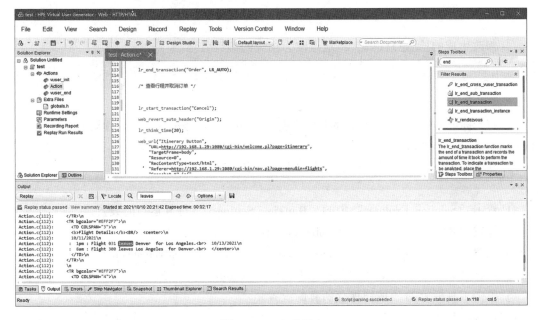

图 10-33 查看日志

② 将光标定位于 "Cancel" 事务开始前，如图 10-33 中的第 118 行所示，在 "Steps ToolBox" 中找到 web_reg_find 函数，双击该函数。

③ 选中 "Search for specific Text"，输入要校验的内容 "leaves Denver for Los Angeles"，如图 10-34 所示，单击 "OK" 按钮。

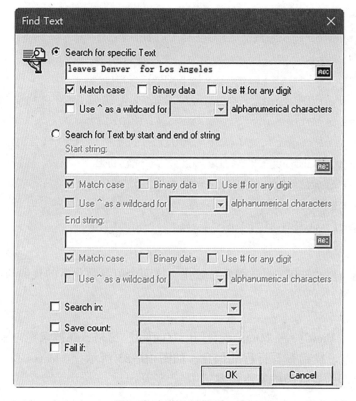

图 10-34　文本检查点设置

④ 修改生成的检查点代码，将地点改为相应的参数名称。

```
web_reg_find("Text=leaves {depart} for {arrive}", LAST);
```

4. 添加集合点

① 将光标定位在 Action 函数体的开始位置，"Search"事务的前面，选择菜单"Design"→"Insert in Script"→"Rendezvous"。

② 在生成的集合点代码处双引号内添加集合点名称"Search"。

5. 运行时设置

① 双击"Solution Explorer"中的"RunTime Settings"，打开运行时设置。

② 设置"Run Logic"中的"Number of iterations"为3。

③ 设置"Log"，取消勾选"Datareturned by server"和"Advanced trace"。

④ 设置"Think Time"，默认选择"Ignore think time"。

⑤ 单击工具栏上的 按钮保存所有的设置。

6. 回放脚本

单击工具栏上的 ▷ 按钮回放脚本，结果如图 10-35 所示。

【拓展案例】

使用普通用户登录系统，并录制新增客户的脚本，界面如图 10-36 所示。

脚本命名为 crm2_login，对脚本进行增强，需求如下：

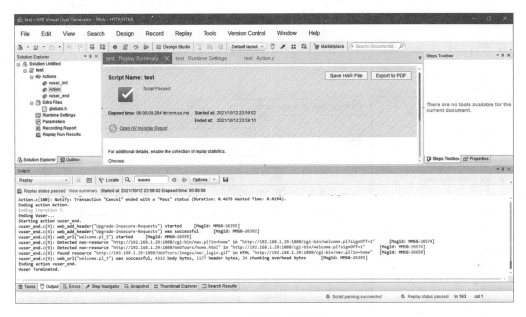

图 10-35　脚本回放结果

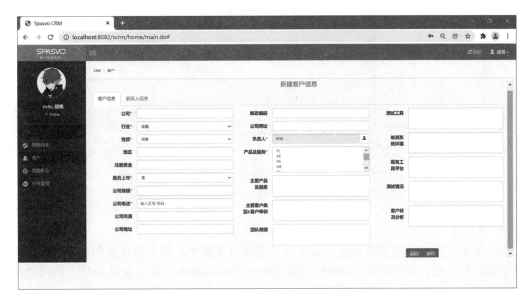

图 10-36　新增客户的界面

1. 添加事务

对新增客户设置事务，事务名称为 t_laddcustomer。

2. 参数化

为新增客户的"公司""行业""性质""公司规模""公司电话"等信息进行参数化。

3. 设置检查点

当普通用户登录时，添加登录成功的"Hello，XXX"的文本检查点。

4. 增加集合点

在新增客户操作前增加集合点，集合点命名为 r_laddcustomer。

【解答提示】

在进行参数化的时候，公司规模可以采取随机数的方式进行，如图 10-37 所示。

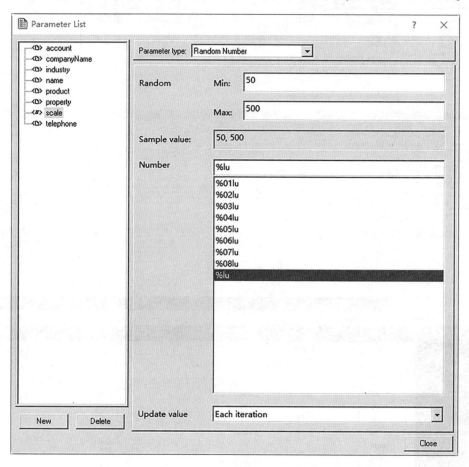

图 10-37　随机函数对公司规模进行参数化

【案例小结】

为模拟真实用户使用被测系统，需要对脚本进行参数化；插入检查点和事务，可以更好地衡量系统的性能，找到系统"瓶颈"。用这些方式增强脚本，并回放成功后，就可以用于负载测试了。

案例 4　设置场景

LoadRunner 场景
设计与运行

【预备知识】

一、场景的概念

性能测试中的场景设计是实施性能测试的基础，只有合理地设计测试场景，才能获得有价值的测试数据，为接下来的"瓶颈"确认、系统调优打下基础。场景（Scenario）是一种用来模拟大量用户操作的技术手段，通过配置和执行场景向服务器产生负载，验证系统的各项性能指标是否达到用户要求。

在设计场景的时候，需要结合系统的需求信息。比如可以根据系统的最大用户数预估并发用户数，根据业务性质考虑用户数是快增长（如秒杀）还是慢增长（如普通登录），以及用户结束时退出的次序。这些都将是场景设计的内容。根据性能测试的不同类型，场景可能是单场景，也可能是混合场景，即多个业务组成的场景。

场景设计举例：给 BBS 论坛发帖回帖，评估出回帖最大用户并发量，要求响应时间在2 s 以内。分析：这里可以将登录 BBS、发帖、回帖作为 3 个事务。对于一个论坛，登录的用户时间会有差别，因此要设计阶梯式登录，就是每隔一定时间登录几个用户。发帖时间会有差别，回帖时间也会有差别。由于需求是分析回帖的并发用户数，因此要将一次回帖当成一个事务。由于不知道并发用户是多少，因此采用多次测试的方法。假设先设置 10 个用户，每隔 20 s 启动 2 个用户，持续 5 min，然后每隔 20 s 停止 2 个用户。运行场景，查看事务响应时间。如果响应时间为 1 s 以内，可以考虑增加用户数，再进行测试。当测试结果的响应时间在 2 s 以内接近 2 s 时，可预估为最大用户并发量。如果超过 2 s，则要减少用户数再进行测试。

二、Controller 简介

创建与运行场景可以借助于 LoadRunner 的 Controller（控制器）。Controller 是用来设计、管理和监控负载测试的中央控制台。使用 Controller 可运行模拟真实用户操作的脚本，并通过让多个 Vuser 同时执行这些操作，从而在系统上施加负载。Controller 创建的场景分为面向目标的场景与手动场景。

- 面向目标的场景。LoadRunner 会根据指定的目标自动构建场景。
- 手动场景。通过指定要运行的 Vuser 数目手动创建场景。

Controller 控制器主界面分为设计界面与运行界面，具体如下：

1. 设计界面

设计界面可分为场景组、场景计划、全局计划、服务协议水平及互动计划图五个部分，如图 10-38 所示。

- 场景组：在"场景组"窗格中可以配置 Vuser 组。可以创建代表系统中典型用户的不同组，指定运行的 Vuser 数目及运行时所使用的计算机。
- 场景计划：在"场景计划"窗格中，设置加压方式，以准确模拟真实用户的行为。可以根据运行 Vuser 的计算机，定义负载施加到应用程序的频率、负载测试持续时间及负载停止方式等。
- 全局计划：在全局计划窗格中，可以设置场景开始时间、持续时间和停止方式，以帮助设计更准确地反映现实情况的场景。
- 服务水平协议：设计负载测试场景时，可以为性能指标定义目标值或服务水平协议（SLA）。运行场景时，LoadRunner 收集并存储与性能相关的数据。分析运行情况时，Analysis 将这些数据与 SLA 进行比较，并为预先定义的测量指标确定 SLA 状态。
- 互动计划图：结合场景计划与全局计划的设计，显示用户增加、持续、停止的时间。

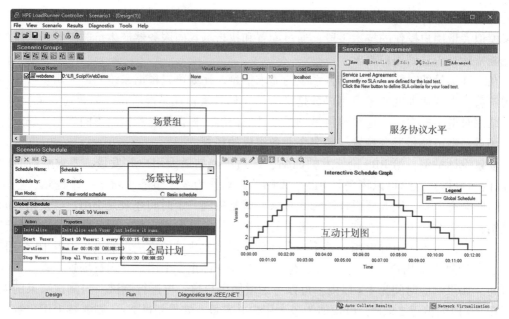

图 10-38　Controller 设计界面

2. 运行界面

运行界面可分为场景组、场景状态、可用图树、图查看区域、图例五个部分，如图 10-39 所示。

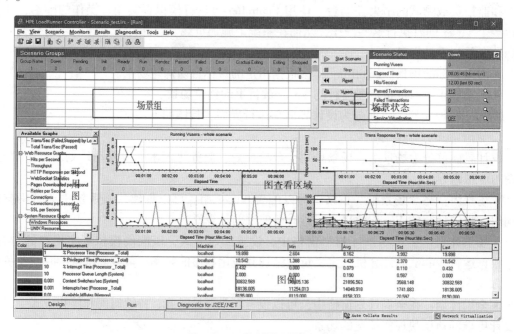

图 10-39　控制器运行界面

●场景组：位于左上角的窗格，可以在其中查看场景组内 Vuser 的状态。使用该窗格右侧的按钮可以启动、停止和重置场景，查看各个 Vuser 的状态。通过手动添加更多 Vuser 来增加场景运行期间应用程序的负载。

● 场景状态：位于右上角的窗格，可以在其中查看负载测试的概要信息，包括正在运行的 Vuser 数量和每个 Vuser 操作的状态。

● 可用图树：位于中间偏左位置的窗格，可以在其中看到一列 LoadRunner 图。要打开图，则先在树中选择一个图，并将其拖到图查看区域。

● 图查看区域：位于中间偏右位置的窗格，可以在其中自定义显示画面，查看 1~8 个图。

● 图例：位于底部的窗格，可以在其中查看所选图的数据。

【案例描述】

创建一个场景，并运行该场景。模拟 8 家旅行社同时登录、搜索航班、购买机票、查看航班路线并退出系统的行为。考虑到用户数以阶梯状增加，每隔 15 s 增加 2 个用户，持续 5 min，结束时，每隔 30 s 退出 4 个用户。

【案例分析】

设计场景要在 Controller 中的 Design（设计界面）中实现。模拟 8 家旅行社即设置 LoadRunner 的虚拟用户数为 8，可在场景组视图中添加的测试脚本里设置或在全局计划视图的 Start Vusers 中设置。8 个用户登录、持续、退出的时间可在全局计划视图中 Start Vusers、Duration 和 Stop Vusers 设置。完成设置后，可在互动计划图内看到用户–时间图。最后保存场景并运行。

【案例实现】

1. 创建场景

方法 1：在虚拟用户生成器中创建场景

在"Virtual User Generator"中完成脚本准备后，可直接单击菜单"Tools"→"Create Controller Scenario…"，在弹出的"Create Scenario"对话框中，设置"Manual Scenario"的"Number of Vusers"为 8，如图 10-40 所示。单击"OK"按钮即可打开"Controller"完成场景创建。

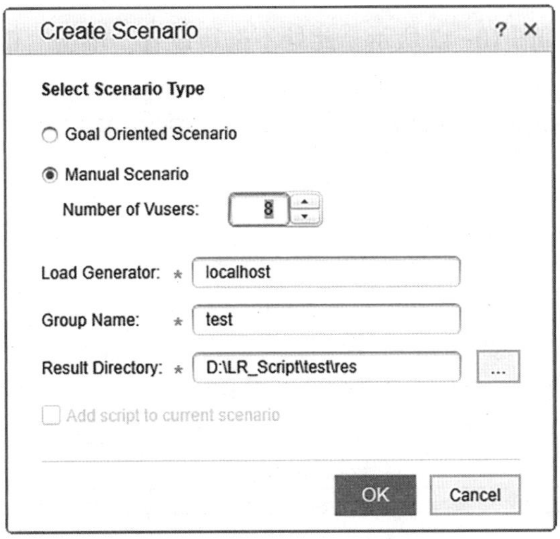

图 10-40　"Create Scenario"对话框

方法2：通过 Controller 创建场景

打开 Controller，在弹出的"New Scenario"对话框中选择"Manual Scenario"方式创建，在"Available Scripts"中选择事先准备好的脚本"test"，单击 Add ==>> 按钮，脚本就被添加到右侧列表中。如图 10-41 所示，单击"OK"按钮进入场景设计界面。

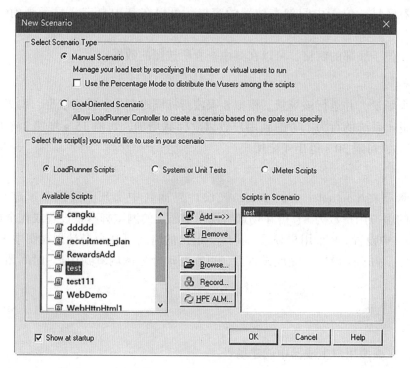

图 10-41　新建场景

2. 场景设计

① 在"Controller"窗口的"Design"界面的工具栏上单击 按钮，在弹出的"Load Generators"对话框中可以查看和配置方案中定义的负载生成器，该对话框中显示的负载生成器默认为本地主机，如图 10-42 所示。此处不进行设置，单击"Close"按钮。

图 10-42　设置负载生成器

② 在"Scenario Groups"窗格中设置场景组。

a. 选中"test"脚本，单击该窗格工具栏上"Virtual Users"按钮，在弹出的"Vusers"对话框中，单击 Add Vuser(s)... 按钮，在弹出的"Add Vusers"对话框的"Quantity to add"中设置"7"，如图 10-43 所示。单击"OK"按钮关闭"Add Vusers"对话框，单击"Close"按钮关闭"Vusers"对话框。

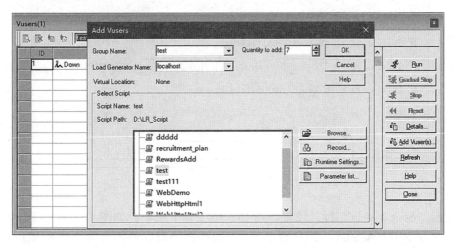

图 10-43　打开登录名参数化文件

b. 单击该窗格工具栏上 "RunTime Settings"，设置"Replay think time"为"Use random percentage of recorded think time"，将"Limit think time to seconds"选项设置为 10，并勾选该选项，如图 10-44 所示。单击"OK"按钮关闭设置对话框。

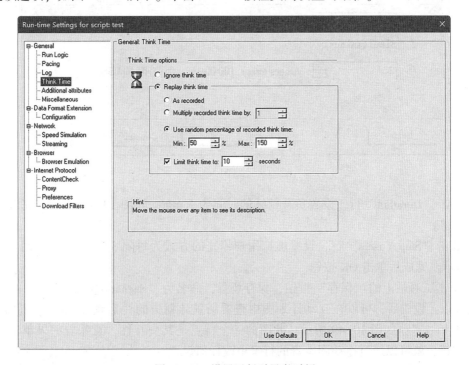

图 10-44　设置运行时思考时间

③ 在"Global Schedule"窗格中设置全局计划。

a. 双击"Initialize"行，在弹出的"Edit Action"对话框中，选择同时初始化所有虚拟用户，如图 10-45 所示，单击"OK"按钮。

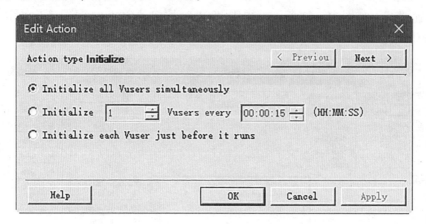

图 10-45　初始化虚拟用户

b. 双击"Start Vusers"行，设置每隔 15 s 增加 2 个用户，如图 10-46 所示。如果通过 Run Load Tests 创建场景的虚拟用户数不是 8，则在此处可以修改为 8 个虚拟用户，完成后单击"OK"按钮。

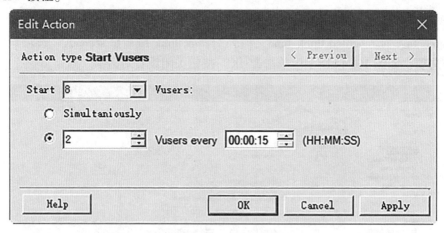

图 10-46　虚拟用户开始方式

c. 双击"Duration"行，设置负载持续的时间为 5 min，如图 10-47 所示，完成后单击"OK"按钮。

d. 双击"Stop Vusers"行，设置虚拟用户停止的方式为每隔 30 s 停止 4 个用户，如图 10-48 所示。完成后单击 OK 按钮。

④ 单击工具栏上的"保存"按钮，保存场景，命名为"Scenario_test"。

完成以上设置后，可以在互动计划图中查看场景计划中的"启动 Vuser""持续时间"和"停止 Vuser"，如图 10-49 所示。此图的一个特点是其交互性，意味着如果单击"编辑模式"按钮，就可以通过拖动图本身的行来更改任何设置。

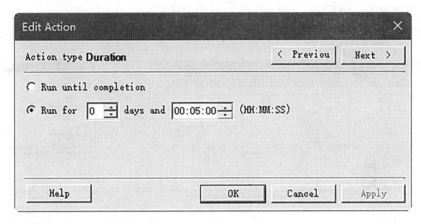

图 10-47　并发持续时间

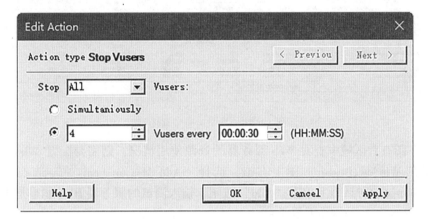

图 10-48　虚拟用户结束方式

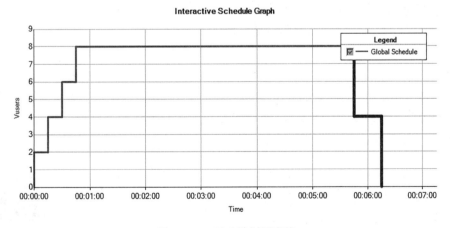

图 10-49　互动计划图窗格

3. 场景运行

在 Controller 的"Run"界面单击 ▷ Start Scenario 按钮，开始运行负载测试。场景运行需要几分钟时间，在运行过程中，可以实时观看运行的场景状态与系统性能图。待场景结束后，运行效果如图 10-50 所示。

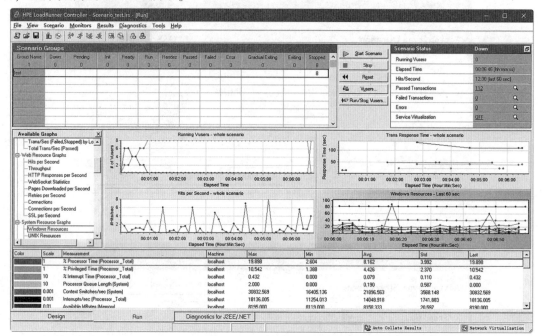

图 10-50　场景运行结果图

如果想在图查看区域中查看 Web 服务器的资源使用情况，则需要配置 Windows 资源监控器。可以在 Window Resource 图上右击，选择 "Add Measurements…" 选项，在弹出的 "Window Resource" 对话框上单击 "Add" 按钮，输入测试的服务器 IP（如果是本地服务器则输入 "localhost"）及操作系统平台。

【拓展任务】

为客户管理系统的新增客户的脚本设计如下场景：20 个用户，每 5 s 增加一个用户，持续 5 min，每 10 s 退出一个用户，并运行该场景。

【案例小结】

LoadRunner Controller 用于管理和维护场景，可以在一台工作站控制一个场景中的所有虚拟用户。执行场景时，Controller 会将该场景中的每个 Vuser 分配给一个负载生成器。负载生成器执行 Vuser 脚本，从而使 Vuser 可以模拟真实用户操作的计算机。通过场景的创建、设计与运行，掌握 Controller 的使用方法。

案例 5　生成结果报告

LoadRunner 测试
结果分析

【预备知识】

LoadRunner Analysis 可用于生成结果报表，界面如图 10-51 所示，Analysis 主要包含以下四个窗格。

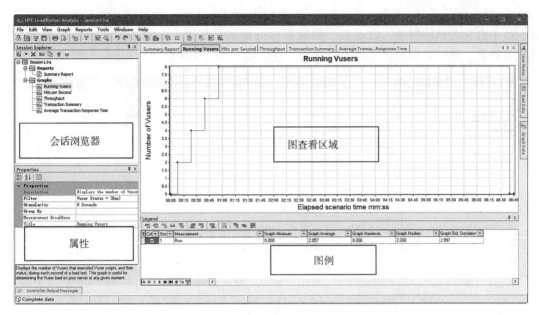

图 10-51 分析器界面

• 会话浏览器：位于左上方的窗格。Analysis 在其中显示已经打开可供查看的报告和图。

• 属性：位于左下方的窗格。属性窗格会显示在会话浏览器中选择的图或报告的详细信息。黑色字段是可编辑字段。

• 图查看区域：位于右上方的窗格。Analysis 在其中显示图。默认情况下，打开会话时，概要报告将显示在此区域。

• 图例：位于右下方的窗格。在此窗格内，可以查看所选图中的数据。

【案例描述】

将场景的运行结果放到分析器中，生成各类报表，分析测试结果与系统性能。

【案例分析】

性能测试结果分析的一个重要的原则是以性能测试的需求指标为导向。通过 LoadRunner Analysis 生成结果报表，按图 10-52 所示顺序，查看测试结果是否达到了预期的性能指标，其中又有哪些性能隐患，该如何解决。

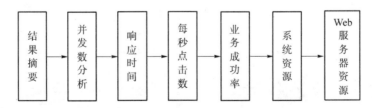

图 10-52 性能测试结果分析流程图

【案例实现】

打开分析器，生成报表有两种方法。方法一是通过控制器打开分析器并生成报告，方法二是通过 LoadRunner 主界面打开分析器。这里以第一种方法为例来进行介绍。

在 "Controller" 中单击 "Results" → "Analysis Results"，会自动打开 "Analysis"。在分析器中会有测试的概要，以及各个性能指标的测试结果图。如图 10-53 所示，显示了测试概要信息，可以看到测试的虚拟用户数、吞吐量、吞吐率等信息。

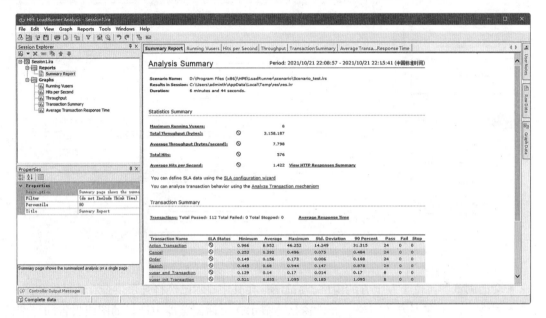

图 10-53　分析器产生的测试分析概要

图 10-54 是随着时间的增加，虚拟用户数的变化情况。图 10-55 是事务的响应时间，图上的点代表在场景运行的特定时间内事务的平均响应时间。将鼠标放在图中的点上，将会出现一个黄色框并显示该点的坐标值。此外，还有点击率、吞吐量等图表。

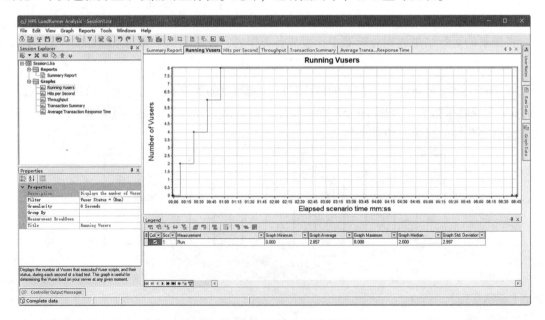

图 10-54　运行的虚拟用户数

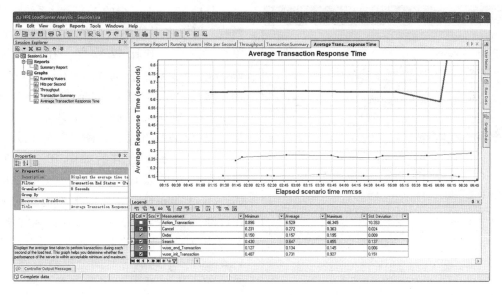

图 10-55 事务的响应时间

为方便查看报告，LoadRunner 可以生成脱离工具的测试结果报告。在分析器工具栏上单击 HTML 按钮，即可生成 HTML 报告。

LoadRunner 工具提供了一份 70 个用户的测试结果的报告供学习分析。通过"Analysis"打开"\HPE\LoadRunner\tutorial"文件夹下的"analysis_session"报告。下面以事务平均响应时间为例来分析图表性能，如图 10-56 所示。可以发现，check_itinerary 事务的平均响应时间波动很大，该事务在 1~4 min 的时间里，平均响应时间几乎是一下子增大，甚至在场景运行 2 分 56 秒后峰值达到 75.067 s。在图的底部，logon、logoff、book_flight 和 search_flight 事务的平均响应时间相对稳定。

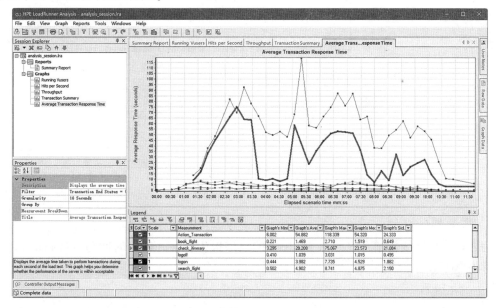

图 10-56 事务平均响应时间

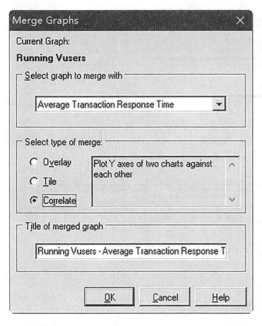

图 10-57　设置合并的图表

分析 70 个正运行的 Vuser 对系统性能的影响。可以将虚拟用户和平均事务响应时间关联在一起来比较数据。在"Running Vusers"图上右击，选择"Merge Graphs…"合并图片。在弹出的"Merge Graphs"对话框中选择"Average Transaction Response Time"和"Correlate"选项，如图 10-57 所示，单击"OK"按钮。合并后如图 10-58 所示。在该图中，可以看到随着 Vuser 数目的增加，check_itinerary 事务的平均响应时间也在逐渐延长。换句话说，随着负载的增加，平均响应时间也在平稳地增加。运行 53 个 Vusers 时，平均响应时间会突然急剧拉长。我们称之为测试弄崩了服务器。同时运行的 Vusers 超过 53 个时，响应时间明显变长。

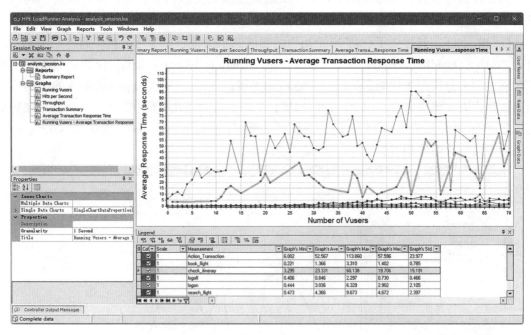

图 10-58　虚拟用户与事务平均响应时间合并

【拓展案例】

为客户管理系统新增客户导出 Analysis 的结果报告、合并响应时间与吞吐量的结果图，并保存 HTML 报告。

【案例小结】

在场景运行结束后，通过 Analysis 可以生成图和报告，并生成最后的 HTML 报告，提供有关场景性能的重要信息，对生成的图表和报告进行分析，查看系统的性能，可以判断系统是否满足性能需求。如果不满足，也可以找出并确定应用程序的性能"瓶颈"，为系统改进提供参考。

【拓展学习】

一、商用性能测试工具

1. QALoad

Compuware 公司的 QALoad 是客户/服务器系统、企业资源计划（ERP）和电子商务应用的自动化负载测试工具。QALoad 是 QACenter 性能版的一部分，它通过可重复的、真实的测试能够完全度量应用的可扩展性等。QALoad 可以模拟成百上千的用户并发执行关键业务而完成对应用程序的测试，并针对所发现的问题对系统性能进行优化，确保应用的成功部署。预测系统性能，通过重复测试寻找"瓶颈"问题，从控制中心管理全局负载测试，验证应用的可扩展性，快速创建仿真的负载测试。

2. Rational Performance Tester

IBM 公司的 Rational Performance Tester 是一个为测试 Web 应用程序设计的软件，它的功能是在部署之前捕获并更正性能问题。Rational Performance Tester 通过模拟并发用户的数量，产生一系列报告，这些报告被清晰地标志出 Web 页面的性能、URL 和事务等信息，来帮助测试人员在部署之前查明系统的"瓶颈"。

高级的特性包括在每一个用户组的行为和使用方式层面的详细测试调度安排。Rational Performance Tester 同时还提供了一种自动化的"数据池"特性，它可以改变每一个模拟用户使用的测试数据设置。使用一个集成了测试编辑器的浏览器窗口，可以回顾在测试记录期间访问过的 Web 页面。除此之外，高级测试人员可以选择将自定义的 Java 代码插入性能测试中，用来执行类似于高级数据分析和请求解析的操作。

3. WAS

Microsoft Web Application Stress Tool 由微软的网站测试人员开发，专门用来进行实际网站压力测试的一套工具。通过这套功能强大的压力测试工具，可以使用少量的客户端计算机仿真大量用户上线对网站服务可能造成的影响。

4. Borland Silk Performer

这是一种在工业领域最高级的企业级负载测试工具。它可以模仿成千上万的用户在多协议和多计算的环境下工作。不管企业电子商务应用的规模大小及复杂性，通过 Silk Performer，均可以在部署前预测它的性能。可视的用户化界面、实时的性能监控和强大的管理报告可以帮助迅速地解决问题。例如，缩短产品投入市场的时间、通过最小的测试周期保证系统的可靠性、优化性能和确保应用的可扩充性等。

5. Radview Webload

Webload 是 RadView 公司推出的一个性能测试和分析工具，它让 Web 应用程序开发者自动执行压力测试；Webload 通过模拟真实用户的操作，生成压力负载来测试 Web 的性能。

6. PureLoad

PureLoad 是一款基于 Java 开发的网络负压测试工具，它的 Script 代码完全使用 XML，所以这些代码的编写很简单，可以测试各种 C/S 程序，如 SMTP Server 等。它的测试报表包含文字和图形，并可以输出为 HTML 文件。由于是基于 Java 的软件，所以可以通过 JavaBeansAPI 来增强软件功能。

7. PerformanceRunner

PerformanceRunner（简称 PR）是性能测试软件，通过模拟高并发的客户端，通过协议和报文给服务器产生并发压力，测试整个系统的负载和压力承受能力，实现压力测试、性能测试、配置测试、峰值测试等。

二、开源性能测试工具

1. JMeter

JMeter 可以用于测试静态或者动态资源（文件、Servlets、Perl 脚本、Java 对象、数据库和查询、FTP 服务器或者其他资源）的性能。JMeter 用于模拟在服务器、网络或者其他对象上附加高负载以测试它们提供服务的受压能力，或者分析它们提供的服务在不同负载条件下的总性能情况。可以用 JMeter 提供的图形化界面分析性能指标或者在高负载情况下测试服务器/脚本/对象的行为。

2. OpenSTA

OpenSTA 是专用于 B/S 结构的、免费的性能测试工具。它除了具有免费、源代码开放的优点外，还能对录制的测试脚本按指定的语法进行编辑。测试工程师在录制完测试脚本后，只需要了解该脚本语言的特定语法知识，就可以对测试脚本进行编辑，以便于再次执行性能测试时获得所需要的参数，之后进行特定的性能指标分析。

OpenSTA 以最简单的方式让大家对性能测试的原理有较深的了解，其较为丰富的图形化测试结果大大提高了测试报告的可阅读性。

OpenSTA 是基于 Common Object Request Broker Architecture（CORBA）的结构体系。它通过虚拟一个 Proxy 代理服务器，使用其专用的脚本控制语言，记录通过代理服务器的一切 HTTP/S 协议包。

测试工程师通过分析 OpenSTA 的性能指标收集器收集的各项性能指标，以及 HTTP 数据，对被测试系统的性能进行分析。

3. AB

AB 的全称是 Apache Bench，是 Apache 服务器自带的一个工具，存在于 bin 目录下。专门用于 HTTP Server 的 Benchmark Testing，可以同时模拟多个并发请求。Apache Bench 可以针对某一特定 URL 模拟出连续的联机请求，同时，还可以仿真出同时间点个数相同的联机请求，因而利用 ApacheBench 可帮助在网站开发期间仿真实际上线的可能的情况，利用仿真出来的数据作为调整服务器设定或程序的依据。

练习与实训

一、选择题

1. 某信息发布论坛，该系统有 3 000 个用户，平均每天有 1 000 个用户登录系统进行操

作，每个用户从登录到退出平均时间是 4 小时，在一天内，用户在 8 个小时内使用该系统，则下列说法中正确的是（　　　）

    A. 系统用户数为 3 000，在线用户数为 1 000，并发用户数为 500，最大并发用户数为 566

    B. 系统用户数为 1 000，在线用户数为 3 000，并发用户数为 300，最大并发用户数为 500

    C. 系统用户数为 1 500，在线用户数为 500，并发用户数为 300，最大并发用户数为 322

    D. 系统用户数为 3 000，在线用户数为 1 500，并发用户数为 500，最大并发用户数为 500

  2. 性能测试过程中，需要对数据库服务器的资源使用进行监控，（　　　）不属于应该监控的指标。

    A. CPU 占有率　　　　　　　　　　B. 可用内存数

    C. 点击率　　　　　　　　　　　　D. 缓存命中率

  3. 性能缺陷产生的原因是（　　　）。

    A. 软件需求分析没有到位　　　　　B. 性能测试人员经验不够

    C. 线程锁、资源竞争和内存问题等　D. 基准环境与实际运行环境的偏差

  4. 下列关于软件功能与软件性能测试的描述中，表达正确的是（　　　）。

    ① 软件性能是一种指标，表明软件或构件对于其及时性要求的符合程度

    ② 对一个系统而言，其性能包括并发用户数、响应时间、吞吐量、安全性等

    ③ 性能测试是为描述测试对象与性能相关的特性对其进行评价而实施和执行的测试

    ④ 性能测试用来保证系统运行后的性能满足用户的需求

    ⑤ 性能测试在软件质量保证中的作用不如功能测试

    A.①②③　　　　　B.①③④　　　　　C.①④⑤　　　　　D.②③④

  5. 下列关于性能测试中所包括的测试类型的描述，正确的是（　　　）。

    A. 负载测试的目标是确定系统处理能力的极限

    B. 压力测试是指在系统稳定运行情况下（保证总业务量），长时间运行系统的测试，考察系统的性能变化，属于可靠性测试的范畴

    C. 失效恢复测试是针对任何系统来说，检验如果系统局部发生故障，系统灾备措施是否可以正常启动，用户是否可以继续使用

    D. 考察系统的软硬件最佳配置需要进行疲劳强度测试

  6. 负载压力性能测试需求分析时，应该选择（　　　）类型的业务作为测试案例。

    ① 高吞吐量的业务　　② 业务逻辑复杂的业务　　③ 高商业风险的业务

    ④ 高服务器负载的业务　　⑤批处理的业务

    A.①②③　　　　　B.①③④　　　　　C.①④　　　　　D.①②③④⑤

  7. 与系统管理员和用户相比，开发人员更加重视软件性能的（　　　）。

    ① 内存使用合理性　　② 资源竞争合理性　　③7×24 小时运行稳定性

    ④ 线程同步方式合理性　　⑤系统响应时间

    A.①②③④　　　　B.①②④　　　　　C.②③④　　　　　D.①③④⑤

  8. 性能测试是为描述测试对象与性能相关的特性而对其进行评价，从而实施和执行的

一类测试，不同角色对于软件性能的认识不同，其中系统管理员的认识是（　　　）。

① 支持的并发用户数、最大业务处理数

② 支持 7×24 小时连续运行

③ 服务器资源使用是否合理

④ 内存使用方式是否合理

⑤ 线程同步方式是否合理

⑥ 资源竞争是否合理

A. ①②③　　　　　　B. ①③④　　　　　　C. ④⑤⑥　　　　　　D. ②③④

9. 下列测试中不属于系统测试的是（　　　）。

A. 性能测试　　　　　B. 集成测试　　　　　C. 压力测试　　　　　D. 可靠性测试

10. 在进行性能测试时，往往需要监控各种服务器资源，监控的指标有（　　　）。

A. CPU、内存 &SWAP、磁盘管理、网络、数据库连接数、活动进程

B. CPU、内存 &SWAP、磁盘管理、网络、JDBC、活动进程

C. CPU、内存 &SWAP、磁盘管理、网络、文件系统、活动进程

D. CPU、内存 &SWAP、文件系统、活动进程

二、填空题

1. LoadRunner 由 Virtual User Generator、Controller、Analysis 三大模块组成，功能分别为录制脚本、_____和分析测试结果。

2. LoadRunner 中的参数化涉及两大任务，分别是：用参数替换 Vuser 脚本中的常量和_____。

3. 场景用来模拟_____是如何产生压力的 。

4. Controller 提供手动和_____两种测试场景类型。

5. 响应时间包括_____、网络响应时间和客户端响应时间。

三、简答题

1. 什么是负载测试、压力测试？

2. 简述 LoadRunner 的工作原理。

3. 解释下列术语：

并发用户数、资源利用率、响应时间、吞吐量、点击率

4. 列举至少三个流行的性能测试工具。

四、设计分析题

1. 使用 LoadRunner 工具对开源的 PHP 论坛系统进行性能测试，测试脚本命名为 test。

（1）录制脚本。用户登录操作录制在 vuser_init 中，发帖、回帖操作录制在 Action 中，退出操作录制在 vuser_end 中，要求测试脚本能够被正确回放。

（2）增强脚本。

● 对发帖、回帖设置事务，事务名称分别为 t_post 和 t_reploypost。

● 对发帖和回帖的内容进行参数化。

● 为登录名设置文本检查点进行验证，检查点命名为 c_username。

● 发帖操作前设置集合点，集合点名称为 r_post。

（3）设计并运行场景。

设计 20 个并发用户，虚拟用户运行前进行初始化，每隔 5 s 增加一个用户，持续时间为 10 min，每隔 15 s 停止 3 个用户。运行场景，查看测试结果。

（4）图形结果分析。

在分析器中生成报表，要求截取两张图表：Transaction Summary 图和 Running Vusers–Hits per Second 合并图。

2. 某数据管理系统有两个重要模块：数据接收模块和数据查询模块。数据接收模块按照一定的时间间隔从多个不同数据源接收数据，进行一定的预处理后存入数据库中；数据查询模块根据用户请求从数据库中查询相应的数据并返回给用户。现需要对该系统执行负载压力测试。

该数据管理系统的性能要求为：

① 交易执行成功率 100%；

② 接收间隔最小为 200 ms；

③ 查询响应时间在 3 s 以内；

④ 查询功能支持至少 10 个并发用户；

⑤ 数据接收模块 CPU 利用率不超过 40%；

⑥ 数据查询模块 CPU 利用率不超过 20%。

回答以下问题：

① 简述负载压力测试的主要目的。

② 对该数据管理系统进行性能测试时，主要关注哪些性能指标？

③ 该系统数据接收模块和数据查询模块的测试结果分别见表 10-5 和表 10-6，请分别指出测试结果是否满足性能需求并说明原因。

④ 根据问题③的测试结果，试分析该系统可能的"瓶颈"。

数据管理系统

表 10-5   数据接收模块测试结果

数据接收模块执行情况				
接收间隔/ms	处理时间（平均值）/s		交易执行成功率/%	
	预处理	存数据库	预处理	存数据库
1 000	0.12	0.11	100	100
500	0.12	0.14	100	100
200	0.15	0.21	100	80
应用服务器资源利用				
接收频率/ms	资源指标			
	CPU 占用率（平均值)/%		可用内存（平均值)/MB	
1 000	15.2		3 128	
500	25.5		3 089	
200	43.8		2 980	

表 10-6　数据查询模块测试结果

数据查询模块执行情况		
并发用户数	响应时间（平均值）/s	交易执行成功率/%
5	1.6	100
10	2.3	100
15	3.8	100
应用服务器资源利用		
并发用户数	资源指标	
	CPU 占用率（平均值）/%	可用内存（平均值）/MB
5	5.3	2 550
10	7.2	2 283
15	10.2	1 980

第四篇
测 试 管 理

工作任务 11

熟悉测试的流程

【学习导航】

1. 知识目标

- 熟悉测试各阶段的任务
- 掌握测试计划、总结报告的基本格式
- 理解测试用例、缺陷的基本概念

2. 技能目标

- 能够撰写测试计划
- 能够熟练设计测试用例
- 会撰写缺陷报告
- 能够撰写测试总结报告

【任务情境】

小李经过前面系统的学习，目前参与了公司一个针对 B/S 架构的资产管理系统的测试项目，并和其他同事一起对该系统进行测试。他们将依据系统的需求规格说明书进行测试计划的制订、测试用例的设计、测试执行及测试总结报告的撰写。

案例 1　编写测试计划

编写测试计划

【预备知识】

在项目初定前，会由项目负责人制订一个概要计划，对整个测试进行预估。在需求明确后，需要制订详细的计划用于指导整个测试过程，这份详细的计划是就是测试计划。

测试计划大致包括测试的目标与范围、测试的进度安排、软硬件资源与人员的配备、测试策略、测试准则等内容。每个部分都有不同的作用。具体如下：

1. 前言

这部分内容主要包括：

① 编写目的：写明本文档编写的目的，是给哪些人看的，能起到怎样的作用。

② 测试摘要：列举测试的重点事项，目的是将整个测试计划传递给可能不会通读整个文档的人员（如公司领导、项目经理、产品经理等）。

③ 参考资料：编写测试计划的依据。

④ 名词解释：解释本文档中出现的专业术语，以便让非专业人员能看懂。

2. 测试目的与范围

这部分内容是整个测试计划的重点。

① 测试目的：测试人员将项目的目标和公司质量目标转换成本次测试的目的。

② 测试范围：本计划涵盖的测试范围，比如功能测试、性能测试、安全测试等。测试项目涉及的业务功能与其他项目涉及的业务接口等。要说明哪些是要测试的，哪些是不需要测试的。

3. 测试需求

资源包括硬件资源、软件资源和人力资源。

① 硬件资源：描述建立测试环境所需要的设备要求，包括 CPU、内存、硬盘的最低要求，以及设备的用途，如数据库服务器、Web 服务器、后台开发等。

② 软件资源：列出项目中使用所用软件及测试工具。

③ 人力资源：列出项目参与人员的信息。

4. 测试进度

对各阶段的测试给出里程碑计划。

5. 测试策略

此处也是整个计划的重要部分，包括：

① 测试类型：确定本项目采用哪种测试类型，如功能测试、界面测试、接口测试、性能测试等，用于指导测试用例的设计。

② 测试技术：确定测试采用的测试技术，确定是否需要自动化测试、性能测试，还是只需要功能测试。

③ 风险和约束：列出测试过程中可能存在的一些风险和制约因素，并给出规避方案。

6. 测试准则

此处给出了测试的一些标准、要求和模板，包括：

① 测试进入与结束的标准。

② 测试用例模板。

③ 缺陷等级定义。

④ 确定测试过程中需要提交的各种文档、作者、文档配置库存放目录等。

【案例描述】

根据《资产管理系统的需求规格说明书》，为该系统进行系统测试制订测试计划。

【案例分析】

测试计划是一份文档，一般由测试经理来制订，由测试团队、开发团队和项目管理层复查。由于资产管理系统是一个 B/S 架构的网站，并且在公司内部使用，可以主要进行功能测试和界面测试，而无须考虑性能测试。依据需求规格书，可以确定其测试的目标与范围、测试的进度安排、软硬件资源与人员的配备、测试策略、测试准则等。

【案例实现】

表 11-1 所示是一份该系统的参考测试计划。

表 11-1 资产管理系统测试计划

版本号	日期	修改者	A/M	内容及原因描述	备注
1.0	2017/1/26	王明珠			原始文档

说明：计划版本维护表，用于测试计划版本的维护，A：增加，M：修改。

目　录

1　前言 ……………………………………………………………………………… xx

　　1.1　编写目的 ……………………………………………………………………… xx

　　1.2　测试摘要 ……………………………………………………………………… xx

　　1.3　名词解释 ……………………………………………………………………… xx

　　1.4　参考资料 ……………………………………………………………………… xx

2　测试目的与范围 ………………………………………………………………… xx

　　2.1　测试目的 ……………………………………………………………………… xx

　　2.2　测试范围 ……………………………………………………………………… xx

3　测试资源 ………………………………………………………………………… xx

　　3.1　人力资源 ……………………………………………………………………… xx

　　3.2　软硬件环境 …………………………………………………………………… xx

4　测试进度 ………………………………………………………………………… xx

5　测试策略 ………………………………………………………………………… xx

　　5.1　整体策略 ……………………………………………………………………… xx

　　5.2　测试技术 ……………………………………………………………………… xx

　　5.3　风险预估与防范 ……………………………………………………………… xx

6　测试准则 ………………………………………………………………………… xx

　　6.1　测试进入与结束标准 ………………………………………………………… xx

　　6.2　用例模板 ……………………………………………………………………… xx

　　6.3　Bug 分类 ……………………………………………………………………… xx

　　6.4　提交文档 ……………………………………………………………………… xx

1　前言

1.1　编写目的

本文档用于指明资产管理系统测试的范围、规划测试的内容、确认测试策略、安排资源分配，作为测试的指导，开展系统测试。本文档的预期读者对象为软件项目管理者、软件开发人员、测试人员等。

1.2　测试摘要

资产管理系统是一款 B/S 架构的系统，集供应商管理、存放位置管理、资产新增、定位等功能的综合系统。该系统对理顺资产管理体制、落实资产管理制度、全面控制和管理对资产业务实现、提升工作效率表现出了十分积极的作用。

目前，该系统即将上线，为了更加系统和有效地发现系统中存在的问题，启动本项目来对系统进行测试。

1.3　名词解释（表 11-2）

表 11-2　名词解释

名词/缩略语	解　释
ID	唯一标识码
UI	UI 即 User Interface（用户界面）的简称。泛指用户的操作界面，UI 设计主要指界面的样式、美观程度
Bug	在电脑系统或程序中，隐藏着的一些未被发现的缺陷或问题的统称
B/S	B/S 结构（Browser/Server）是一种网络结构模式，即浏览器/服务器模式

1.4　参考资料

表 11-3　参考资料

文档名称	版本	日期	作者	备注
《资产管理系统需求规格说明书》	1.0	2016/11/18	吴伶琳	

2　测试目的与范围

2.1　测试目的

资产管理系统具备资产管理、供应商与存放地点信息查看、个人信息查看与修改等功能。根据《资产管理系统需求说明书》的要求，对该系统进行系统测试，完成对系统的功能评价。

2.2　测试范围

针对测试的系统模块，测试的范围见表 11-4。

表 11-4　针对测试的系统模块的测试范围

模块名称	功能名称	描述	优先级
登录	登录	资产管理员需要输入用户名、密码、任务 ID 和验证码，才能登录该系统	1
个人信息管理	个人信息查看	系统会显示资产管理员的姓名、移动电话、工号、性别、部门、职位	2
	移动电话修改	初始为空，登录后可以自行修改，只能输入以 1 开头的 11 位数字	3
	修改密码	修改登录密码，修改成功后下次登录生效	1
	退出	单击"退出"，退回到登录页，可以重新登录	1
存放地点管理	存放地点详情查看	存放地点列表显示了部分信息，单击存放地点名称可查看存放地点详细信息	3
	存放地点搜索	系统提供了存放地点的搜索功能，资产管理员可以通过选择存放地点的状态或输入存放地点名称关键字进行搜索	2
供应商管理	供应商详情查看	供应商列表显示了部分信息，单击供应商名称可查看供应商详细信息	3
	供应商搜索	系统提供了供应商的搜索功能，资产管理员可以通过选择供应商的状态或输入供应商名称关键字进行搜索	2
资产管理	资产新增	资产管理员可以增加资产，其中需要选择现有的存放地点和供应商	1
	资产修改	资产管理员可以修改资产，包括资产名称、存放地点、供应商等	1
	资产详情查看	资产列表显示了部分信息，单击资产名称可查看资产详细信息	3
	资产搜索	系统提供了资产的搜索功能，资产管理员可以通过选择资产的状态或输入资产名称关键字进行搜索	2
	资产借用与归还	借用资产时，需要填写借用部门和借用时间，归还时直接单击归还	1

说明：表中数字越大，优先级越低。

针对不同的测试类型，测试的范围见表 11-5。

表 11-5　针对不同的测试类型的测试范围

测试类型	描述
功能测试	系统满足业务逻辑各功能需求的要求
UI 测试	界面简洁明快，用户体验良好，提示友好，必要的变动操作有"确认"环节等
兼容性	通过系统设计及兼容性框架设计，满足对主流浏览器兼容的要求
安全性	系统对敏感信息（例如用户密码）进行相关加密

3　测试资源

3.1　人力资源（表11-6）

表11-6　人力资源

角色	测试人数	具体职责或注释
测试经理	1	指导测试，评估测试工作的有效性，资源协调，测试环境搭建，编写测试计划，需求评审，测试用例评审，测试计划评审，按模块分配任务
测试工程师	3	细分需求，协调测试过程，根据需求写测试用例，并实际执行测试，分析测试数据，形成测试小结，跟踪缺陷

3.2　软硬件环境（表11-7）

表11-7　软硬件环境

软件环境
测试环境：Windows 7
测试管理工具环境：使用 BugFree 提交缺陷
数据库环境：MySQL
硬件环境
测试环境主频 3.2 GHz，硬盘 40 GB，内存 2 GB
数据库环境：PC Server：内存 2 GB、40 GB SCSI 硬盘

4　测试进度（表11-8）

表11-8　测试进度

测试阶段	人员	计划开始时间	计划结束时间	备注
制订测试计划	张远	2017 年 2 月 1 日	2017 年 2 月 3 日	
分解测试需求	全体成员	2017 年 2 月 4 日	2017 年 2 月 9 日	
设计测试用例	张恒、范梦婷等	2017 年 2 月 9 日	2017 年 2 月 15 日	
执行系统测试	张恒、范梦婷等	2017 年 2 月 16 日	2017 年 2 月 20 日	撰写缺陷报告
测试总结	张远	2017 年 2 月 21 日	2017 年 2 月 24 日	

5　测试策略

5.1　整体策略

① 以 80/20 原理为指导，尽量做到在有限的时间里发现尽可能多的缺陷。

② 必须制定测试优先级，通过确定要测试的内容和各自的优先级、重要性，使测试设计工作更有针对性。

③ 测试方案与用例设计同步进行。

④ 测试用例需经过评审，并根据测试的逐步深入，不断完善测试用例库。

⑤ 测试过程要受到控制。根据事先定义的测试执行顺序进行测试，并填写测试记录，保证测试过程是受控的。

⑥ 测试重点放在各个模块的功能实现上，问题较多的模块重点测试。

5.2 测试技术

本次测试采用黑盒测试技术，对登录、个人信息管理、存放地点管理、供应商管理及资产管理等模块进行测试。在设计用例时，主要考虑测试的输入/输出，检验被测系统的功能是否符合需求说明书，包括功能的检验、是否有冗余功能及遗漏功能。

1. 功能测试（表 11-9）

表 11-9 功能测试

测试范围	核实所有功能是否正常实现，包括登录、个人信息管理、存放地点管理等模块的功能是否达到指定目标
测试目标	网站使用的整个业务流程，所有按钮、文本框等功能可用
测试技术	采用等价类划分、边界值分析、错误推测法等黑盒测试技术
工具与方法	手动测试
完成标准	各项功能符合需求
测试重点和优先级	登录模块和资产管理模块
需考虑的特殊事项	无

2. 界面测试（表 11-10）

表 11-10 界面测试

测试范围	所有页面
测试目标	通过浏览各个页面测试网站是否正确反映业务的功能和需求。这种浏览包括窗口与窗口之间、字段与字段之间的浏览，各种访问方法（Tab 键、鼠标移动和快捷键）的使用
测试技术	测试每个页面，以核实各个应用程序页面和对象都可正确地进行浏览，并处于正常状态
工具与方法	目测
完成标准	用户界面符合需求
测试重点与优先级	Logo、导航、易用性
需要考虑的特殊事项	无

3. 兼容性测试（表 11-11）

表 11-11 兼容性测试

测试范围	所有页面
测试目标	核实系统在不同的软件和硬件配置中运行稳定，使用不同版本的主流浏览器（如 IE、Google Chrome、360 等）都运行正常

续表

测试技术	黑盒测试
工具与方法	手动测试
完成标准	符合用户需求
测试重点与优先级	无
需要考虑的特殊事项	无

4. 安全性测试（表 11-12）

表 11-12　安全性测试

测试范围	所有页面
测试目标	用户密码保密；核实只有具备系统访问权限的用户才能访问系统，并能够安全退出
测试技术	黑盒测试
工具与方法	手动测试
完成标准	符合用户需求
测试重点与优先级	用户登录页面
需要考虑的特殊事项	无

5.3　风险预估与防范

鉴于本项目的测试周期短，测试人员经验少，而测试量又非常大，所以预计的测试风险主要在于时间和人力资源方面，见表 11-13。

表 11-13　风险预估与防范

序号	测试风险	风险描述	解决办法	影响程度
1	时间资源	在短短 24 天内完成这些任务，时间是非常紧迫的，任务繁重	首先保证功能模块的正确实现，主流程能够正常运转	高
2	人力资源	① 测试人员能力有限 ② 测试人员缺勤	由测试组长及任务较轻的测试人员把关，重点关注核心业务，保证核心业务的流程及数据流转的正确	高
3	其他	其他未知的风险		未知

6　测试准则

6.1　测试进入与结束标准（表 11-14）

表 11-14　测试进入与结束标准

进入准则	暂停准则	恢复准则	结束准则
测试环境已经准备好；系统基本业务流程能走通；测试需求文档资料完整	测试环境被破坏；系统基本业务流程不通；功能的页面单击错误	测试环境重新搭建好；系统基本业务流程可以走通；页面单击错误问题解决。	需求覆盖达到 100%；设计的测试用例 100% 执行

6.2 用例模板（表 11-15）

表 11-15 用例模板

用例编号		用例名称	
模块名称		编制人	
编制时间		修改历史	
测试目的			
测试方法			
测试数据			
预置条件			
操作描述			
预期结果			
备注			

6.3 Bug 分类

1. Bug 类别说明

Bug 分 4 个类别，分别是功能缺陷、UI 缺陷、兼容性缺陷、安全性缺陷，具体描述见表 11-16。

表 11-16 Bug 类别说明

类别	描　述
功能缺陷	该软件的功能无法被实现，触发该功能无响应或响应出错
UI 缺陷	界面不完整，界面给用户一些厌烦感
兼容性缺陷	在不同的浏览器中有不同的错误，给用户带来不便
安全性缺陷	有些需要改变的地方，没有非常完善

2. Bug 严重程度类别说明

严重程度分为致命、严重、一般、细微，具体描述见表 11-17。

表 11-17 Bug 严重程度类别说明

Bug 严重程度	描　述
致命	① 主要功能没有实现 ② 页面出现编译错误或 404 页面 ③ 正常的用户操作，导致系统崩溃
严重	① 功能实现，但与需求不一致，影响到流程中其他模块 ② 业务流程对应的功能未实现

Bug 严重程度	描　述
一般	① 简单的业务功能实现错误 ② 页面输入限制错误，包括输入长度错误、输入字符限制错误、图片上传限制错误和文件上传限制错误等
细微	① 风格不统一 ② 对齐方式，包括文字对齐、页面排列项一致 ③ UI 错误，包括页面的描述显示错误 ④ 按钮或标签上有拼写错误的单词、不正确的大小写

6.4　提交文档（表 11-18）

表 11-18　提交文档

文档名称	版本	日期	作者	备注
《资产管理系统测试计划》	1.0	2017 年 2 月 3 日	张远	
《资产管理系统测试用例》	1.0	2017 年 2 月 15 日	范梦婷	
《资产管理系统缺陷报告》	1.0	2017 年 2 月 20 日	张远	
《资产管理系统测试总结报告》	1.0	2017 年 2 月 24 日	张恒	

【拓展案例】

根据《客户管理系统的需求规格说明书》制订系统测试的计划。

【案例小结】

测试计划对整个测试的过程管理起着至关重要的作用，决定了人力、物力的投入力度，它的阅读者有各部分负责人及参与项目的所有人员，也包括客户。测试计划包括测试的目的和范围、软硬件资源与人员的配备、测试进度安排、测试策略、最后提交的文档等内容。

案例 2　用例设计与评审

【预备知识】

一、用例设计

设计测试用例，是测试执行的理论依据，也就是说，不是测试人员想到哪儿就测到哪儿的"瞎测"，而是有目标、有针对性地按照测试用例所描写的项和方法去测试，这样才能做到测试的可控性。

在明确需求、制订计划后，测试人员就可以着手设计测试用例了。需要考虑的是输入与输出，使用黑盒测试技术，如等价类划分法、边界值、错误推测法、场景法、因果图、决策表、正交试验等方法设计测试用例。不过黑盒测试的方法通常不是单独操作的，具体到每个测试项目里都会用到多种方法，每种类型的软件有各自的特点，每种测试用例设计方法也各有长处与不足，如何针对不同软件运用这些黑盒方法是非常重要的。在实际测试中，往往是综合使用各种方法才能有效提高测试效率和测试覆盖率，这就需要认真掌握这些方法的原理，积累更多的测试经验，以提高测试水平。

二、用例评审

设计的用例应当经过评审，以保证正确性。测试用例的评审也是非常重要的阶段。从项目和测试质量的角度来看，测试评审的帮助会非常大；以实践的经验来看，测试评审除了能让测试人员考虑更加充分，覆盖更多必要的场景，也能帮助大家提前理清很多产品功能的细节和注意事项。评审时，应注意以下几个方面。

（1）进行评审的时机

一般会有两个时间点。第一，是在用例的初步设计完成之后进行评审；第二，是在整个详细用例全部完成之后进行二次评审。如果项目时间比较紧张，尽可能保证对用例设计进行评审，提前发现其中的不足之处。

（2）参与评审人员

这里会分为多个级别进行评审。

① 部门评审，测试部门全体成员参与的评审。

② 公司评审，包括了项目经理、需求分析人员、架构设计人员、开发人员和测试人员。

③ 客户评审，包括了客户方的开发人员和测试人员。这种情况在外包公司比较常见。

（3）评审内容

评审的内容有以下几个方面：

① 用例设计的结构安排是否清晰、合理，是否有利于对需求进行高效覆盖。

② 优先级安排是否合理。

③ 是否覆盖测试需求上的所有功能点。

④ 用例是否具有很好可执行性。例如，用例的预置条件、执行步骤、输入数据和预期结果是否清晰、正确；预期结果是否有明显的验证方法。

⑤ 是否已经删除了冗余的用例。

⑥ 是否包含充分的负面测试用例。如果在这里使用2/8法则，那就是4倍于正面用例的数量，毕竟一个健壮的软件，其中80%的代码都是在"保护"20%的功能实现。

⑦ 是否从用户层面来设计用户使用场景和使用流程的测试用例。

⑧ 是否简洁，复用性强。例如，可将重复度高的步骤或过程抽取出来定义为一些可复用标准步骤。

（4）评审的方式

① 召开评审会议。与会者在设计人员讲解后给出意见和建议，同时进行详细的评审记录。

② 通过邮件与相关人员沟通。

③ 通过即时通信工具直接与相关人员交流。

方式只是手段，得到其他人员对于用例的反馈信息才是目的。无论采用哪种方式，都应该在沟通之前将用例设计的相关文档发送给对方进行前期的学习和了解，以节省沟通成本。

（5）评审结束标准

在评审活动中会收集到用例的反馈信息，在此基础上进行用例更新，直到通过评审。

【案例描述】

根据下面的需求描述，为资产管理系统的修改密码功能设计测试用例并评审。

需求描述如下：单击页面右上角的"修改密码"，弹出修改密码浮层，可以修改资产管理员的登录密码。需要输入当前密码和新密码及确认新密码，其中三个输入框不能为空，如果当前密码输入错误或新密码和确认密码不一致，则不能修改成功。新密码为 6~20 位的英文字母或数字。出于安全性考虑，新密码不能为连续或相同的数字、英文字母。修改成功后，下次登录需要使用新密码，如图 11-1 所示。

图 11-1　"修改密码"对话框

【案例分析】

测试用例应该包含用例编号、用例名称、模块名称、编制时间、测试目的、测试方法、测试数据、预置条件、操作描述、预期结果等内容。在设计用例时，需要将需求细化，先从单个文本、按钮进行黑盒测试用例设计，再考虑业务逻辑关系，将不同的输入结合后补充用例。一个测试点可以衍生出很多测试用例。

评审测试用例的时候，需要打破思维的局限，敢于思考各种可能会出现的复杂场景及异常情况。对于需求和实现模糊的地方，尽量不要做假设，而是需要和对应的人去确认。也是这个原因，往往还会发现很多需求和功能设计上考虑不周全的地方。因为当深入讨论一个测试场景的时候，就会发现不知道产品经理和开发人员是怎么处理的，可能他们还没有考虑到这种情况，也可能相关的信息没有同步，导致大家理解不一致。

【案例实现】

1. 设计用例

根据需求描述与测试计划中的用例模板，设计测试用例。

（1）界面测试用例（表 11-19）

表 11-19　界面测试用例

用例编号	ZCGL_PIM_001	用例名称	修改密码 UI 测试
模块名称	个人信息管理	编制人	范梦婷
编制时间	2017 年 2 月 9 日	修改历史	无
测试目的	对"修改密码"浮层进行 UI 测试		
测试方法	场景法、目测		
测试数据	无		
预置条件	成功登录资产管理系统主界面		
操作描述	（1）在 IE 9.0 浏览器的主界面上单击右上角的"修改密码"超链接 （2）查看弹出的修改密码界面的内容与效果		

续表

预期结果	（1）单击超链接后，会弹出标题为"修改密码"的浮层对话框 （2）对话框内包含"当前密码""新密码"及"确认密码"3个文本输入框，以及"确定""取消"按钮 （3）界面显示合适，布局美观，无错别字
备注	

（2）兼容性测试用例（表11-20）

表11-20　兼容性测试用例

用例编号	ZCGL_PIM_002	用例名称	修改密码兼容性测试
模块名称	个人信息管理	编制人	范梦婷
编制时间	2017年2月9日	修改历史	无
测试目的	测试修改密码主界面的兼容性		
测试方法	目测		
测试数据	无		
预置条件	无		
操作描述	（1）使用IE 9.0浏览器打开"修改密码"，查看界面效果 （2）使用Google Chrome浏览器打开"修改密码"界面，查看界面效果 （3）使用360浏览器打开"修改密码"界面，查看界面效果		
预期结果	在主流的浏览器上，界面都能合理显示，布局美观，无错别字		
备注			

（3）当前密码正确的测试用例（表11-21）

表11-21　当前密码正确的测试用例

用例编号	ZCGL_PIM_003	用例名称	当前密码是正确密码
模块名称	个人信息管理	编制人	范梦婷
编制时间	2017年2月9日	修改历史	无
测试目的	测试修改密码功能的"当前密码"正确，是否能够修改密码		
测试方法	等价类划分法、错误猜测法		
测试数据	当前密码"123456"，新密码"abcd1234"，确认密码"abcd1234"		
预置条件	成功登录，点开"修改密码"界面		
操作描述	（1）输入当前密码"123456" （2）输入新密码"abcd1234" （3）输入确认密码"abcd1234" （4）单击"确定"按钮		
预期结果	弹出"修改密码成功"的提示信息		
备注			

（4）当前密码错误的测试用例（表 11-22）

表 11-22　当前密码错误的测试用例

用例编号	ZCGL_PIM_004	用例名称	当前密码是错误密码
模块名称	个人信息管理	编制人	范梦婷
编制时间	2017 年 2 月 9 日	修改历史	无
测试目的	测试修改密码功能的"当前密码"错误是否不能够修改密码		
测试方法	等价类划分法、错误猜测法		
测试数据	当前密码"abc123"，新密码"abc12345"，确认密码"abc12345"		
预置条件	成功登录，点开"修改密码"界面		
操作描述	（1）输入当前密码"abc123"（错误的密码） （2）输入新密码"abc12345" （3）输入确认密码"abc12345" （4）单击"确定"按钮		
预期结果	弹出"当前密码错误"的提示信息		
备注			

（5）当前密码为空的测试用例（表 11-23）

表 11-23　当前密码为空的测试用例

用例编号	ZCGL_PIM_005	用例名称	当前密码为空
模块名称	个人信息管理	编制人	范梦婷
编制时间	2017 年 2 月 9 日	修改历史	无
测试目的	测试修改密码功能的"当前密码"为空是否有提示信息		
测试方法	等价类划分法、错误猜测法		
测试数据	当前密码为空，新密码"abc12345"，确认密码"abc12345"		
预置条件	成功登录，点开"修改密码"界面		
操作描述	（1）不输入当前密码 （2）输入新密码"abc12345" （3）输入确认密码"abc12345" （4）单击"确定"按钮		
预期结果	弹出"请填写当前密码"的提示信息		
备注			

（6）当前密码为空格的测试用例（表 11-24）

表 11-24　当前密码为空格的测试用例

用例编号	ZCGL_PIM_006	用例名称	当前密码为空格
模块名称	个人信息管理	编制人	范梦婷
编制时间	2017 年 2 月 9 日	修改历史	无
测试目的	测试修改密码功能的"当前密码"为空格是否有提示信息		
测试方法	等价类划分法、错误猜测法		

续表

测试数据	当前密码为空格，新密码"abc12345"，确认密码"abc12345"
预置条件	成功登录，点开"修改密码"界面
操作描述	（1）输入当前密码为空格 （2）输入新密码"abc12345" （3）输入确认密码"abc12345" （4）单击"确定"按钮
预期结果	弹出"请填写当前密码"的提示信息
备注	

（7）当前密码为超长字符的测试用例（表11-25）

表11-25　当前密码为超长字符的测试用例

用例编号	ZCGL_PIM_007	用例名称	当前密码为超长字符
模块名称	个人信息管理	编制人	范梦婷
编制时间	2017年2月9日	修改历史	无
测试目的	测试修改密码功能的"当前密码"为超长字符时是否有提示信息		
测试方法	等价类划分法、边界值法、错误猜测法		
测试数据	当前密码为超长字符"111…111"（共21个），新密码"abc12345"，确认密码"abc12345"		
预置条件	成功登录，点开"修改密码"界面		
操作描述	（1）输入当前密码为超长字符 （2）输入新密码"abc12345" （3）输入确认密码"abc12345" （4）单击"确定"按钮		
预期结果	弹出"当前密码不正确"的提示信息		
备注			

（8）取消按钮测试用例（表11-26）

表11-26　取消按钮测试用例

用例编号	ZCGL_PIM_008	用例名称	取消按钮
模块名称	个人信息管理	编制人	范梦婷
编制时间	2017年2月9日	修改历史	无
测试目的	测试取消按钮是否正确		
测试方法	场景法		
测试数据	无		
预置条件	成功登录，点开"修改密码"界面		
操作描述	单击"取消"按钮		
预期结果	关闭"修改密码"对话框		
备注			

（9）关闭按钮测试用例（表 11-27）

表 11-27　关闭按钮测试用例

用例编号	ZCGL_PIM_009	用例名称	关闭按钮
模块名称	个人信息管理	编制人	范梦婷
编制时间	2017 年 2 月 9 日	修改历史	无
测试目的	测试关闭按钮是否正确		
测试方法	场景法		
测试数据	无		
预置条件	成功登录，点开"修改密码"界面		
操作描述	单击对话框的"关闭"按钮		
预期结果	关闭"修改密码"对话框		
备注			

（10）Tab 键和 Enter 键测试用例（表 11-28）

表 11-28　Tab 键和 Enter 键测试用例

用例编号	ZCGL_PIM_010	用例名称	Tab 键和 Enter 键
模块名称	个人信息管理	编制人	范梦婷
编制时间	2017 年 2 月 9 日	修改历史	无
测试目的	测试 Tab 键与 Enter 键是否正确		
测试方法	场景法		
测试数据	无		
预置条件	成功登录，点开"修改密码"界面		
操作描述	（1）使用 Tab 键切换"当前密码""新密码""确认密码"输入框和"确定""取消"按钮 （2）在 Tab 键选中"确定"按钮时，按 Enter 键 （3）回到"修改密码"提示框 （4）Tab 键选中"取消"按钮，按 Enter 键		
预期结果	（1）使用 Tab 键切换的顺序是"当前密码""新密码""确认密码""确定""取消" （2）第 2 步后弹出"当前密码不能为空"提示框 （3）第 4 步后关闭"修改密码"提示框		
备注			

（11）新密码长度小于 6 位测试用例（表 11-29）

表 11-29　新密码长度小于 6 位测试用例

用例编号	ZCGL_PIM_011	用例名称	新密码长度小于 6 位
模块名称	个人信息管理	编制人	范梦婷
编制时间	2017 年 2 月 9 日	修改历史	无
测试目的	测试修改密码功能的新密码小于 6 位是否有提示信息		
测试方法	等价类划分法、边界值法、错误猜测法		

测试数据	当前密码"123456"，新密码"abc12"，确认密码"abc12"
预置条件	成功登录，点开"修改密码"界面
操作描述	（1）输入当前密码为"123456" （2）输入新密码"abc12"（小于6位密码） （3）输入确认密码"abc12" （4）单击"确定"按钮
预期结果	弹出"新密码在6~20位字母或数字"的提示信息
备注	

（12）新密码长度大于20位测试用例（表11-30）

表11-30　新密码长度大于20位测试用例

用例编号	ZCGL_PIM_012	用例名称	新密码长度大于20位
模块名称	个人信息管理	编制人	范梦婷
编制时间	2017年2月9日	修改历史	无
测试目的	测试修改密码功能的新密码大于20位是否有提示信息		
测试方法	等价类划分法、边界值法、错误猜测法		
测试数据	当前密码"123456"，新密码"abcdefghijk1234567890"，确认密码"abcdefghijk1234567890"		
预置条件	成功登录，点开"修改密码"界面		
操作描述	（1）输入当前密码为"123456" （2）输入新密码"abcdefghijk1234567890"（大于20位密码） （3）输入确认密码"abcdefghijk1234567890" （4）单击"确定"按钮		
预期结果	弹出"新密码在6~20位字母或数字"的提示信息		
备注			

上面列举了修改密码的典型用例，但是并不完整，大家可以补充。测试用例除了使用Word编辑外，Excel也比较通用。以上用例放在Excel的表格中也是非常清晰、直观的，查看起来也更方便。

2. 用例评审

用例编写完成后，需要组织用例评审，可以采用部门评审或公司评审的方式。

【拓展案例】

根据存放地点模块的需求描述，对其设计测试用例，并评审。

需求描述：登录后首先进入个人信息页面，单击左侧导航栏中的"资产存放地点"，可进入资产存放地点管理页面，资产管理员有查看和搜索的权限，如图11-2所示。

列表显示了资产存放地点的部分信息，单击存放地点名称，会弹出存放地点详情浮层，其中显示了存放地点名称、类型、状态和说明，单击"关闭"按钮会退回到存放地点列表页。

图 11-2　"存放地点"页面

系统提供了资产管理员的存放地点搜索权限，资产管理员可以在列表上方选择某个状态或者输入名称关键字，单击后面的"搜索"按钮，系统会搜索出需要的存放地点，供资产管理员进行操作。

【案例小结】

测试用例是后期测试正常有序进行的保证。在设计测试用例时，可使用多种方法，测试经验越丰富越好。将设计好的用例编写成文档，评审通过后，将是测试过程又一个里程碑。

测试用例的评审也是非常重要的阶段。从项目和测试质量的角度来看，测试评审的帮助会非常大；以实践的经验来看，测试评审除了能让测试人员考虑更加充分，覆盖更多必要的场景外，也能帮助大家提前理清很多产品功能的细节和注意事项。

案例 3　执行测试

【预备知识】

当开发人员将系统移交测试部门，测试小组就可以着手测试了。开始测试之前，一般先要搭建测试环境，并准备测试数据，如果是自动化测试，还需预先准备好测试脚本。

在测试实施时，测试用例作为测试的标准，测试人员一定要严格按照测试用例中的测试步骤逐一实施测试，并记录测试结果，或将测试情况记录在测试管理软件中，以便自动生成测试结果文档。在测试过程中，一旦发现软件缺陷，就要记录到缺陷报告中去。缺陷报告一般包含缺陷编号、缺陷描述、发现人员、发现时间、所属功能模块、严重程度、优先级及附件说明等内容。缺陷的描述是用简短的文字介绍是什么样的缺陷、产生的过程、测试的数据，如果不是每次必现，一般还包括出现频率。缺陷描述要简明扼要，切中要害。为了更加直观，可以在附件说明中增加缺陷的截图。

严重度和优先级是表征软件测试缺陷的两个重要因素，它影响软件缺陷的统计结果和修正缺陷的优先顺序，特别是在软件测试的后期，将影响软件是否能够按期发布。严重度就是软件缺陷对软件质量的破坏程度，即此软件缺陷的存在将对软件的功能和性能产生怎样的影响。优先级是表示处理和修正软件缺陷的先后顺序的指标，即哪些缺陷需要优先修正，哪些缺陷可以稍后修正。当然，也有根据被测系统的特性而异。严重度与优先级不存在必然的联系。一个严重的 Bug 对 1%的用户来说可能是不太会发生的使软件崩溃的 Bug，那么它的优先级也比那些误操作导致每个用户每次都需要重新键入的 Bug 的优先级要低。对于严重度和优先级，各个公司不同的项目都有相应的变化，如某公司定义的缺陷严重度见表 11-31。

表 11-31　缺陷严重度举例

严重程度	缺陷描述	备注
细微错误	1. 风格不统一，包括相近流程的页面布局相异，相同的问题点提示信息相异，但对用户的使用方法和使用习惯不造成影响（需求中明确的风格要求除外） 2. 对齐方式，包括文字对齐、页面排列项一致 3. 错误定位及信息提示不准确，包括错误判断的顺序、出错后信息提示错误（包括出现后台信息）、错误出现的光标定位 4. UI 错误，包括页面的描述显示错误（和需求中描述的信息不一致，或有明显的错误）、字体错误，以及模板的显示错误等 5. 按钮或标签上有拼写错误的单词、不正确的大小写 6. 无图标，图标出错	
一般错误	1. 简单的业务功能实现错误，包括默认显示内容错误、查询列表的初始查询条件错误和查询匹配错误 2. 特殊字符处理错误，包括"、'、;、<、>等特殊字符 3. 页面输入限制错误，包括输入长度、输入字符限制、特殊输入要求判断、图片上传限制错误和文件上传限制错误等 4. 按钮设计遗漏，包括不同条件下的显示内容 5. 业务流程对应的功能未实现，但是有替代方法解决，不影响实际的使用 6. 日期或时间初始值错误（起止日期、时间没有限定）	
严重错误	1. 功能实现，但与需求不一致，影响到流程中其他模块 2. 业务流程对应的功能未实现 3. 数据库建库（或升级）脚本错误、遗失表或字段，影响系统的正常运行 4. 存储过程不能正常执行对应的设计功能 5. 性能和压力测试中，在大数据量和并发压力大时，系统处理缓慢、网络异常及少量数据丢失（低于 0.5%）等情况 6. 虽然正确性不受影响，但系统性能和响应时间受到影响 7. 网站基本使用流程错误	

续表

严重程度	缺陷描述	备注
致命错误	1. 业务流程对应的功能未实现，并且无替代方法 2. 页面出现编译错误或出现 404 页面 3. 性能和压力测试中，大数据量和并发压力大时，系统停止处理或大量数据丢失（大于 0.5%） 4. 产生错误的结果，导致系统不稳定的问题 5. 数据链接未释放 6. 对于与其他模块的接口，调用或提供错误（验证到数据库、日志和模拟器级别） 7. 需求未在系统中实现	系统崩溃
	1. 正常的用户操作，导致系统崩溃 2. 严重影响系统流程 3. 数据库链接异常中断 4. 故意留有程序后门 5. 可能有灾难性后果	系统死锁

【案例描述】

根据已经设计的测试用例对资产管理系统修改密码功能进行测试，记录测试结果，并撰写缺陷报告。

【案例分析】

无论是手动还是自动化测试，都应记录下每个用例测试的结果：通过或失败。特别是当用例失败时，还需记录下缺陷的相关信息。比如缺陷是谁发现的、缺陷的严重度与优先级、缺陷的表现、发现缺陷时的测试数据等特征。有的缺陷不是每次必现，还需记录下出现的频率等内容。

【案例实现】

1. 记录测试结果

测试结果是记录测试用例执行的结果是成功（√）还是失败（×）。记录的时候，可以直接在用例最后增加"测试结果"一栏。下面以测试用例执行成功与失败为例记录测试结果，其他测试用例省略，见表 11-32 和表 11-33。

表 11-32　测试记录（1）

用例编号	ZCGL_PIM_003	用例名称	当前密码是正确密码
模块名称	个人信息管理	编制人	范梦婷
编制时间	2017 年 2 月 9 日	修改历史	无
测试目的	测试修改密码功能的"当前密码"正确时是否能够修改密码		
测试方法	等价类划分法、错误猜测法		
测试数据	当前密码"123456"，新密码"abcd1234"，确认密码"abcd1234"		
预置条件	成功登录，点开"修改密码"界面		
操作描述	（1）输入当前密码"123456" （2）输入新密码"abcd1234" （3）输入确认密码"abcd1234" （4）单击"确定"按钮		

预期结果	弹出"修改密码成功"的提示信息
备注	
测试结果	成功

表 11-33　测试记录（2）

用例编号	ZCGL_PIM_004	用例名称	当前密码是错误密码
模块名称	个人信息管理	编制人	范梦婷
编制时间	2017 年 2 月 9 日	修改历史	无
测试目的	测试修改密码功能的"当前密码"错误时是否不能够修改密码		
测试方法	等价类划分法、错误猜测法		
测试数据	当前密码"abc123"，新密码"abc12345"，确认密码"abc12345"		
预置条件	成功登录，点开"修改密码"界面		
操作描述	（1）输入当前密码"abc123"（错误的密码） （2）输入新密码"abc12345" （3）输入确认密码"abc12345" （4）单击"确定"按钮		
预期结果	弹出"当前密码错误"的提示信息		
备注			
测试结果	失败，没有提示"当前密码错误"，却提示"修改成功"		

2. 撰写缺陷报告（表 11-34）

表 11-34　撰写缺陷报告

缺陷编号	01	功能模块	个人信息管理	版本号	1.0
测试人员	范梦婷	日期	2017 年 2 月 16 日	指定处理人	李想
严重程度	一般	优先级	3	状态	新建
测试平台	360 浏览器 8.0				
缺陷概述	修改密码浮层无法正常打开并显示				
复现步骤	（1）使用 360 浏览器成功登录资产管理系统 （2）在浏览器的主界面上单击右上角的"修改密码"超链接				

附件

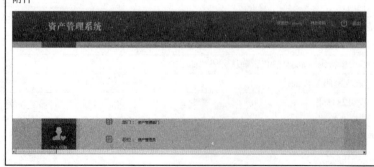

续表

缺陷编号	02	功能模块	个人信息管理	版本号	1.0
测试人员	范梦婷	日期	2017 年 2 月 16 日	指定处理人	李想
严重程度	严重	优先级	2	状态	新建
测试平台	谷歌浏览器 56.0.2924.87				
缺陷概述	修改密码浮层中，当输入错误的当前密码时，也能修改密码				
复现步骤	（1）使用谷歌浏览器成功登录资产管理系统 （2）在浏览器的主界面上单击右上角的"修改密码"超链接 （3）输入当前密码"abc123"（错误的密码） （4）输入新密码"abc12345" （5）输入确认密码"abc12345" （6）单击"确定"按钮				

附件

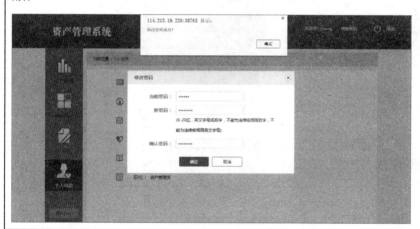

缺陷编号	03	功能模块	个人信息管理	版本号	1.0
测试人员	范梦婷	日期	2017 年 2 月 16 日	指定处理人	李想
严重程度	一般	优先级	3	状态	新建
测试平台	谷歌浏览器 56.0.2924.87				
缺陷概述	修改密码浮层中，使用 Tab 键切换时，无法聚焦到"确定"和"取消"按钮				
复现步骤	（1）使用谷歌浏览器成功登录资产管理系统 （2）在浏览器的主界面上单击右上角的"修改密码"超链接 （3）使用 Tab 键切换"当前密码""新密码""确认密码"输入框和"确定""取消"按钮				

附件

无

续表

缺陷编号	04	功能模块	个人信息管理	版本号	1.0
测试人员	范梦婷	日期	2017 年 2 月 16 日	指定处理人	李想
严重程度	严重	优先级	2	状态	新建
测试平台	谷歌浏览器 56.0.2924.87				
缺陷概述	修改密码浮层中，修改密码的新密码长度可以小于 6 位				
复现步骤	（1）使用谷歌浏览器成功登录资产管理系统 （2）在浏览器的主界面上单击右上角的"修改密码"超链接 （3）输入当前密码为"123456" （4）输入新密码"abc12"（小于 6 位密码） （5）输入确认密码"abc12" （6）单击"确定"按钮				

附件

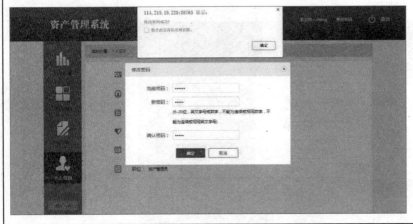

【拓展案例】

根据资产管理系统已设计好的存放地点模块的测试用例执行测试，并记录测试结果与缺陷报告。

【案例小结】

测试执行指在搭建好测试环境，准备好测试数据的前提下，根据测试用例对被测系统进行测试，并记录测试结果与产生的缺陷。在时间允许的情况下，测试执行会经过 2~3 轮甚至 4 轮。在测试过程中，测试用例也在不断丰富和完善。

案例 4　测试总结

【预备知识】

测试总结报告是测试阶段最后的文档产物。优秀的测试经理应该具备良好的文档编写能力。一份详细的测试总结报告包含足够的信息：产品质量和测试过程的评价，以及对最终的测试结果分析。测试总结报告一般包含以下几个方面。

1. 引言

该部分内容与测试计划部分类似，主要介绍该文档的编写目的、项目背景、名词解释与参考资料等。

（1）编写目的

说明这份测试报告的具体编写目的，指出预期的阅读范围。

（2）项目背景

被测试软件系统的简介，包括名称、开发者、用户及测试环境与实际运行环境之间可能存在的差异。

（3）名词解释

列出本文件中用到的专业术语的定义和外文首字母组词的原词组。

（4）参考资料

列出要用到的参考资料，如：本项目的经核准的计划任务书或合同、上级机关的批文；属于本项目的其他已发表的文件；本文件中各处引用的文件、资料，包括所要用到的软件开发标准。

2. 测试概要

主要介绍测试人员、测试类型、测试环境与配置、测试进度是否有偏差，以及测试问题总结。

（1）测试人员

列出该软件在各测试阶段参与测试的角色、姓名和具体职责。

（2）测试类型

列出各种不同类型的测试，以及测试的内容、方法和工具等。

（3）测试环境与配置

列出执行该测试时所搭建的软、硬件环境及网络环境配置等，对于三层架构的网络设备，要求可以根据网络拓扑图列出相关配置。

（4）测试进度

列出测试的进度和工作量，最好区分测试文档和活动的时间。

（5）测试问题总结

对测试中出现的与计划不符的情况进行简单的说明。

3. 测试结果与缺陷分析

这里详细介绍了测试用例的执行结果、测试覆盖分析、缺陷的统计与分析及遗留问题等。

（1）测试用例执行结果

详细说明测试用例执行日志，包括测试用例的名称、测试结论（通过与否）等，其中用例状态为：已执行、未执行、错误用例、已取消。

（2）覆盖分析

包括测试覆盖分析和需求覆盖分析，前者描述测试用例的个数、测试覆盖率、执行通过率等，以及因为限制而未测试的原因分析，公式如下：

$$测试覆盖率＝执行数/用例总数×100\%$$

后者根据测试结果，按编号给出每一个测试需求的通过与否结论，并计算需求的覆盖率，公式如下：

$$需求覆盖率＝被验证到的需求数量/总的需求量×100\%$$

（3）缺陷分析

分别按 Bug 的状态、严重级别、功能模块等以分布和趋势的形式进行图形和表单统计，并根据项目特性对客户的关注重点和项目组经常出现的错误进行统计分析。

对上述缺陷和其他收集数据进行综合分析，如：

$$缺陷发现效率＝缺陷总数/执行测试用时$$
$$缺陷密度＝缺陷总数/功能点总数$$

（4）未决问题

列出测试中发现的、没有满足需求或其他方面要求的问题，或者测试提出但未解决的问题，并给出详细的解释及建议的解决方案。

4. 综合评价

对整个测试进行综合评价，提出合理有效的建议。

（1）软件能力与缺陷

指出经过测试的软件所实现的功能或者创新点功能，以及测试所揭露的软件缺陷和不足或可能给软件运行带来的影响。

（2）建议

① 可能存在的潜在缺陷和后续工作。

② 对缺陷修改和产品设计的建议。

③ 对过程改进方面的建议。

（3）客户问题和建议

列出项目过程中，客户提出的问题或建议，以及解决方案等，必要时对这些问题进行分析。

【案例描述】

为资产管理系统的测试撰写测试总结报告。

【案例分析】

测试报告是将测试的过程和结果写成文档，并对发现的问题和缺陷进行分析，为纠正软件存在的质量问题提供依据，同时为软件验收和交付打下基础。

分析整个项目测试过程中哪里做得好，哪里还需要改进，在项目结束时，可以将每个人的想法汇总起来，并给出可行的解决方案，以便在下一个项目时改进；分析在测试过程中遇到了什么问题，如何处理的，这样做的结果是好的还是坏的等，帮助团队不断进步。

项目经理可能比较关心这个项目经过测试后是什么情况，因此需要提供一些缺陷分布、缺陷趋势等图表进行分析。

【案例实现】

资产管理系统测试总结报告见表11-35。

表 11-35 资产管理系统测试总结报告

作者	张远	日期	2017 年 2 月 24 日
文档编号	Proj-002	版本	1.0

目　　录

1　引言 ……………………………………………………………………………… ××

    1.1　编写目的 ………………………………………………………………… ××

    1.2　项目背景 ………………………………………………………………… ××

    1.3　名词解释 ………………………………………………………………… ××

    1.4　参考资料 ………………………………………………………………… ××

2　测试概要 …………………………………………………………………………… ××

    2.1　测试人员 ………………………………………………………………… ××

    2.2　测试类型 ………………………………………………………………… ××

    2.3　测试环境与配置 ………………………………………………………… ××

    2.4　测试进度 ………………………………………………………………… ××

    2.5　测试问题总结 …………………………………………………………… ××

3　测试结果及缺陷分析 ……………………………………………………………… ××

    3.1　测试用例执行结果 ……………………………………………………… ××

    3.2　覆盖分析 ………………………………………………………………… ××

    3.3　缺陷分析 ………………………………………………………………… ××

    3.4　未决问题 ………………………………………………………………… ××

4　测试总结与建议 …………………………………………………………………… ××

    4.1　软件能力 ………………………………………………………………… ××

    4.2　建议 ……………………………………………………………………… ××

1　引言

1.1　编写目的

本文档是对资产管理系统的测试进行描述与总结，包括对测试进度、资源、问题、风险等进行评估，总结测试活动的成功经验与不足，以便今后更好地开展测试工作。本总结报告的预期读者有开发部经理、项目组所有人员、测试组人员、SQA 人员、SCM 人员，以及公司授权调阅本文档的其他人员。

1.2　项目背景

资产管理系统的测试主要根据软件需求规格说明书及相应的文档进行，包括功能测试、安全性、用户界面测试及兼容性测试等，而单元测试和集成测试由开发人员来执行。主要功能模块包括登录、个人信息管理、存放地点管理、供应商管理和资产管理。

1.3　名词解释（表 11-36）

表 11-36　术语

名词/缩略语	解　释
Bug	在电脑系统或程序中，隐藏着的一些未被发现的缺陷或问题的统称
B/S	B/S 结构（Browser/Server）是一种网络结构模式，即浏览器/服务器模式

1.4　参考资料（表 11-37）

表 11-37　参考资料

文档名称	版本	日期	作者	备注
《资产管理系统需求规格说明书》	1.0	2016/11/18	吴伶琳	
《资产管理系统测试计划》	1.0	2017/2/2	张远	
《资产管理系统测试用例》	1.0	2017/2/15	张恒	
《资产管理系统测试缺陷报告》	1.0	2017/2/20	范梦婷	

2　测试概要

2.1　测试人员（表 11-38）

表 11-38　测试人员

角色	姓名	主要职责
测试经理	张远	① 协调项目安排 ② 撰写测试计划 ③ 分配测试任务 ④ 撰写测试总结

角色	姓名	主要职责
测试工程师	郁颖	① 负责资产管理、存放地点管理模块的用例设计 ② 测试执行及缺陷提交
	范梦婷	① 负责登录、个人信息管理模块的用例设计 ② 测试执行及缺陷提交
	张恒	① 负责供应商管理模块的用例设计 ② 测试执行及缺陷提交 ③ 整理汇总缺陷，并撰写缺陷报告

2.2 测试类型（表11-39）

表11-39 测试类型

测试类型	测试内容	测试目的	所用的测试工具和方法
功能测试	登录、个人信息管理、存放地点管理、供应商管理和资产管理功能	核实所有功能均已正常实现，即可按用户的需求使用系统。 1. 业务流程检验：各个业务流程能够满足用户需求，用户使用时不会产生疑问 2. 数据准确：各数据输入/输出时系统计算准确	采用黑盒测试，使用边界值分析、等价类划分、错误猜测法等测试方法，进行手工测试
UI测试	1. 导航、链接、Cookie、页面结构，包括菜单、背景、颜色、字体、按钮、Title、提示信息的一致性等 2. 友好性、易用性、合理性、一致性、正确性	核实各个窗口风格（包括颜色、字体、提示信息、图标、Title 等）都与基准版本保持一致，或符合可接受标准，能够保证用户界面的友好性、易操作性，而且符合用户操作习惯	Web 测试、手工测试
安全测试	1. 登录密码安全性 2. 权限限制 3. 通过修改 URL 非法访问 4. 登录超时限制与安全退出等	1. 应用程序级别的安全性：核实用户只能操作其所拥有权限操作的功能。 2. 系统级别的安全性：核实只有具备系统访问权限的用户才能访问系统	黑盒测试、手工测试
兼容性测试	1. 用不同版本不同种类的主流浏览器分别进行测试 2. 不同操作系统、浏览器、分辨率和各种运行软件等各种条件的组合测试	核实系统在不同的软件和硬件配置中运行稳定	黑盒测试、手工测试

2.3　测试环境与配置（表 11-40）

表 11-40　测试环境与配置

资源名称/类型	配　　置
测试 PC（4 台）	主频 3.2 GHz，硬盘 40 GB，内存 2 GB
Web 服务器，DB 服务器（同 1 台）	PC Server：内存 2 GB、40 GB SCSI 硬盘
数据库管理系统	MySQL
应用软件	Microsoft Office、Visio 等
客户端前端展示	IE 9.0
测试管理工具	BugFree

2.4　测试进度（表 11-41）

表 11-41　测试进度

测试活动	计划起止日期	实际起止日期	备注
制订测试计划	2017.2.1—2017.2.3	2017.2.1—2017.2.2	
分解测试需求	2017.2.4—2017.2.9	2017.2.3—2017.2.9	
测试用例编写与评审	2017.2.9—2017.2.15	2017.2.10—2017.2.15	
执行系统测试	2017.2.16—2017.2.20	2017.2.16—2017.2.21	撰写缺陷报告
测试总结	2017.2.21—2017.2.24	2017.2.22—2017.2.23	

实际测试日期与计划日期基本一致。

2.5　测试问题总结

在整个系统测试执行期间，项目组开发人员高效、及时地解决测试人员提出的各种缺陷，在一定程度上较好地保证了测试执行的效率及测试最终期限。但是，在整个软件测试活动中还是暴露了一些问题，表现在：

① 测试执行时间相对较少，测试通过标准要求较低；

② 开发人员相关培训未做到位，细节性错误较多，返工现象较多；

④ 测试执行人员对系统了解不透彻，测试执行时存在理解偏差，导致提交无效缺陷。

3　测试结果及缺陷分析

3.1　测试用例执行结果（表 11-42）

表 11-42　测试用例执行结果

用户需求编号	测试需求编号	测试用例编号	测试用例名称	用例状态	测试结果	备注
功能测试						
ZCGL_RF_Login_001	RQ0101	ZCGL_Login_01	登录系统	已执行	通过	
ZCGL_RF_Pim_001	RQ0201	ZCGL_Pim_01	个人信息查看	已执行	通过	

续表

用户需求编号	测试需求编号	测试用例编号	测试用例名称	用例状态	测试结果	备注
功能测试						
ZCGL_RF_Pim_002	RQ0202	ZCGL_Pim_02	移动电话编辑	已执行	通过	
ZCGL_RF_Pim_003	RQ0203	ZCGL_Pim_03	修改登录密码	已执行	通过	
ZCGL_RF_Pim_004	RQ0204	ZCGL_Pim_04	退出系统	已执行	通过	
ZCGL_RF_Address_001	RQ0301	ZCGL_Address_01	存放地点查看详情	已执行	通过	
ZCGL_RF_Address_002	RQ0302	ZCGL_Address_02	存放地点搜索	已执行	通过	
UI 测试						
ZCGL_RF_UI_001	RQ0701	ZCGL_GUI_01	窗口检查	已执行	通过	
		ZCGL_GUI_02	合理性检查	已执行	通过	
		ZCGL_GUI_03	一致性检查	已执行	通过	
		ZCGL_GUI_04	易用性检查	已执行	通过	
		ZCGL_GUI_05	友好性检查	已执行	通过	
		ZCGL_GUI_06	正确性检查	已执行	通过	
兼容性测试						
ZCGL_RF_CM_001	RQ0801	ZCGL_Cir_01	操作系统检查	已执行	通过	
		ZCGL_Cir_02	分辨率检查	已执行	通过	
		ZCGL_Cir_03	浏览器检查	已执行	通过	
安全性测试						
ZCGL_RF_SE_001	RQ0901	ZCGL_Se_01	系统安全检查	已执行	通过	

注：表中并未列全，仅供参考。

3.2 覆盖分析

1. 测试覆盖分析（表 11-43）

$$测试覆盖率=执行数/用例总数×100\%=111/111×100\%=100\%$$

表 11-43 测试覆盖分析

需求/功能	用例个数	执行总数	未执行	未/漏测分析和原因
系统功能	90	90	0	
用户界面	12	12	0	
兼容性	6	6	0	
系统安全性	3	3	0	

2. 需求覆盖分析（表 11-44）

按照测试文档《资产管理系统需求规格说明书》《资产管理系统测试计划》，本次测试对系统需求的覆盖情况为：

$$需求覆盖率=被验证到的需求数量/总的需求数量×100\%=92\%$$

表 11-44　需求覆盖分析

需求项	测试类型	是否通过 [Y] [P] [N] [N/A]	备　注
用户手册等	验收测试	[N]	缺少完整的系统安装部署、使用、系统卸载的说明
系统功能	系统测试	[P]	缺少超级管理员的权限，无法实现供应商的增删和存放地点的增删功能
用户界面	系统测试	[N/A]	
兼容性	系统测试	[P]	
系统安全性	系统测试	[Y]	
注：P 表示部分通过；N/A 表示不可测试或者用例不适用。			

3.3　缺陷分析

测试执行过程中，共发现缺陷 44 个。

1. Bug 严重级别

将缺陷按照严重级别分别进行统计，并对统计数据作图分析，如图 11-3 所示。

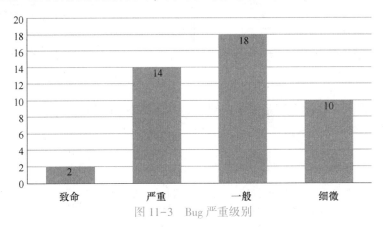

图 11-3　Bug 严重级别

2. Bug 状态图

将缺陷按照状态分别进行统计，并对统计数据作图分析，如图 11-4 所示。

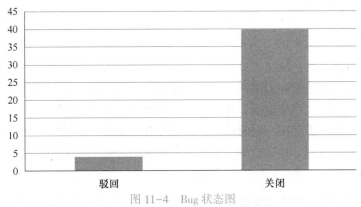

图 11-4　Bug 状态图

3. Bug 模块分布

将缺陷按照所发下的模块分别进行统计，并对统计数据作图分析，如图 11-5 所示。

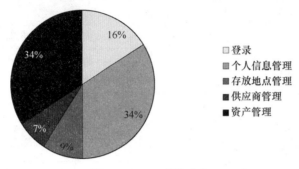

图 11-5　Bug 模块分布

4. Bug 类别分布

将缺陷按照类别分别进行统计，见表 11-45。

表 11-45　Bug 类别分布

类别	Bug 数量	类别	Bug 数量
功能性	32	兼容性	4
UI 界面	6	安全性	2

3.4　未解决问题

本测试中发现了一些没有满足需求的缺陷，具体见表 11-46。

表 11-46　未解决问题

缺陷编号	缺陷概要描述	解决方案
18	系统说明书中提到有超级管理员，并且可以进行存放地点增加和删除、资产信息的增加和删除的操作，但是系统却没有实现	基于进度和客户要求考虑，该问题延迟解决，考虑在升级版本中实现

4　测试总结与建议

4.1　软件能力

经过项目组开发人员、测试人员及相关人员的协力合作，资产管理系统项目如期交付并已达到交付标准。该网站能够实现资产管理系统用户需求说明书上所约定的功能，即能够实现登录、个人信息管理、存放地点管理、供应商管理及资产管理等，能够满足用户的需求。但是部分功能的设计上还存在一定的缺陷，比如没有对超级管理员的用户权限进行设置，导致部分信息无法进行增加与删除管理，这对系统的使用产生了一定的限制。

4.2　建议

需求提出方可以在使用该系统的基础上，继续搜集用户的使用需求反馈，以便在今后的版本中补充并完善。另外，建议当项目组成员确定后，在项目组内部对一些事项进行约定，如 Web 开发/测试的通用规范等，将会在一定程度上提高开发和测试的效率。

【拓展案例】

根据客户管理系统的测试结果，撰写测试总结报告。

【拓展学习】

一、需求分析与评审

大部分的缺陷产生在需求分析阶段，需求不明确是绝大部分缺陷产生的原因。客户给的需求往往只是定义了产品需要实现的功能是什么，而开发方的需求是否正确，是否具有可测性，以及后续是否存在需求变更，这些都会影响软件开发与测试工作，使得测试难以开展或经常出现反复。这在软件开发过程中是最大的一个风险，想要降低需求阶段带来的风险，就要将需求评审工作开展好。

需求评审是所有的评审活动中最难的一个，也是最容易被忽视的一个。以下是一些失败的需求评审案例。

● 某领域专家 A 先生就某企业的成本管理系统做用户需求报告的评审工作。在评审会开始不久，就被在场的某企业的一位副总 B 先生打断，认为 A 先生提出的方案不适合本企业，A 先生提出的管理改进方案在企业中无法实施。该副总提完意见后，与会的用户方人员纷纷跟随 B 先生提出了他们的反对意见，致使评审会无法再进行下去，最终该报告被用户否决。

● 某软件公司内部举行产品的需求评审会，主要是公司内部的相关领域的专家参加。在评审会开始后不久，某领域专家就对需求报告中的某个具体问题提出了自己的不同意见。与会人员纷纷就该问题发表自己的意见。大家争执不下，致使会议出现了混乱状况，主持人无法控制局面，会议大大超出了计划评审时间。

● 某软件公司为某公司 A 做业务流程管理系统的需求评审会。当项目组人员在会议上宣读多达上百页的需求报告时，用户明确提出听不懂，致使会议不得不改日进行。

● 某软件公司在用户处开完物资管理系统的需求评审会后，与会人员在离开会议室时纷纷摇头，认为本次会议没有多少实际效果，完全是在走过场。

● 某软件公司在公司内部举行产品的需求评审会时，需求报告的执笔人与产品策划的主要策划人员的想法差别很大，致使需求评审会没有必要继续进行下去。

以上现象在很多项目中都可以看到。概括起来，在需求评审中经常存在以下问题：①需求报告很长，短时间内评审者根本不能把需求报告读懂、想清楚；②没有做好前期准备工作，需求评审的效率很低；③需求评审的节奏无法控制；④找不到合格的评审员，与会的评审员无法提出深入的问题。

那么，应当如何做好需求评审呢？

（1）分层次评审

需求分不同的层次，有目标性需求、功能性需求、操作性需求，不同角色会有不一样的关注点。

- 目标性需求：定义了整个系统需要达到的目标（高层关注）。
- 功能性需求：定义了整个系统必须完成的任务（中层关注）。
- 操作性需求：定义了完成每个任务的具体的人机交互（执行人员关注）。

在需求评审时，应该根据不同的需求层次，进行不同的评审；明确每次评审的目的，从目标性需求评审做起，逐步完成功能性与操作性需求的评审。

（2）正式评审与非正式评审结合

正式评审是组织多个专家，将需求涉及的人员集合在一起，开评审会，并定义好参与评审人员的角色和职责。非正式评审不需要将人员集合在一起，通过电子邮件、网络聊天等多种形式进行评审。评审的正式程度如图11-6所示。有时，非正式的评审反而比正式的评审效率更高，更容易发现问题。

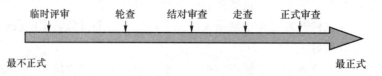

图11-6 评审正式程度排列

（3）分阶段评审

在需求形成的过程中进行分阶段的评审，而不是在需求最终形成后再进行评审，将原本需要进行的大规模评审拆分成各个小规模的评审，能够降低需求返工的风险，提高评审的质量。

（4）精心挑选评审员

需求评审可能涉及非常多的人员。如用户方：高层管理人员、中层管理人员、具体操作人员、IT主管、采购主管；开发方：市场人员、需求分析人员、设计人员、测试人员、质量保证人员、实施人员、项目经理及第三方的领域专家等。这些人员所处的立场不同，对同一个问题的看法是不相同的，不同的观点可能形成互补的关系。要保证使不同类型的人员都参与进来，否则很可能会漏掉了很重要的需求。不同类型的人员中要选择那些真正和系统相关的，对系统有足够了解的人员参与进来，否则会使评审的效率降低。

（5）对评审员进行培训

很多情况下，评审员是领域专家而不是进行评审活动的专家，没有掌握评审的方法、技巧、过程等，需要培训。对于主持评审的管理者，也需要进行培训，使参与评审的人员能够围绕评审的目标来进行，能控制评审节奏，提高评审效率。

（6）充分利用需求评审检查单

需求检查单包括需求形式检查单和需求内容检查单。需求形式检查由QA人员负责，主要是针对需求文档的格式是否符合质量标准；需求内容检查由评审员负责，主要是检查需求内容是否达到了系统目标、是否有遗漏、是否有错误等。检查单可以帮助评审员系统、全面地发现需求中的问题。随着工程经验的积累，检查单会逐渐丰富和优化。

（7）建立标准的评审流程

需求评审会需要建立正规的需求评审流程，按照流程中定义的活动进行规范的评审过程。

（8）做好评审后的跟踪工作

根据评审人员提出的问题进行评价。确定哪些问题必须纠正，并给出理由与证据，进行书面的需求变更申请，进入需求变更的管理流程，并确保变更的执行。在变更完成后，要进行复审。切忌评审完毕后，没有对问题进行跟踪，从而无法保证评审结果的落实，使前期的评审努力付之东流。

（9）充分准备评审

评审质量与评审会议前的准备活动关系密切。评审会议前，需要提前将需求文档下发给参与评审会议的人员，留出更多更充分的时间让参与评审的人员阅读需求文档。如果需求文档存在大量低级错误或没有在评审前进行沟通，文档存在方向性错误，则认为没有达到需求评审的进入条件。评审准备时，应当定义一个检查单，在评审之前对照检查单落实每项准备工作。

需求审查是软件开发的重要环节之一，也是测试活动之一，属于静态测试。借助需求审查保证用户需求在市场/产品需求文档及其相关文档中得到准确、完整、无歧义的反映，并使各类开发人员在需求理解上达成一致。

二、测试管理的工具

测试流程的贯穿，包含了整个测试的运作与管理，市场上也有不少帮助管理的测试工具。这些工具在软件开发过程中，对测试需求、计划、用例和实施过程进行管理，对软件缺陷进行跟踪处理。通过使用测试管理工具，测试人员或开发人员可以更方便地记录和监控每个测试活动、阶段的结果，找出软件的缺陷和错误，记录测试活动中发现的缺陷和改进建议。通过使用测试管理工具，测试用例可以被多个测试活动或阶段复用，可以输出测试分析报告和统计报表。测试管理工具可以更好地支持协同操作，共享中央数据库，支持并行测试和记录，从而大大提高测试效率。常见的测试管理工具有：

1. HP Quality Center（TestDirector）

Mercury 公司原主打产品 TestDirector 于 2003 年开始迁移到 J2EE 平台，重构了整个软件的开发，因融入了 Mercury BTO 理念，继而重新命名为 Quality Center，它是 Mercury BAC 平台的重要组成部分。2006 年后是 HP Quality Center 产品。时至今日，仍然为业内最强大、使用最广泛的测试管理工具之一，可与 QTP、Winrunner、Loadrunner 等集成，也与 MS Office、IBM Rational 等产品集成。

2. IBM Rational TestManager

原 Rational 产品中专业对软件测试资源进行管理的强大工具。包括测试用例管理、测试执行管理、测试脚本和报告管理等。另外，可与 Robot 结合做性能测试，还可以和 RFT、RFP、CC、CQ 等集成使用。

3. IBM Rational Quality Manager

这是 IBM 2008 年推出的新产品，是完全可以与 HP Quality Center 相媲美的软件测试管理工具。包括测试计划、工作流、任务跟踪和统计分析等功能。

4. Micro Focus QADirector

原 Compuware 公司产品，是业内强大的软件测试资源和过程管理工具，虽然市场不大，但是可以和 IBM Rational TestManager 比较，与原 Compuware 产品集成紧密。

5. Micro Focus SilkCentral Test Manager

原 Segue 产品，被 Borland 收购后又被 Micro Focus 收购。它是业内强大的软件测试资源和过程管理工具，可以和 IBM Rational TestManager 比较，与原 Segue 产品集成紧密。

6. Parasoft ConcerTo

这是 Parasoft 公司新出品的面向软件开发生命周期的管理工具。包括 Policy Center、Process Center、Project Center、Test Center、Report Center 等五大模块，其中，Test Center 有对测试过程和测试资源的管理。

7. 国产 TestCenter

上海泽众软件自主研发的一款功能强大的测试管理工具。它可以帮助用户实现测试用例的过程管理，对测试需求过程、测试用例设计过程、业务组件设计实现过程等整个测试过程进行管理。

8. 免费 TestLink

可对测试需求跟踪、测试计划、测试用例、测试执行、缺陷报告等进行完整管理。其功能很强大，使用广泛。

【案例小结】

测试总结报告是对整个测试过程的概述，对测试结果的分析与建议，对被测系统的整体评价。当总结报告被提交后，则整个测试项目就完成了。

练习与实训

一、选择题

1. 下列各项中，评审方法是按照正式化程度逐渐增强的顺序排列的是（   ）。
   A. 正式评审、小组评审、走查、结对评审、临时评审
   B. 临时评审、走查、结对审查、轮查、正式审查
   C. 临时评审、走查、小组评审、结对审查、正式审查
   D. 临时评审、轮查、结对审查、走查、正式审查

2. 下列关于测试团队的说法中，不正确的是（   ）。
   A. 测试团队的组织方式由测试团队的规模、任务和技术来决定
   B. 如果测试团队规模风险大，则测试工程师分为 3 个层次：初级测试工程师、测试工程师、资深测试工程师
   C. 建立、组织和管理一支优秀测试团队是工作的基础，也是重要的工作之一
   D. 发现系统的缺陷是测试工作的内容，但不是测试团队的核心目标

3. 测试计划的作用是（   ）。
   A. 确定测试的任务
   B. 确定测试所需要的各种资源和投入
   C. 遇见可能出现的风险和问题，以指导测试的执行
   D. 以上都是

4. 测试实施策略不包括（　　）。

A. 要使用的测试技术和工具　　　　　　　B. 缺陷描述和处理标准

C. 测试完成标准　　　　　　　　　　　　D. 影响资源分配的特殊考虑

5. 关于测试用例组织管理的说法，不正确的是（　　）。

A. 测试用例要经过创建、修改和不断的完善过程

B. 测试用例具有目标性、状态性、关联性

C. 可以依据编写过程、组织过程和执行过程三个属性对测试用例进行管理

D. 测试用例设计完以后，无须经过更多的检查，应当节省时间，立即进入测试执行
阶段

6. 下面关于软件测试风险分析的说法中，错误的是（　　）。

A. 任何项目都存在风险，软件测试也不例外

B. 风险管理可分为风险评估和风险控制，风险评估又分为风险识别和风险分析

C. 风险是指已经发生了的，给项目成本、进度和质量带来坏的影响的事情

D. 风险识别和分析后，就可以制定对应策略和对应风险管理计划了

7. 依据 GB/T 15532—2008《计算机软件测试规范》，软件测试应由相对独立的人员进
行。测试团队成员包含的工作角色有（　　）。

A. 测试负责人、测试分析员　　　　　　　B. 测试设计员、测试程序员、测试员

C. 测试系统管理员、配置管理员　　　　　D. 以上都是

8. 制订测试计划的步骤为（　　）。

A. 确定项目治理机制、预计测试工作量、测试计划评审

B. 确定测试范围、确定测试策略、确定测试标准、预计测试工作量

C. 确定测试构架、确定项目管理机制、预计测试工作量、测试计划评审

D. 确定测试范围、确定测试策略、确定测试标准、确定测试构架、确定项目管理机制、
预计测试工作量、测试计划评审

9. 下列有关测试过程管理的基本原则，错误的是（　　）。

A. 测试过程管理应该首先建立测试计划

B. 测试需求在测试过程中可以是模糊的、非完整的

C. 在测试任务较多的情况下，应该建立测试任务的优先级来优化处理

D. 整个测试过程应该具有良好的可测性和可跟踪性，强调以数据说话

10. 软件测试管理包括测试过程管理、配置管理及（　　）。

A. 测试评审管理　　　　　　　　　　　　B. 测试用例管理

C. 测试计划管理　　　　　　　　　　　　D. 测试实施管理

二、填空题

1. 软件测试活动的生命周期分为计划、_____、_____、_____和总结。

2. 测试计划的制订必须要注重测试范围、_____、_____、_____和测试管理。

3. 测试计划评审会需要_____、_____、配置负责人和 SQA 负责人参加。

4. 软件测试风险包括项目风险、_____、_____。

5. 用例评审可以是_____、_____或客户评审。

三、简答题

1. 简述软件测试活动的生命周期及各阶段的内容。

2. 如何确定软件测试范围？哪些要素是要被重点考虑的？

3. 测试结束的标准是什么？

4. 在估算了测试工作量之后，如果发现测试工作量无法接受，这时候如何对测试策略、测试环境进行调整？

四、分析设计题

1. 5人左右一组，分别担任项目经理、开发负责人、开发人员、测试负责人、测试人员，参与某 APP 的测试。该系统有首页、军报、军报每天读、八一电视、我的模块等，重点进行功能测试、UI 测试等。

（1）共同细化需求；

（2）编写其中一个功能模块，如信息录入；

（3）编写测试计划；

（4）设计测试用例；

（5）执行测试；

（6）撰写测试总结。

2. 某公司的软件测试流程如下：

第一阶段进行测试案例的开发，主要依据是软件图形界面；

第二阶段执行软件测试，主要是在测试人员的计算机上安装被测软件后，立即执行软件测试案例，如果测出缺陷，向 Bug 管理系统中输入缺陷，并进行状态跟踪；

第三阶段是进行回归测试，即重新安装被修改软件，并针对每一个 Bug 测试相应功能点；

第四阶段是终止测试，即所有 Bug 都处理掉后宣告测试结束。

（1）与完整的测试流程比较，该公司缺少哪些测试阶段？说明缺少测试阶段的作用。

（2）分析上述阶段的做法存在哪些问题。

3. 某企业有三大产品线，拥有 100 人规模的研发团队，测试部门约有 8 人，测试团队主要由刚毕业的学生构成，测试类型主要是功能测试，测试阶段主要集中在产品上线前。

① 测试人员和开发人员的比例是否合适？说明理由。

② 本企业的测试能否发挥质量提升的作用？说明理由。

③ 如何提升本企业测试团队的能力？

④ 测试开始的时间是否合适？说明理由。

工作任务 12

进行缺陷管理

【学习导航】

1. 知识目标
- 掌握缺陷的概念和属性
- 了解缺陷产生的原因
- 掌握缺陷处理的基本流程

2. 技能目标
- 会使用缺陷报告记录缺陷
- 会使用 BugFree 等工具对缺陷进行管理

【任务情境】

小李学习了软件测试的方法，也了解了测试使用的常用工具，并且对测试的流程也有了初步的认识，开始进入 CRM 项目组进行测试工作。但是当发现 Bug 的时候，他却不知道如何描述它，也不清楚一些常用的缺陷工具的使用方法，那么我们就和小李一起来学习下面的工作任务吧。

【任务实施】

案例 1　记录缺陷

【预备知识】

一、缺陷的概念

软件缺陷（Defect），常常又被叫作 Bug。所谓软件缺陷，即为计算机软件或程序中存在的某种破坏正常运行能力的问题、错误，或者隐藏的功能缺陷。缺陷的存在会导致软件产品在某种程度上不能满足用户的需要。IEEE 729—1983 对缺陷有一个标准的定义：从产品内部看，缺陷是软件产品开发或维护过程中存在的错误、毛病等各种问题；从产品外部看，缺陷是系统所需要实现的某种功能的失效或违背。

在前面讨论软件测试原则时，就强调测试人员要在软件开发的早期，如需求分析阶段就应介入，问题发现得越早越好。发现缺陷后，要尽快修复缺陷。其原因在于错误并不只是在编程阶段产生，需求和设计阶段同样会产生错误。也许一开始只是一个很小范围内的错误，但随着产品开发工作的进行，小错误会扩散成大错误，为了修改后期的错误，所做的工作要大得多，即越到后来，往前返工也越远。如果错误不能及早发现，那么只可能造成越来越严重的后果。缺陷发现或解决得越迟，成本就越高。

平均而言，如果在需求阶段修正一个错误的代价是 1，那么，在设计阶段就是它的 3~6 倍，在编程阶段是它的 10 倍，在内部测试阶段是它的 20~40 倍，在外部测试阶段是它的 30~70 倍，而到了产品发布出去时，这个数字就是 40~1 000 倍。修正错误的代价不是随时间线性增长，而几乎是呈指数增长的。

二、缺陷产生的原因

那么缺陷产生的原因到底是什么呢？主要可以从软件本身、团队工作、技术问题和项目管理等角度来进行分析。

1. 软件本身

需求不清晰，系统结构太复杂，对程序逻辑路径或数据范围的边界考虑不够周全，没有考虑系统崩溃后的自我恢复或数据的异地备份、灾难性恢复，以及新技术的采用可能涉及技术或系统兼容的问题，都会导致软件缺陷的发生。

2. 团队工作

① 进行系统需求分析时，对客户的需求理解不清楚，或者和用户的沟通存在一些困难。

② 不同阶段的开发人员的理解不一致。例如，软件设计人员对需求分析的理解有偏差，编程人员对系统设计规格说明书的某些内容重视不够，或存在误解。

③ 对于设计或编程上的一些假定或依赖性，相关人员没有充分沟通。

④ 项目组成员技术水平参差不齐，新员工较多，或培训不够等原因也容易引起问题。

3. 技术问题

① 算法错误。在给定条件下没能给出正确或准确的结果。

② 语法错误。对于编译性语言程序，编译器可以发现这类问题；但对于解释性语言程序，只能在测试运行时发现。

③ 计算和精度问题。计算的结果没有满足所需要的精度。

④ 系统结构不合理、算法选择不科学，造成系统性能低下。

⑤ 接口参数传递不匹配，导致模块集成出现问题。

4. 项目管理

① 缺乏质量文化，不重视质量计划，对质量、资源、任务、成本等的平衡性把握不好，容易挤掉需求分析、评审、测试等时间，遗留的缺陷会比较多。

② 系统分析时，对客户的需求不是十分清楚，或者和用户的沟通存在一些困难。

③ 开发周期短，需求分析、设计、编程、测试等各项工作不能完全按照定义好的流程进行，工作不够充分，结果也就不完整、不准确，错误较多；周期短，还给各类开发人员造成太大的压力，引起一些人为的错误。

④ 开发流程不够完善，存在太多的随机性和缺乏严谨的内审或评审机制，容易产生问题。

⑤ 文档不完善、风险估计不足等。

缺陷的属性

三、缺陷的属性

1. 标题

标题是对某个缺陷的文字描述，要求简练，见文望义。

2. 严重程度

描述缺陷的严重程度，一般分为"致命""严重""一般""细微"四种。

1）致命（Fatal）。系统任何一个主要功能完全丧失，用户数据受到破坏，系统崩溃、悬挂、死机或者危及人身安全。

2）严重（Critical）。系统的主要功能部分丧失，数据不能保存，系统的次要功能完全丧失，系统所提供的功能或服务受到明显的影响。

3）一般（Major）。系统的次要功能没有完全实现，但不影响用户的正常使用。例如，存在提示信息不太准确或者用户界面差、操作时间长等问题。

4）细微（Minor）。使操作者不方便或遇到麻烦，但它不影响功能的操作和执行。如个别不影响产品理解的错别字、文字排列不整齐等一些小问题。

3. 优先级

描述缺陷的紧急程度，一般分为 1~4 级，1 是优先级最高的等级，4 是优先级最低的等级。缺陷的紧急程度与严重程度虽然是不一样的，但两者密切相关，往往越是严重的缺陷，就越是紧急，所以有些组织只用"严重程度"来描述。

4. 状态

常见的缺陷状态有新建、待解决、已解决、已修复等。一般情况下，测试人员识别缺陷，其初始状态是"新建"；项目经理或技术领导分析缺陷，分配给合适的开发人员来解决，状态流转为"待解决"；指定的工程师解决缺陷，将其状态跟踪到"已解决"；测试人员复核该缺陷，如果复核通过，则关闭缺陷，状态是"已修复"，如果复核不通过，则打回到"待解决"。

5. 测试环境说明

对测试环境的描述，包括机器的配置、使用的操作系统，以及浏览器种类和版本。

6. 起源

起源也就是造成缺陷的原因，一般有以下几个方面。

- Requirement：由于需求的问题引起的缺陷。
- Architecture：由于构架的问题引起的缺陷。
- Design：由于设计的问题引起的缺陷。
- Code：由于编码的问题引起的缺陷。
- Test：由于测试的问题引起的缺陷。
- Integration：由于集成的问题引起的缺陷。

7. 复现步骤

复现步骤是指对缺陷的详细描述、缺陷如何复现的步骤等。之所以将这项单独列出来，是因为对缺陷描述的详细程度会直接影响开发人员对缺陷的修改，因此描述应该尽可能详细。

8. 必要的附件

对于某些文字很难表达清楚的缺陷，使用图片、视频等附件是必要的。

9. 处理信息

包括缺陷提交、缺陷解决和缺陷关闭人的姓名、处理时间、解决方案、版本号等。

【案例描述】

在某客户管理系统的联络管理模块的"新增联络"页面中填写相关信息后，可以选择日志日期。默认的日期是当前日期（如2017年2月1日），但是该系统却可以选择比当前日期早的日期（如2016年10月23日），并提交到数据库。具体如图12-1和图12-2所示。

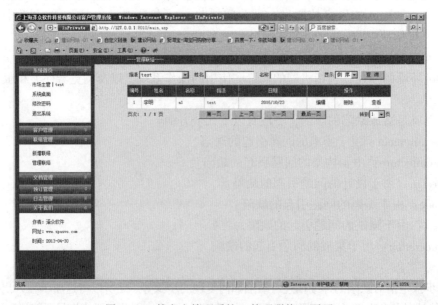

图12-1　某客户管理系统"新增联络"页面

图12-2　某客户管理系统"管理联络"页面

在表12-1中记录以上缺陷。

表 12-1　缺陷记录单

缺陷编号		功能模块		版本号	
测试人员		日期		指定处理人	
严重程度		优先级		状态	
测试平台					
缺陷概述					
复现步骤					
附件					

【案例分析】

上文中提供的缺陷记录报告覆盖了缺陷的基本属性，包括缺陷的严重程度、优先级、测试环境、复现步骤等。在详细描述中，需要将缺陷复现的步骤通过简明扼要的文字书写出来。另外，还要注意以下几点：

① 缺陷的概述要清晰准确，要使相关开发人员能够一目了然地明白问题是什么。

② 缺陷的复现步骤必须描述清晰，使相关开发人员能够根据复现步骤准确地重现所提交的缺陷，使其定位缺陷的原因所在。其中的数据作为重现缺陷的一个重要元素信息，一定要准确，从而让开发人员根据测试所提供的数据准确重现缺陷。

③ 指定处理人一定要明确，如知道缺陷所属具体的开发人员时，应该直接指派给对应的人员，这样就能减少中间分配环节的时间。

④ 附件（截图、视频等）能让开发人员一目了然地清楚问题的所在，所以，必要的时候要养成提供附件或者截图信息的习惯。

【案例实现】

完成后的缺陷记录单见表 12-2。

表 12-2　缺陷记录报告

缺陷编号	01	功能模块	联络管理-新增联络	版本号	1.0
测试人员	吴伶琳	日期	2016 年 10 月 23 日	指定处理人	王明珠
严重程度	一般	优先级	2	状态	新建
测试平台	浏览器 IE 9.0				
缺陷概述	当添加联络信息时，日志日期可以早于当前日期				
复现步骤	（1）进入客户管理系统的"新增联络"模块 （2）单击"新增联络"，进入"新增联络"页面 （3）输入客户信息"a1"，输入日志日期为"2016/10/23" （4）单击"确定"按钮				

附件	
	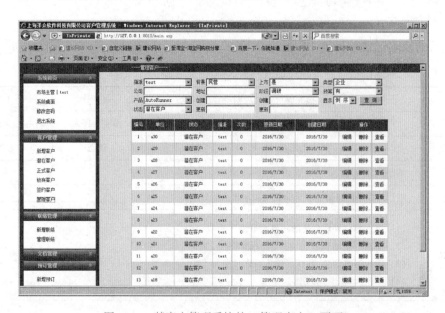

【拓展案例】

在某客户管理系统的"客户管理"模块中，如果要使信息进行顺序或倒序显示，需要选择"显示"下拉列表框中的"顺序"或"倒序"。但是该系统这部分功能却没有实现，如图12-3所示。请使用缺陷记录报告记录以上缺陷。

图12-3　某客户管理系统的"管理客户"页面

【拓展知识】

一、缺陷的严重性和优先级的关系

缺陷的严重性和优先级是含义不同但相互密切联系的两个概念。它们都从不同的侧面描述了软件缺陷对软件质量和最终用户的影响程度和处理方式。

一般地，严重程度高的软件缺陷具有较高的优先级。严重程度高，说明缺陷对软件造成的质量危害性大，需要优先处理，而严重程度低的缺陷可能只是软件不太尽善尽美，可以稍后处理。

但是，严重程度和优先级并不总是一一对应的。有时候严重程度高的软件缺陷，优先级不一定高，甚至不需要处理，而一些严重程度低的缺陷却需要及时处理，具有较高的优先级。例如，界面单词拼写错误的严重程度不高，但是如果是软件名称或公司名称拼写错误，则必须尽快修正，因为这关系到软件和公司的市场形象。

二、缺陷探测率

缺陷探测率（Defect Detection Percentage，DDP）是衡量测试投资回报的一个重要指标，其计算公式如下：

$$DDP = Bugs(tester) / [(Bugs(tester) + Bugs(customer)] \times 100\%$$

其中，Bugs(tester)为软件开发方测试者发现的缺陷数量；Bugs(customer)为客户方发现并反馈给技术支持人员进行修复的缺陷数量。

例如，某公司在开发一个软件产品的过程中，开发人员自行发现并修正的缺陷数量为80个，测试人员 A 发现的缺陷数量为 50 个，测试人员 B 发现的缺陷数量为 50 个，测试人员 A 和测试人员 B 发现的缺陷不重复，客户反馈数量为 50 个，计算该公司针对本产品的缺陷探测率。

由于软件开发方发现的缺陷总数应该是开发人员和测试人员发现的缺陷的和，即为80+50+50＝180。客户方反馈的缺陷数为 50 个。因此该产品的缺陷探测率为：

$$DDP = 180 / (180 + 50) \times 100\% = 78.3\%$$

缺陷探测率越高，说明测试者发现的缺陷数目越多，发布后客户发现的缺陷就越少，降低了外部故障不一致成本，达到了节约总成本的目的，可获得较高的测试投资回报率。

【案例小结】

撰写缺陷报告是软件测试人员的日常工作之一，一个完整的缺陷报告单，必须包含其必要的信息，例如，概要描述、缺陷发现人、测试环境、复现步骤、严重程度、优先级、指派人、所属功能模块等。在进行缺陷报告书写时，尽量使用专业术语，从而体现测试的专业性；书写缺陷报告时，不要带有个人主观的语气内容，以免影响开发人员和测试人员之间的关系。

案例 2 缺陷管理的流程

【预备知识】

一、与缺陷处理相关的角色

在介绍缺陷管理流程之前，要先了解与处理缺陷相关的角色。

测试工程师：这里主要是指发现和报告缺陷的测试人员。在一般流程中，他需要对这个缺陷后续相关的状态负责，包括相关人员对这个缺陷相关信息的询问回答，以及在创建版本过程中的验证测试和后面正式版本的验证测试。

开发工程师：这里主要指对这个缺陷进行研究和修改的开发人员。同时，他需要对修改后的缺陷在提交测试人员正式测试验证之前进行验证测试。

缺陷评审委员会：主要由项目经理、测试经理、质量经理、开发经理及资深的开发、测试工程师等组成。他们对缺陷进行确认及将其分配给相应的开发人员进行修改。

版本经理：负责将已经解决的缺陷相关的配置信息融入新的版本，提交新的测试和相关的验证测试。

二、缺陷管理流程

了解相关人员的职责后，来看一个最简单的缺陷处理流程，如图 12-4 所示。

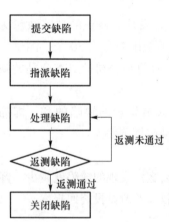

图 12-4　缺陷处理流程图

具体说明如下：

① 测试人员发现并提交一个缺陷，此时缺陷的状态为"新建"。

② 测试人员将该缺陷分配给相应的开发人员，并且开发人员接受，缺陷的状态变为"打开"。

③ 开发人员修改该缺陷，处理完成后，将缺陷的状态变为"修正"，并将新版本提交给测试人员。

④ 测试人员对新版本进行回归测试，如果该缺陷确实被修改掉，则将缺陷的状态修改为"关闭"；如果未通过回归测试，则发给开发人员让其继续修改。

但是上面这个流程中还存在着一定的问题，如测试人员提交缺陷后，开发人员可能会觉得这根本就不是缺陷，这时测试人员和开发人员产生了分歧，需要由缺陷评审委员会来讨论确定其是否是缺陷。再比如，很多缺陷优先级比较低，很多项目中都会推迟缺陷处理，这样需要完善原来的缺陷处理流程，如图 12-5 所示。

这里主要多了几个环节：

（1）确认缺陷

当开发人员接到一个缺陷时，首先对其进行分析与重现，如果对其进行分析后发现不是缺陷（可能由于测试人员不了解需求）或无法对此问题进行重现，那么就需要将此问题返回给测试人员，并注明原因。如果确认为缺陷，则需要对其进行处理。

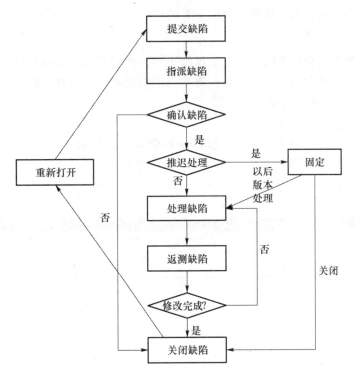

图 12-5　缺陷处理流程图（完善）

（2）推迟处理

在确认缺陷之后，还需要进行一次判断，即判断是否需要推迟处理缺陷，有些需求已经确认了是问题，但是由于其可能在极端情况下才会出现，或需要对系统架构进行改动，或其优先级非常低，所以暂时不需要对此问题进行处理（或到下个版本再进行修复）。

（3）固定

对于推迟处理的问题，可以暂时进行固定（"固定"为 QC 中的叫法）。一般需要经过项目经理与测试经理协商后才能固定。

（4）重新打开

重新打开的缺陷是已解决的缺陷经过测试人员验证，发现未修改正确，需要继续修改。

三、BugFree

BugFree 是借鉴微软的研发流程和 Bug 管理理念，使用 PHP＋MySQL 独立写出的一个 Bug 管理系统。其简单实用、免费，并且开放源代码。

【案例描述】

使用 BugFree 完成缺陷的基本管理，主要包括测试人员提交缺陷、开发人员处理缺陷、修复后由测试人员关闭缺陷。

【案例分析】

缺陷报告经过提交，就在测试工程师、项目经理、开发人员等不同角色之间进行流转而进入不同的状态。首先，由测试人员发现缺陷，提交缺陷报告，缺陷呈打开状态。其次，由开发人员重现缺陷，修复缺陷，提交给测试人员验证，缺陷呈修复状态。最后，由测试人员验证后，缺陷不再出现，关闭缺陷，缺陷呈关闭状态。

【案例实现】

假定系统有测试工程师李明和开发工程师王艳，他们都属于 CRM 系统的项目组。李明发现登录模块中的登录功能有一个缺陷，就是当用户的密码为空时，没有对用户进行提示。下面用 BugFree 系统来实现对缺陷的管理。

1. 测试人员发现并提交缺陷

① 李明使用自己的 BugFree 账号（liming）登录，如图 12-6 所示。可以在左侧看到 CRM 系统的模块，有登录模块、客户管理、联络管理等。

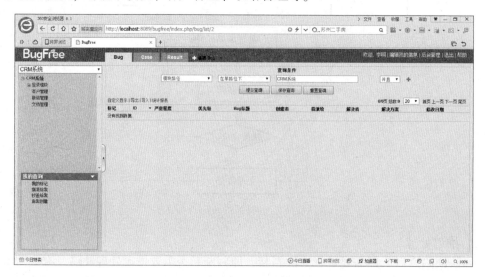

图 12-6　测试人员登录 BugFree

② 单击"新建 Bug"选项，会弹出一个新的页面，里面显示了要记录的 Bug 的基本属性，包括 Bug 的标题、严重程度、优先级、复现步骤、附件等。填写完毕后如图 12-7 所示。

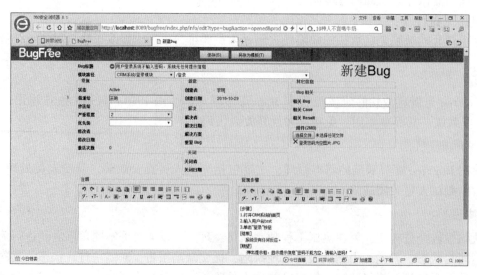

图 12-7　测试人员新建 Bug

③ 单击"保存"按钮，缺陷会保存到系统中，并提交给指定缺陷处理的人员——王艳。

2. 开发人员处理缺陷

① 王艳使用自己的 BugFree 账号（wangyan）登录，可以看到有一个指派给她的缺陷，如图 12-8 所示。

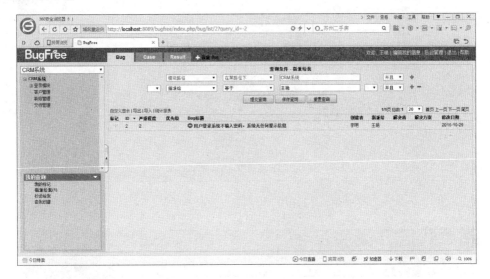

图 12-8　开发工程师登录 BugFree

② 单击 Bug 的标题，可以打开一个新的页面，里面有关于 Bug 的详细描述，如图 12-9 所示。这里可以对 Bug 进行编辑、复制和解决等。

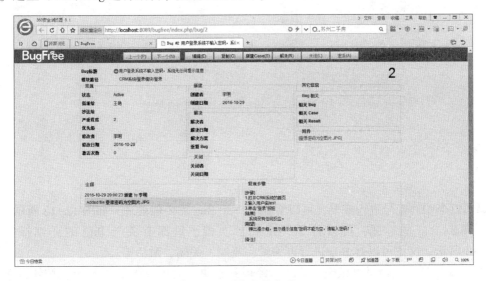

图 12-9　开发人员查看 Bug

③ 如果开发人员确认这是一个缺陷，就可以单击"解决"按钮，并填写关于缺陷的处理信息，如选择缺陷的处理方式为"Fixed"，如图 12-10 所示。

④ 单击"保存"按钮，可以在"注释"中看到 Bug 状态的改变信息，从中可以清楚地看到缺陷状态的变化情况，如图 12-11 所示。

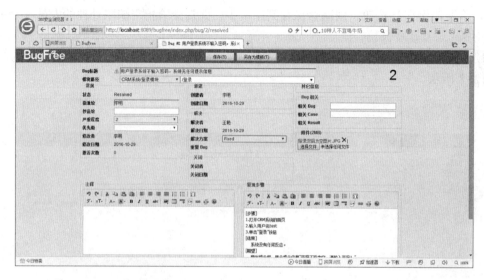

图 12-10　开发人员解决 Bug

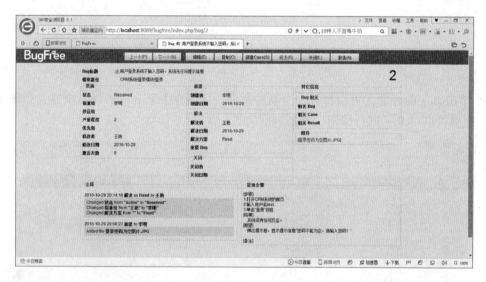

图 12-11　Bug 状态的改变

3. 测试人员验证并关闭缺陷

仍然以李明的账号进行登录，可以看到有一条 Bug 需要他处理，如图 12-12 所示。

① 单击 Bug 的标题，可以打开一个新的页面，里面有关于 Bug 的详细描述，如图 12-13 所示。这里可以对 Bug 进行再编辑、复制、关闭、激活等。

② 如果测试人员经过测试确认缺陷已经得到解决，就可以单击"关闭"按钮，关闭缺陷，如图 12-14 所示。可以看到此时缺陷信息已经处于灰化状态。使用开发工程师王艳的账号登录，也是类似的效果。

【拓展案例】

使用 BugFree 完成缺陷的复杂管理，主要包括测试人员提交缺陷、项目经理分配并确认缺陷、开发人员处理缺陷、修复后由测试人员关闭缺陷。

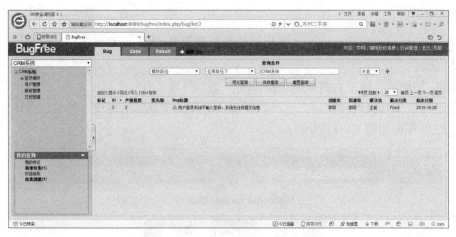

图 12-12　测试人员重新打开 BugFree

图 12-13　测试人员查看 Bug

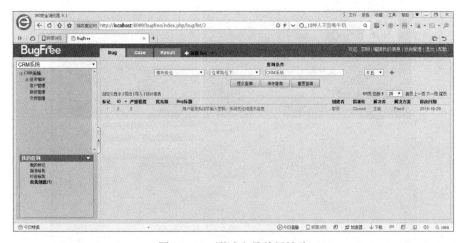

图 12-14　测试人员关闭缺陷

【拓展知识】

常见的缺陷管理工具

1. Bugzilla

Bugzilla 是免费、跨平台的缺陷追踪系统，是专门为 UNIX 定制开发的。但是在 Windows 平台下依然可以成功安装及使用。它可以管理软件开发中缺陷的提交、修复、关闭等整个生命周期。它的界面如图 12-15 所示。

图 12-15　Bugzilla 的界面

2. HP Quality Center

HP Quality Center 提供了基于 Web 的系统，可在广泛的应用环境下自动执行软件测试和管理。仪表盘技术使用户可以了解验证功能和将业务流程自动化，并确定生产中阻碍业务成果的"瓶颈"。HP Quality Center 使 IT 团队能够在开发流程完成前就参与应用程序测试。这样将缩短产品发布时间表，同时确保软件的质量。它的界面如图 12-16 所示。

图 12-16　HP Quality Center 的界面

3. Mantis

Mantis 是一个基于 PHP 技术的轻量级的开源缺陷跟踪系统，以 Web 操作的形式提供项目管理及缺陷跟踪服务，在实用性上足以满足中小型项目的管理及跟踪。更重要的是，它是开源系统，不需要负担任何费用。它的使用界面如图 12-17 所示。

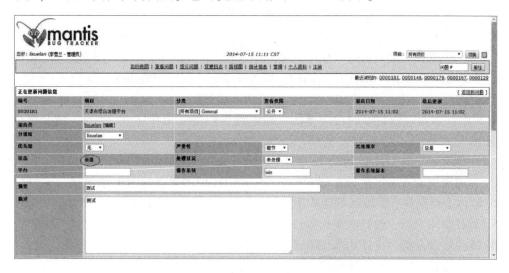

图 12-17　Mantis 的使用界面

【案例小结】

缺陷管理的第一步是了解缺陷，为此，必须详细收集缺陷的信息，只有这样，才能了解这些缺陷，并且找出预防它们的方法。可以按照以下步骤收集关于缺陷的信息：

① 为测试和同行评审中发现的每一个缺陷做记录。

② 对每个缺陷要记录足够详细的信息，以便以后能更好地了解这个缺陷。

③ 分析这些数据，以找出主要是哪些缺陷类型引起大部分的问题。

④ 设计出发现和修复这些缺陷的方法。

练习与实训

一、选择题

1. 一条 Bug 记录应该包括（　　　）。

①编号　②Bug 描述　③Bug 级别　④Bug 所属模块　⑤发现人

A. ①②　　　　　　　　B. ①②③　　　　　　　　C. ①②③④　　　　　　　　D. ①②③④⑤

2. 发现缺陷是测试活动的目的，下列属于缺陷管理的选项是（　　　）。

①提交缺陷　②分析定位缺陷　③提请修改相应软件　④修改相应软件　⑤验证修改

A. ①④　　　　　　　　B. ①②　　　　　　　　C. ①③④　　　　　　　　D. ①②③④⑤

3. 软件缺陷按照严重等级分为致命、严重、一般、建议。其中致命缺陷包括（　　　）。

①系统崩溃　②数据丢失　③结果错误　④ 数据损坏　⑤遗漏功能

A. ①④⑤　　　　　　　　B. ①②④　　　　　　　　C. ②③⑤　　　　　　　　D. ①②③⑤

4. 导致软件缺陷的原因有很多，①~④是可能的原因，其中最主要的原因包括（　　）。

① 软件需求说明书编写得不全面、不完整、不准确，而且经常更改

② 软件设计说明书

③ 软件操作人员的水平

④ 开发人员不能很好地理解需求说明书，以及沟通不足

  A. ①④   B. ①③   C. ②③   D. ①②③

5. 两个小组独立地测试同一程序，第一组发现 25 个错误，第二组发现 30 个错误，在两个小组发现的错误中有 15 个是共同的，那么可以估计程序中的错误总数是（　　）。

  A. 25   B. 30   C. 50   D. 60

6. SQL 注入是一种常用的攻击方法，其原理是：当应用程序（　　），就会产生 SQL 注入漏洞。

  A. 使用有变量的 SQL 语句时   B. 使用拼接 SQL 语句时

  C. 使用用户输入来拼接 SQL 语句时   D. 使用复杂的 SQL 语句时

7. 软件生存期的各个阶段都会产生差错，这些错误的主要来源有（　　）。

  A. 软件需求分析、设计和测试阶段

  B. 软件需求分析、设计和实现阶段

  C. 软件设计、实现和运维阶段

  D. 软件设计、测试和运维阶段

8. 错误管理的流程可以概括为：测试人员提交新的错误入库，错误状态为 1；高级测试人员验证错误，如果确认是错误，分配给相应的开发人员，设置状态为 2，如果不是错误，则拒绝，设置为"拒绝"状态；开发人员查询状态为 3 的错误，做如下处理：如果不是错误，则设置状态为"拒绝"，如果是错误，则修复并设置状态为 4，如果不能解决的错误，要留下文字说明并保持错误为"拒绝"状态；测试人员查询状态为 5 的错误，验证错误是否解决，做如下处理：如果问题解决了，设置状态为 6，如问题没有解决，则设置状态为 7。上述流程中，1~7 相对应的状态标识为（　　）。

  A. 新信息→打开→打开→修正→修正→关闭→重新打开

  B. 打开→修正→关闭→修正→修正→关闭→打开

  C. 新信息→打开→打开→关闭→修正→关闭→重新打开

  D. 新信息→打开→打开→修正→关闭→修正→重新打开

9. 下述关于错误处理流程管理的原则，（　　）的说法是不正确的。

  A. 为了保证正确地定位错误，需要有丰富测试经验的测试人员验证发现的错误是否是真正的错误，并且验证错误是否可以再现

  B. 每次对错误的处理都要保留处理信息，包括处理人姓名、处理时间、处理方法、处理意见及错误状态

  C. 错误修复后，必须由报告错误的测试人员确认错误已经修复，才能关闭错误

  D. 对于无法再现的错误，应该由项目经理、测试经理和设计经理共同讨论决定拒绝或者延期

10. 软件测试使用各种术语描述软件出现的问题，以下叙述正确的是（　　）。

  A. 软件错误（error）是指在软件生命周期内不希望或不可接受的人为错误，其结果是

导致软件故障的产生

B. 软件缺陷（defect）是存在于软件（文档、数据、程序）之中的那些不希望或不可接受的偏差

C. 软件故障（fault）是指软件运行过程中出现的一种不希望或不可接受的外部状态

D. 软件失效（failure）是指软件运行时产生的一种不希望或不可接受的内部行为结果

二、填空题

1. 功能或性能没有实现，主要功能部分丧失，次要功能完全丧失，或致命的错误命名，这属于软件缺陷级别中的_____。

2. 假设本系统开发人员在开发过程中通过测试发现了 20 个错误，独立的测试组通过上述测试用例发现了 100 个软件错误，系统上线后，用户反馈了 30 个错误，则缺陷探测率为_____。

3. _____是导致软件缺陷的最大原因。

4. 性能测试中的"80-20 测试强度估算原理"是指每个工作日 80% 的业务在 20% 的时间内完成，举例来说，就是"每年业务量集中在 8 个月，每个月 20 个工作日，每个工作日 8 小时即每天 80% 的业务在_____小时完成"。

5. 20 世纪 60 年代，导致软件危机的根本原因是_____。

三、简答题

1. 常见的缺陷管理工具有哪些？

2. 根据自己的理解，画出 Bug 处理的一般流程。

3. 常见的 Bug 严重程度是怎样的？

4. 严重级别高的 Bug 必须优先解决，优先级高的 Bug，其严重级别也一定高，这两句话对吗？请举例说明。

四、分析设计题

1. 企业内部测试部在测试某办公自动化系统的过程中，使用 60 个测试案例进行测试，共发现 20 个问题。开发组对软件修改后，向测试组提交问题修改报告及修改后的软件。问题修改报告中提出，其中 5 个问题是用户所要求的，无须修改，其余 15 个问题已修改完成。测试组使用上轮测试中发现这 15 个问题的 36 个测试案例进行了回归测试，确认问题已得到修改，因此测试组做出结论，当前版本可以进入配置管理库，进行后续集成工作。测试组的做法是否有问题？并给出相应的理由。

此办公自动化系统提交给用户之后，用户在使用过程中发现 5 个问题，测试项目经理打算采用缺陷探测率来对测试人员进行绩效评估，请你帮助他计算此项目的缺陷探测率。

2. 在实际的软件测试过程中，对缺陷的管理与分析至关重要。回答如下问题：

（1）针对上述测试，Bug 的错误类型可能会包括哪些？

（2）严重性级别是 Bug 的重要属性，请设计一个功能性 Bug 的严重性级别。

（3）在测试过程中，Bug 会处于不同的状态，请设计 Bug 管理中从发现到关闭必须经历的状态。

附　录

附录 1

测 试 模 板

1. 测试用例模板

（1）Excel 模板

项目/模块名称			程序版本	
测试环境				
编制人			编制时间	
用例描述				
预置条件				
参考信息			测试方法	
用例编号	测试步骤	输入数据	预期结果	测试结果

（2）Word 模板

用例编号		用例名称	
模块名称		编制人	
编制时间		修改历史	
测试目的			
测试方法			
测试数据			
预置条件			
操作描述			
预期结果			
备注			

2. 缺陷报告模板

缺陷编号		功能模块		版本号	
测试人员		日期		指定处理人	
严重程度		优先级		状态	
测试平台					
缺陷概述					
复现步骤					
附件					

附录 2

软件测试人员的简历

某高职院校软件专业测试方向的学生个人简历（删节）及就业信息分析。

【案例分析】

基本信息

性别：男

学历：大专

毕业学校：苏州健雄职业技术学院

求职意向：软件测试工程师

职业技能：

1）软件测试：

① 掌握测试基础知识，了解基本测试方法。

② 掌握单元测试、集成测试、系统测试的定义、目的、策略和测试过程。

③ 掌握测试用例分析、设计方法和测试用例的写作规范。

④ 了解软件需求管理、缺陷管理、配置管理的流程和方法。

⑤ 掌握测试管理工具 QC、会配置管理工具 SVN。

2）操作系统：熟悉微软操作系统 Windows 系列，掌握 Linux 操作系统常用命令。

3）编程语言：熟悉 Java。

4）数据库：掌握 Oracle 数据库常用的增、删、改、查。

项目经验

一、项目名称：ECShop 2017 年 2 月

项目介绍：ECShop 全名 e-Commerce Shop，中文全称为网上商店管理系统，是一套免费开源的网上商店软件。该系统采用 B/S 架构，使用 Java EE 开发，采用 MySQL 数据库。

测试环境：Windows Server 2008+MySQL+Apache+PHP。

测试工具：QC，SVN。

职责描述：

在这个项目中，本人担任 QA 一职，主要职责为参加需求分析、项目产品设计；关注产品可测性，预先评估风险；负责跟踪整个测试流程；督促测试计划的实施。

① 首先依据需求分析说明书进行需求的收集和评审。

② 依据软件质量确定测试项、测试子项；确定需求跟踪矩阵，包括原始需求、需求项、测试项、测试子项、优先级、测试特性、测试设计方法。

③ 根据测试子项，编写详细的测试用例，参与测试用例评审。

④ 搭建测试环境，执行测试用例。

⑤ 提交缺陷报告。

二、项目名称：Think SNS 2015 年 4 月

项目介绍：SNS，全称 Social Networking Services，即社会性网络服务，专指旨在帮助人们建立社会性网络的互联网应用服务。该系统采用 B/S 架构，使用 Java EE 开发，采用 MySQL 数据库。

测试环境：操作系统：Windows Server 2003；应用服务器：Apache；数据库：MySQL；脚本引擎：PHP。

测试工具：QC，SVN。

职责描述：

本人在这个项目中担任测试组员。主要职责是评审文档、测试需求确定、测试用例编写等。

① 首先是参与需求评审，确定需求项，需求子项。

② 以此对测试计划、测试方案参与评审。

③ 根据测试子项，编写详细的测试用例，参与测试用例评审。

④ 执行测试用例，对当日的测试报告、缺陷报告进行审核，编写测试日报。

⑤ 评审缺陷报告。

⑥ 提交测试文档，并总结测试经验。

自我评价

我是一个性格开朗、有活力，待人热情、真诚的男孩。工作中我认真负责，积极主动，努力学习。我始终坚信五个词"自立、自信、自苦、自强、自爱"。自立，要学会解决生活中的问题；自信，人生之路不可能事事顺利，每一次跌倒，都应有爬起的勇气；自苦，体味苦的经历和感受，才能更懂得珍惜现在所拥有的；自强，人要学会自强，每天进步一点点，超越昨天的那个自己；自爱，人要学会自爱，懂得自爱才会爱他人、爱生活。最后，我会带着"勤勉、诚信、仁爱、敬业"努力向前进！加油！！！

就业信息

已就业于上海讯捷信息技术有限公司。

附录 3

专 业 术 语

1. 软件质量保证（SQA）：Software Quality Assurance
2. 软件开发生命周期：Software Development Life Cycle
3. 需求规格说明书：Requirement Specification
4. 需求分析阶段：The Requirements Phase
5. 接口：Interface
6. 最终用户：The End User
7. 确认需求：Verifying The Requirements
8. 运行和维护：Operation and Maintenance
9. 静态测试：Static Testing
10. 动态测试：Execution-Based Testing
11. 白盒测试：White-Box Testing
12. 黑盒测试：Black-Box Testing
13. 灰盒测试：Gray-Box Testing
14. 冒烟测试：Smoke Test
15. 回归测试：Regression Test
16. 功能测试：Function Testing
17. 性能测试：Performance Testing
18. 压力测试：Stress Testing
19. 负载测试：Load Testing
20. 易用性测试：Usability Testing
21. 安装测试：Installation Testing
22. 界面测试：UI Testing
23. 配置测试：Configuration Testing
24. 文档测试：Documentation Testing
25. 兼容性测试：Compatibility Testing
26. 安全性测试：Security Testing
27. 恢复测试：Recovery Testing
28. 单元测试：Unit Testing
29. 集成测试：Integration Testing
30. 系统测试：System Testing
31. 验收测试：Acceptance Testing

32. 测试计划应包括：

测试对象：The Test Objectives

测试范围：The Test Scope

测试策略：The Test Strategy

测试方法：The Test Approach

测试过程：The test procedures

测试环境：The Test Environment

测试完成标准：The test Completion criteria

测试用例：The Test Cases

测试进度表：The Test Schedules

风险：Risks

附录 4

测试英语阅读

SOFTWARE TESTING

1. Purpose of Testing

No matter how capably we write programs, it is clear front the variety of possible errors that we should check to insure that our modules are coded correctly. Many programmers view testing as a demonstration that their programs perform properly. However, the idea of demonstrating correctness is really the reverse of what testing is all about. We test a program in order to demonstrate the existence of an error. Because our goal is to discover errors, we can consider a test successful only when an error is discovered. Once an error is found, "debugging" or error correction is the process of determining what causes the error and of making changes to the system so that the error no longer exists.

2. Stages of Testing

In the development of a large system, testing involves several stages. First, each program module is tested as a single program, usually isolated from the other programs in the system. Such testing, known as module testing or unit-testing, verifies that the module functions properly with the types of input expected from studying the module design. Unit testing is done in a controlled environment whenever possible so that the test team can feed a predetermined set of data to the module being tested and observe what output data are produced. In addition, the test team checks the internal data structures, the logic, and the boundary conditions for the input and output data.

When collections of modules have been unit-tested, the next step is to insure that the interfaces among the modules are defined and handled properly. Integration testing is the process of verifying that the components of a system work together as described in the program design and system design specifications.

Once we are sure that information is passed among modules according to the design prescriptions, we test the system to assure that it has the desired functionality. A function test evaluates the system to determine if the functions described by the requirements specification are actually performed by the integrated system. The result, then, is a functioning system.

Recall that the requirements were specified in two ways: first in the customer's terminology and again as a set of software and hardware requirements. The function test compares the system being built with the functions described in the software and hardware requirements. Then, a performance test compares the system with the remainder of the software and hardware requirements. If the test is performed in the customer's actual working environment, a successful test yields a validated system. However, if the test must be performed in a simulated environment, the resulting system is a verified system.

When the performance test is complete, we as developers are certain that the system functions according to our understanding of the system description. The next step is to confer with the customer to make certain that the system works according to the customer's expectations. We join with the customer to perform an acceptance test in which the system is checked against the customer's requirements description. When the acceptance test is complete, the accepted system is installed in the environment in which it will be used; a final installation test is performed to make sure that the system still functions as it should. Although systems may differ in size, the type of testing described in each stage is necessary for assuring the proper performance of any system being developed.

KEYWORDS

module testing 模块测试

unit testing 单元测试

boundary condition 边界条件

integration testing 综合测试，集成测试

function test 功能测试

performance test 性能测试

validated system 确认了的系统

verified system 经验证的系统

acceptance test 验收测试

debugging 调试

error correction

installation test 安装测试

中文翻译：

1. 测试的目的

无论我们写程序的能力有多强，从可能出现的各种错误中仍可以看出，应该对程序进行检测，以确保模块编码正确。许多程序员把测试视为其程序能够正常运行的证明。然而，证明正确性的想法实际上与测试的目的恰好相反，对程序进行测试是为了证明错误的存在。因为我们的目的是发现错误，仅当发现错误后，才能认为测试是成功的。一旦发现错误，便要进行"排错"，或确定是什么原因引起了错误并对系统进行修改，以使错误不再出现。

2. 测试阶段

在大系统开发过程中，测试包含几个阶段。首先，常常将每个程序模块与系统中的其他程序分开，作为单个程序测试，这样的测试称为模块测试或单元测试。它验证模块在设计时期望的输入类型情况下是否正确运行。只要有可能，都要在受控环境下进行模块测试，以便测试小组可以给在测模块输入一个预定的数据集，观察产生什么样的输出数据。另外，测试小组应检查内部数据结构、逻辑和输入、输出数据的边界条件。

当模块集经过单元测试后，下一步是保证模块之间的接口定义和处理得当。集成测试验证系统的各组成部分是否按照程序设计和系统设计规格说明协同工作。

一旦确信信息按照设计规定在模块之间传递，就可测试整个系统，以确保系统具有期望的功能。功能测试是对系统进行评价，以确定整个系统能否真正实现需求规格说明所描述的各种功能。其结果就是功能正常的系统。

　　请回忆一下规定需求的两种方法：第一种是以用户术语来表述；第二种是作为软、硬件要求的集合。功能测试将正构造的系统与软、硬件需求功能进行比较；接着，性能测试是将系统与软硬件需求的其余部分进行比较。如果在用户实际工作环境中进行测试，测试成功就能产生一个有效的系统。但如果在模拟环境下进行测试，产生的结果系统就是一个已验证系统。

　　当性能测试完成后，作为开发者，要确定系统按照对系统说明的理解进行工作。下一步就应与用户协商以确保系统按用户的期望进行工作。与用户一起进行验收测试，在此阶段系统按用户需求说明检查。验收测试完成后，此系统就安装在它将被使用的环境中。最后的安装测试用来确保系统仍具有其应有的功能。尽管系统大小可能不同，但为确保开发中系统的正确性，每一阶段中描述的测试类型都是必要的。

练习参考答案

一、选择题

1. A 2. B 3. B 4. D 5. B 6. B 7. C 8. B 9. C 10. D

二、填空题

1. 需求规格说明书

2. 发现软件的错误

3. 需求规格说明书

4. 面向对象、跨平台、多线程

5. 测试用例

三、简答题

1. 软件测试是贯穿整个软件开发生命周期、对软件产品（包括阶段性产品）进行验证和确认的活动过程，其目的是尽快尽早地发现在软件产品中存在的各种问题，以及与用户需求、预先定义的不一致性。

2. 测试用例（Test Case），是为某个特殊目标依据测试环境而提前编制的一组测试步骤、测试数据和预期结果。测试用例由输入、输出和测试环境组成。

3. （1）测试需求分析阶段。

（2）测试计划阶段。

（3）测试用例设计阶段。

（4）测试执行阶段。

（5）测试总结阶段。

四、分析设计题

（略）

练习与实训二

一、选择题

1. A 2. A 3. A 4. B 5. B 6. B 7. C 8. D 9. B 10. B

二、填空题

1. 软件需求规格说明书、概要设计说明书、详细设计说明书

2. 软件运行维护

3. 详细设计阶段

4. W 模型、X 模型、H 模型

5. 用户需求

三、简答题

1. （1）所有的软件测试都应该追溯到用户需求；

（2）应当尽早地和不断地进行软件测试；

（3）完全测试是不可能的，测试需要终止；

（4）充分注意测试中的群集现象；

（5）尽量避免测试的随意性；

（6）程序员应该避免检查自己的程序；

（7）重视对测试用例的管理；

（8）测试贯穿于整个生命周期。

2. 确认是想证实在一个给定的外部环境中软件的逻辑正确性，检查软件在最终的运行环境中是否达到预期的目标；验证是试图证明软件在软件生命周期各个阶段及阶段间的逻辑性、完备性和正确性。

3. 单元测试、集成测试、确认测试、系统测试、验收测试。

4. （略）

四、分析设计题

1. （1）略

（2）能。测试的活动与软件开发同步进行；测试的对象不仅仅是程序，还包括需求和设计；尽早发现软件缺陷可降低软件开发的成本。

练习与实训三

一、选择题

1. D　2. C　3. D　4. D　5. B　6. C　7. B　8. C　9. C　10. C

二、填空题

1. 易用性、可靠性、可维护性

2. 有效性、生产率、安全性、满意度

3. 软件产品与一个或更多规定系统进行交互的能力

4. 软件质量保证、软件质量规划和软件质量控制

5. 企业标准

三、简答题

1. （1）国际标准：ISO 9126 软件质量模型是评价软件质量的国际标准，由 6 个特性和 27 个子特性组成。

（2）国家标准：GB/T 25000.51—2010《软件工程　软件产品质量要求和评价（SQuaRE）商业现货（COTS）软件产品的质量要求和测试细则》。

（3）行业标准：1988 年发布实施的 GJB 473—88 是军用软件开发规范。

（4）企业标准：美国 IBM 公司通用产品部（General Products Division）在 1984 年制定了《程序设计开发指南》。

2.（1）SQA 和高级管理者之间应有直接沟通的渠道。

（2）SQA 报告必须发布给软件工程组，但不必发布给项目管理人员。

（3）在可能的情况下向关心软件质量的人发布 SQA 报告。

四、分析设计题

（1）根据合同、《需求规格说明书》或《验收测试计划》对成品进行验收测试。生产环境，或者软硬件配置接近生产环境的模拟环境。

（2）适合性：软件为指定的任务和用户目标提供一组合适功能的能力。

准确性：软件提供所需精确度的正确或相符结果及效果的能力。

互操作性：软件产品与一个或更多规定系统进行交互的能力。

安全保密性：软件产品保护信息和数据的能力。

功能依从性：软件依从与功能性相关的标准、约定或法规的能力。

练习与实训四

一、选择题

1. B 2. C 3. C 4. A 5. C 6. C 7. A 8. B 9. B 10. C

二、填空题

1. 独立测试

2. 单元测试、集成测试、确认测试、系统测试、验收测试

3. 回归测试

4. 程序模块

5. 静态测试、代码检查法

三、简答题

1.

项目	白盒测试	黑盒测试
联系	白盒测试和黑盒测试都是软件测试的一个方面，不是决然分开的，单独做黑盒测试或白盒测试都是做了测试的一个方面，很难保证发现了软件中大部分缺陷。两者有时结合起来运用，称为"灰盒测试"	
区别	需要源代码	不需要源代码，需要可执行文件
	无法检验程序的外部特性，无法测试遗漏的需求	从用户的角度出发进行测试
	关心程序内部结构、逻辑及代码的可维护性	关心程序的外在功能和非功能表现
	编码、集成测试阶段进行	确认测试、系统测试阶段进行

2.（1）按是否需要执行被测软件的角度，分为静态测试和动态测试；

（2）按阶段划分为单元测试、集成测试、确认测试、系统测试、验收测试；

（3）按测试方法划分为黑盒测试、白盒测试和灰盒测试；

（4）按测试的组织者可分为开发方测试、用户测试和第三方测试。

3．（1）代码和设计的一致性；

（2）代码对标准的遵循、可读性；

（3）代码的逻辑表达的正确性；

（4）代码结构的合理性。

四、分析设计题

（1）模块接口测试、局部数据结构测试、路径测试、错误处理测试、边界测试。

（2）① 在将各个模块连接起来的时候，穿越模块接口的数据是否会丢失；

② 一个模块的功能是否会对另一个模块的功能产生不利的影响；

③ 各个子功能组合起来，能否达到预期要求的父功能；

④ 全局数据结构是否有问题；

⑤ 单个模块的误差累积起来是否会放大，从而达到不能接受的程度。

（3）集成测试的主要依据是概要设计说明书，系统测试的主要依据是需求设计说明书；集成测试是系统模块的测试，系统测试是对整个系统的测试，包括相关的软硬件平台、网络及相关外设的测试。

练习与实训五

一、选择题

1. A　2. C　3. B　4. C　5. D　6. D　7. D　8. A　9. D　10. C

二、填空题

1. 选择、投影、连接

2. 概要设计、详细设计

3. 原子性（Atomicity）、一致性（Consistency）、隔离性（Isolation）、持久性（Durability）

4. 内部评审、外部评审

5. 5

三、简答题

1. 测试专业技能、软件编程技能、网络、操作系统、数据库等技术及行业知识。

2. 第一阶段：初级测试工程师；

第二阶段：测试工程师；

第三阶段：高级测试工程师；

四、分析设计题

1.（1）不合适，在国内开发团队与测试团队的比例建议达到（6~8）∶1。

（2）本企业的测试不能发挥质量提升的作用。产品的质量特性，不仅仅包括功能性，还包括可靠性、易用性、效率、可维护性及可移植性等。

（3）测试团队的能力的提升应该考虑对工程师的技术培训和管理培训。

（4）测试开始的时间不正确。产品研发周期包括需求分析、设计、编码、集成、运维等几个主要阶段，每个阶段都会引入缺陷，每个阶段都需要测试，不是仅仅在产品上线前测试。

2. 略

练习与实训六

一、选择题

1. C　2. C　3. D　4. A　5. A　6. A　7. B　8. B　9. A　10. D

二、填空题

1. 基本路径测试法

2. 是否执行程序

3. 6

4. 8

5. 6

三、简答题

1. 语句覆盖的基本思想是设计若干个测试用例，运行被测程序，使得每一可执行语句至少执行一次。

判定覆盖的主要思想是设计足够多的测试用例，使得程序中的每一个判断至少获得一次"真"和一次"假"，即使得程序流程图中的每一个真假分支至少被执行一次。

条件覆盖是指选择足够的测试用例，使得运行这些测试用例后，每个判断中每个条件的可能取值至少满足一次，但未必能覆盖全部分支。

判定/条件覆盖是指判断中的每个条件的所有可能至少出现一次，并且每个判定本身的判定结果也要出现一次。

条件组合覆盖是指每个判定中各条件的每一种组合至少出现一次。

2. 基本路径测试方法包括以下4个步骤：

① 画出程序的控制流图。

② 计算程序圈复杂度。从程序的环路复杂性可导出程序基本路径集合中的独立路径条数，这是确定程序中每个可执行语句至少执行一次所必需的测试用例数目的上界。

③ 导出独立路径，根据圈复杂度和程序结构设计获得独立路径。

④ 准备测试用例，确保基本路径集中的每一条路径的执行。

3. 白盒测试除了逻辑覆盖法、基本路径测试法外，还包括代码检查法、静态结构分析法和静态质量度量法。

4. 静态测试分为静态黑盒测试和静态白盒测试：静态黑盒测试主要指对产品需求说明书的测试（比如产品说明书包含了用户没有明确指明的功能等）；静态白盒测试主要是指对代码的走查、审查、复审。

动态测试分为动态黑盒测试和动态白盒测试：动态黑盒测试主要指对产品的功能性测试，这里涉及数据的输入与输出；动态白盒的测试主要是对程序的执行测试。

四、分析设计题

1.（1）程序的流程图（略）。控制流图如图所示。

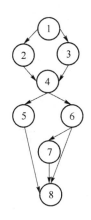

（2）

输入数据	判断语句 1	判断语句 2	判断语句 3
a=3，b=5，c=7	F	T	
a=4，b=6，c=5	F	F	F

（3）不能。给出的 a，b，c 三个数值满足 a>b>c。

（4）圈复杂度=4。导出的独立路径（略）。

（5）略。

2. 路径1：4-14

路径2：4-6-7-14

路径3：4-6-8-10-13-4-14

路径4：4-6-8-11-13-4-14

3. （1）如果判定中的条件表达式是复合条件，即条件表达式是由一个或多个逻辑运算符连接的逻辑表达式，则需要改变复合条件的判断为一系列只有单个条件的嵌套的判断。

根据 if 判断，可得到如下逻辑条件：

```
month >= 1
month <= 12
month == 2
year%4 == 0
year%100 == 0
year%400 == 0
month == 4
month == 6
month == 9
month == 11
```

（2）程序的控制流图如图所示。

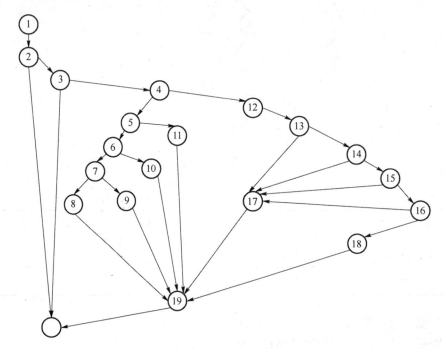

根据控制流图，可得到 V(G)=11。

（3）共有 11 条线性无关路径，如下：

1、2

1、2、3

1、2、3、4、12、13、17、19

1、2、3、4、12、13、14、17、19

1、2、3、4、12、13、14、15、17、19

1、2、3、4、12、13、14、15、16、17、19

1、2、3、4、12、13、14、15、16、18、19

1、2、3、4、5、11、19

1、2、3、4、5、6、10、19

1、2、3、4、5、6、7、9、19

1、2、3、4、5、6、7、8、19

4.（略）

练习与实训七

一、选择题

1. A 2. C 3. B 4. B 5. A 6. C 7. B 8. A 9. D 10. C

二、填空题

1. 15

2. 等价类划分法

3. 因果、功能说明、判定表

4. 使用拼接 SQL 语句时

5. 条件桩、动作桩、条件项、动作项

三、简答题

1. （1）根据说明，描述出程序的基本流及各项备选流。

（2）根据基本流和各项备选流生成不同的场景。

（3）对每一个场景生成相应的测试用例。

（4）对生成的所有测试用例重新复审，去掉多余的测试用例。测试用例确定后，对每一个测试用例确定测试数据值。

2. （1）分析软件规格说明描述中，哪些是原因（即输入条件或输入条件的等价类），哪些是结果（即输出条件），并给每个原因和结果赋予一个标识符。

（2）分析软件规格说明中的语义，找出原因与结果之间、原因与原因之间对应的关系，并根据这些关系，画出因果图。

（3）在因果图上用一些记号表明约束或限制条件。

（4）将因果图转换为判定表。

（5）将判定表的每一列取出来作为依据，设计测试用例。

3. 所谓等价类，是指某个输入域的子集，可以分为有效等价类和无效等价类。划分等价类的时候，可以按照：

（1）区间划分；

（2）数值划分；

（3）数值集合划分；

（4）限制条件或规则划分。

4. 等价类划分、边界值分析法、因果图法、错误推测法、判定表驱动法。

四、分析设计题

1. （1）划分等价类，见表 1。

表 1　等价类表

序号	输入条件	有效等价类	编号	无效等价类	编号
1	年份	在 1 990~2 049 之间	1	小于 1 990	4
				大于 2 049	5
2	月份	在 01~12 之间	2	等于 00	6
				大于 12	7
3	日期的类型及长度	6 位数字字符	3	有非数字字符	8
				少于 6 位数字字符	9
				多于 6 位数字字符	10

（2）设计有效等价类的测试用例，见表 2。

表2　测试用例列表1

测试用例编号	输入日期	预期输出	覆盖的等价类
001	200211	有效输入	1，2，3

（3）继续设计无效等价类的测试用例，见表3。

表3　测试用例列表2

测试用例编号	输入日期	预期输出	覆盖的等价类
001	200211	有效输入	1，2，3
002	198911	无效输入	4
003	205011	无效输入	5
004	199000	无效输入	6
005	199013	无效输入	7
006	1990q1	无效输入	8
007	19900	无效输入	9
008	1990123	无效输入	10

2.（略）

3. A 0、B 1、C 0、D 0、E 1、F 1、G 0、H 0

4.（1）场景1：A

场景2：A、B

场景3：A、C

场景4：A、D

场景5：A、E

（2）

场景编号	场景	账号	是否黑名单卡	输入油量	账面金额	加油机油量	预期结果
C02	场景2：卡无效	I	n/a	n/a	n/a	n/a	退卡
C03	场景3：黑名单卡	V	V	n/a	n/a	n/a	吞卡
C04	场景4：金额不足	V	I	V	I	V	提示错误，重新输入加油量
C05	场景5：油量不足	V	I	V	V	I	提示错误，重新输入加油量

（3）0升，250升，251升。

5.（1）[1] 非负整数　　[2] 负整数　　[3] 4　　[4] 0

（2）

[1] 1、2、3、8

[2] 0

［3］ 20（大于等于 20 的整数）

［4］ 15 000（大于等于 15 000 的整数）

［5］ 10（大于等于 10 的整数）

［6］ 7 000（大于等于 7 000 的整数）

［7］ 1，2，3，7

［8］ 1.1（非整数，例如 A）

［9］ N/A

（3）没有考虑到边界值；无法体现出 C 和 A/B 之间的制约关系，比如满足 A/B（转换后对应的点数满足）但不满足 C（乘机次数）的情况；没有考虑手机端的情况，题干中 B 的数值都为 0。

练习与实训八

一、选择题

1. B 2. B 3. B 4. D 5. C 6. A 7. D 8. A 9. B 10. D

二、填空题

1. 最小

2. 白盒测试

3. TestCase

4. Java

5. jar 文件

三、简答题

1. 单元测试是指对软件中的最小可测试单元进行检查和验证。集成测试是在单元测试的基础上，测试在将所有的软件单元按照概要设计规格说明的要求组装成模块、子系统或系统的过程中，各部分工作是否达到或实现相应技术指标及要求的活动。

2. 驱动模块是用来代替被测单元的上层模块的，可以理解为被测单元的主程序。

桩模块是指模拟被测试的模块所调用的模块，以代替被测模块的接口，接受或传递被测模块的数据。

3. ① 把各个模块连接起来，验证穿越模块间的数据是否会丢失；② 一个模块的功能是否会对另一个模块的功能产生影响；③ 各个子模块的功能组合起来是否达到预期的父功能；④ 全局的数据结构是否有问题；⑤ 每个模块的错误累加起来是否会放大，从而达到无法接受的程度。

四、分析设计题

1. 测试代码：

```
import junit.framework.TestCase;
public class TestWork extends TestCase{
    public void testwork(){
        Test test =new Test();
        int result =test.work(1,2,3);
```

```
            assertEquals(0,result);
        }

}
```

2.（略）

练习与实训九

一、选择题

1. B　2. C　3. A　4. B　5. D　6. C　7. C　8. C　9. A　10. B

二、填空题

1. 性能测试工具

2. 开源测试工具

3. 专家视图

4. 文本检查点

5. 事件、属性、方法

三、简答题

1. 手工测试：存在精确性问题，效率低下，容易出错，并且覆盖率偏低，不适合回归测试。

自动化测试：能够借助计算机的计算能力进行重复、不知疲倦的运行，对数据进行精确的、大批量的比较，并且不会出错。

2.（1）录制测试脚本：利用 QTP 先进的对象识别、鼠标和键盘监控机制来录制测试脚本。

（2）编辑测试脚本：包括调整测试步骤、编辑测试逻辑、插入检查点、添加测试输出信息和添加注释等。

（3）调试测试脚本：利用 "Check Syntax" 功能检查测试脚本的语法错误，利用 QTP 脚本编辑界面的调试功能检查测试脚本逻辑的正确性。

（4）运行测试脚本和分析测试结果：可运行单个 "Action"，也可以批量运行测试脚本。

3.（1）参数化测试步骤中的数据，绑定到数据表格中的某个字段。（2）编辑数据表格，在表格中编辑多行测试数据。（3）设置迭代次数，选择数据行，运行测试脚本，每次迭代时从中选择一行数据。

4. Object Spy 是一款探测器工具，使用它可以轻松地探测到网页或者 C/S 对象空间的属性。使用 QTP 做自动化测试其实就是关注被测试软件的界面对象是否发生了变化，QTP 的原理也是探测实际界面对象控件和对象库中对象控件是否一致，以达到测试的目的，所以探测对象和了解对象就显得特别重要。

5. 自动化测试工程师要具备一定的自动化测试基础，包括自动化测试工具的基础、自动化测试脚本开发的基础知识；还需要了解各种测试脚本的编写、设计方法；需要具备一定的编程技巧，熟悉某些测试脚本语言的基本语法和使用方法。此外，还需要具备设计测试用例的基本方法和能力，具备软件涉及的基本业务的理解能力。

四、分析设计题

（略）

练习与实训十

一、选择题

1. A　2. C　3. A　4. B　5. A　6. B　7. B　8. A　9. B　10. C

二、填空题

1. 创建运行及监视场景

2. 为参数设置属性和数据源

3. 真实世界的用户

4. 面向目标

5. 服务器端响应时间

6. 树视图

三、简答题

1. （1）负载测试：通过逐步加压的方式来确定系统的处理能力，确定系统能承受的各项阈值。

（2）压力测试：逐步增加负载，使系统某些资源达到饱和甚至失效的测试。

2. Load Runner 会自动监控指定的 URL 或应用程序所发出的请求及服务器返回的响应，它作为一个第三方代理，监视客户端与服务器端的所有对话，然后把这些对话记录下来，生成脚本，再次运行时模拟客户端发出的请求，捕获服务器端的响应。

3. （1）并发用户数：在同一时刻与服务器进行交互的在线用户数量。

（2）资源利用率：对不同系统资源的使用程度。

（3）响应时间：用户感受软件系统为其服务所耗费的时间。

（4）吞吐量：是指在一次性能测试过程中网络上传输的数据量的总和。

（5）点击率：是指每秒钟系统能够处理的交易或事务的数量。

4. （略）

四、分析设计题

1. （略）

2. （1）

① 在真实环境下检测系统性能、评估系统性能及服务等级的满足情况；

② 预见系统负载压力承受力，在应用实际部署之前，评估系统性能；

③ 分析系统瓶颈，优化系统。

（2）主要关注并发用户数、响应时间和资源利用率。

（3）数据接收模块的测试结果不满足性能指标。当接收间隔为 200 ms 时，数据库交易成功率为 80%，不满足交易成功率 100% 的要求；当接收间隔为 200 ms 时，CPU 利用率为 43.8%，不满足不超过 40% 的要求。

数据查询模块的测试结果满足性能指标。要求至少支持 10 个并发用户，所以在有 15 个并发用户的时候响应时间超出 3 s 不能算作不满足。

（4）系统可能的"瓶颈"：

① 数据接收模块软件没有采用合适的并发/并行策略；

② 服务器 CPU 性能不足；

③ 数据库设计不足或者优化不够。

练习与实训十一

一、选择题

1. D 2. D 3. D 4. B 5. D 6. C 7. D 8. D 9. B 10. A

二、填空题

1. 设计、实现、执行

2. 测试方法、测试进度、测试风险

3. 项目经理、测试组

4. 技术风险、商业风险

5. 部门评审、公司评审

三、简答题

1. 软件测试生命周期分为计划、设计、实现、执行、总结。其中：

计划：对整个测试周期中所有活动进行规划，确定测试范围、策略，估计工作量、风险，安排人力物力资源，安排进度等；

设计：进行测试用例和测试规程设计；

实现：完成测试环境搭建，测试原始数据准备，自动化脚本准备等，进行冒烟测试；

执行：根据前期完成的计划、方案、用例、规程等文档，执行测试用例，记录测试结果，提交缺陷报告。

总结：进行测试分析，完成测试报告。

2. 因为完全的测试是不可能的，所以需要通过分析需求文档，识别哪些功能需要测试，考虑需求文档之外的产品安装、升级、可用性和客户环境中与其他设备的协同性测试等是否需要。简化某些阶段的测试或者某些内容的测试，去掉一些根本不可能进行的测试。

需要被重点考虑的要素：

（1）测试最高优先级的需求；

（2）测试新功能或者改进的旧功能；

（3）使用等价划分来减小测试范围；

（4）重点测试经常出现问题的地方。

3. 测试结束的标准依据不同被测系统的特点而不同，一般有以下几个结束标准：

（1）用例全部测试；

（2）覆盖率达到标准；

（3）缺陷率达到标准；

（4）其他指标达到质量标准。

4. 当测试工作量过大时，可以对测试策略进行调整：（1）减少冗余和无价值测试；（2）减少测试阶段。在测试环境上调整：对功能稳定、重用性大的模块进行自动化测试，提高测试效率。

四、分析设计题

1. （略）

2. （1）测试工作开展得太晚。测试工作应该覆盖需求分析、概要设计、详细设计、编码等前期阶段，而不应该在系统开发初步完成后才开始。

（2）正确的依据应该是需求规格说明书，而不是用户界面，因为界面实现的功能是否正确地理解和表达了用户需求，不可知。

（3）开发工程师无权决定是否延期或者暂停修改某一缺陷；测试工程师应该跟踪缺陷状态，直至确定修改后关闭缺陷，才完成了测试任务；回归测试应该执行所有的案例，不是仅仅执行与该缺陷有关的用例；产品发布前，应该对发现的缺陷进行评审。

3.（1）不合适。在国内开发团队与测试团队的比例建议达到（6~8）:1。

（2）本企业的测试不能发挥质量提升的作用。产品的质量特性，不仅仅包括功能性，还包可靠性、易用性、效率、安全性、维护性及可移植性等。

（3）测试团队能力的提升应该考虑对工程师的技术培训和管理培训。

（4）测试开始的时间不正确。产品研发周期包括需求分析、设计、编码、集成、运维等几个主要阶段，每个阶段都会引入缺陷，每个阶段都需要测试，不是仅仅在产品上线前测试。

练习与实训十二

一、选择题

1. D   2. B   3. B   4. A   5. C   6. B   7. B   8. A   9. D   10. B

二、填空题

1. 严重缺陷

2. 80%

3. 需求规格说明书

4. 1.6

5. 软件规模、复杂度的急剧变化

三、简答题

1. BugFree 是借鉴微软的研发流程和 Bug 管理理念，使用 PHP+MySQL 独立写出的一个 Bug 管理系统。Bugzilla 是免费、跨平台的缺陷追踪系统，是专门为 UNIX 定制开发的。HP Quality Center 提供了基于 Web 的系统，可在广泛的应用环境下自动执行软件测试和管理。Mantis 是一个基于 PHP 技术的轻量级的开源缺陷跟踪系统，以 Web 操作的形式提供项目管理及缺陷跟踪服务。

2.（略）

3.（1）致命（Fatal）。系统任何一个主要功能完全丧失，用户数据受到破坏，系统崩溃、悬挂、死机或者危及人身安全。

（2）严重（Critical）。系统的主要功能部分丧失，数据不能保存，系统的次要功能完全丧失，系统所提供的功能或服务受到明显地影响。

（3）一般（Major）。系统的次要功能没有完全实现，但不影响用户的正常使用。例如，存在提示信息不太准确或者用户界面差、操作时间长等问题。

（4）细微（Minor）。使操作者不方便或遇到麻烦，但它不影响功能的操作和执行。如个别不影响产品理解的错别字、文字排列不整齐等一些小问题。

4. 严重程度和优先级并不总是一一对应。有时候严重程度高的软件缺陷，优先级不一定高，甚至不需要处理，而一些严重程度低的缺陷却需要及时处理，具有较高的优先级。例如，界面单词拼写错误，但是如果是软件名称或公司名称的拼写错误，则必须尽快修正，因为这关系到软件和公司的市场形象。

四、分析设计题

1. 测试组的做法存在问题，理由如下。

- 针对取消的 5 个问题：

不对开发组提出取消 5 个属于用户需求问题进行回归测试是错误的。

测试组应该将开发组所述的用户需求作为补充说明由用户确认，测试组在回归测试中应对这 5 个问题与开发组进行沟通，并由用户或项目经理确认这 5 个问题是否可以取消，对于不能取消的问题，仍需开发组进行修改并进行回归测试。

- 针对测试的 15 个问题：

只使用发现问题的 36 个用例进行回归测试是错误的。在修改 36 个测试用例发现的 15 个问题的过程中，可能引入新的问题。

因此，应使用全部 60 个用例进行回归测试，或者准确判断这 15 个问题的修改涉及多少个用例，然后用这些用例来执行回归测试。

- 缺陷探测率 = 测试人员发现的缺陷数/（测试人员发现的缺陷数+用户发现的缺陷数）= 20/（20+5）= 80%。

2. （1）Bug 的错误类型包括：功能性错误、可靠性错误、易用性错误、效率错误、可维护性错误及可移植性错误。

（2）Bug 的严重级别包括：致命的、严重的、一般的、微小的。

（3）Bug 的状态包括：

发现（New，测试中新发现的软件缺陷）；

打开（Open，被确认并分配给相关开发人员处理）；

修正（Fixed，开发人员已完成修改，等待测试人员验证）；

拒绝（Declined，拒绝修改 Bug）；

延期（Deferred，不在当前版本修复的 Bug，下一版修复）；

关闭（Closed，Bug 已被修复）。

参 考 文 献

[1]　许丽花．软件测试［M］．北京：高等教育出版社，2013.

[2]　徐芳．软件测试技术［M］．第 2 版．北京：机械工业出版社，2012.

[3]　于艳华，吴艳平．软件测试项目实战［M］．第 2 版．北京：电子工业出版社，2012.

[4]　曹薇．软件测试［M］．北京：清华大学出版社，2008.

[5]　全国计算机专业技术资格考试办公室组．软件评测师 2009 至 2013 年试题分析与解答
　　　［M］．北京：清华大学出版社，2014.

[6]　柳纯录．软件评测师教程［M］．北京：清华大学出版社，2005.

[7]　胡铮．软件自动化测试工具实用技术［M］．北京：科学出版社，2011.

[8]　刘竹林．软件测试技术与案例实践教程［M］．北京：北京师范大学出版社，2011.

[9]　贺平．软件测试教程［M］．第三版．北京：电子工业出版社，2014.

[10]　 赵斌．软件测试经典教程［M］．第二版．北京：科学出版社，2011.